Bill McKibben

Die taumelnde Welt

Wofür wir im 21. Jahrhundert kämpfen müssen

Bill McKibben

Die taumelnde Welt Wofür wir im 21. Jahrhundert kämpfen müssen

Aus dem Amerikanischen
von Sigrid Schmid

Blessing

Die Originalausgabe erscheint unter dem Titel
FALTER – HAS THE HUMAN GAME BEGUN TO PLAY ITSELF OUT?
bei Henry Holt and Company, New York

Klimaneutral
Druckprodukt
ClimatePartner.com/12537-1707-1001

FSC
www.fsc.org
MIX
Papier aus verantwortungsvollen Quellen
FSC® C014496

Verlagsgruppe Random House FSC® N001967

1. Auflage, 2019

Umschlaggestaltung: Das Illustrat, München,
unter Verwendung eines Motivs von Shutterstock/musicman
Satz: Leingärtner, Nabburg
Druck und Einband: GGP Media GmbH, Pößneck
Printed in Germany
ISBN: 978-3-89667-652-8

www.blessing-verlag.de

Für Koreti Tiumalu (1975–2017)
und für Tausende weitere geschätzte Kolleginnen und Kollegen,
die für die Zukunft des Planeten kämpfen

Inhalt

Prolog: Hoffnung

Vor dreißig Jahren, im Jahr 1989, schrieb ich das erste Buch über den Klimawandel – den wir damals noch Treibhauseffekt nannten – für ein breites Publikum. Wie der Titel, *Das Ende der Natur,* bereits andeutete, war es kein fröhliches Buch, und seine düstere Stimmung hat sich leider als berechtigt erwiesen. Ich schrieb darin, die Menschen hätten den Planeten so sehr verändert, dass jeder kleinste Winkel durch unser Handeln beeinflusst würde. Ein Jahrzehnt später bestätigten Wissenschaftler diese Einschätzung und gaben unserer Ära den Namen »Anthropozän«.

Auch im vorliegenden Buch geht es düster zu – in gewisser Hinsicht sogar noch düsterer, weil inzwischen einige Jahre vergangen sind und wir den Karren noch tiefer in den Dreck gefahren haben. *Die taumelnde Welt* bietet einen Überblick über den Verlauf der Klimakrise sowie die aktuellen technologischen Entwicklungen wie die künstliche Intelligenz, in denen ich ebenfalls Gefahren für eine menschliche Zukunft sehe. Das Experiment Mensch wird derzeit durch ökologische Zerstörung und technologische Hybris infrage gestellt. Es steht viel auf dem Spiel, die Chancen stehen schlecht, und die Vorhersagen sind entmutigend. Zweifellos gibt es unterhaltsamere Bücher.

Mit seiner düsteren Grundstimmung stellt sich dieses Buch gegen den aktuellen Trend. In den letzten Jahren wurden Dutzende viel beachtete Bücher geschrieben und an die hundert TED-Vorträge gehalten, die davon künden, dass die Welt immer besser wird. Sie zeigen anhand zahlloser Schaubilder, dass die Säuglingssterblichkeitsrate gesunken und das Einkommen gestiegen ist, und vermitteln kopfschüttelndes Unverständnis darüber, wie ein vernünftiger Mensch überhaupt auf die Idee kommen kann, dass wir in düsteren Zeiten leben. Steven Pinker erklärt in *Aufklärung jetzt* beispielsweise, wir alle seien nicht so glücklich, wie wir es angesichts der fantastischen Entwicklungen, die unsere Welt erlebt hat, sein sollten: »Stattdessen meckern, klagen, stöhnen, maulen und jammern die Leute so ausgiebig wie eh und je.«[1]

Ich bin froh, dass es solche Bücher gibt, weil sie uns daran erinnern, wie viel wir zu verlieren haben, wenn unsere Zivilisation tatsächlich zusammenbrechen sollte. Aber die Verbesserungen der Lebensbedingungen in den letzten Jahrhunderten beweisen nicht, dass uns eine rosige Zukunft bevorsteht. Denn auf uns könnten völlig neuartige Bedrohungen warten – manche bestehen jetzt schon. Ein Mensch kann jahrelang wachsen, gedeihen, Reichtümer und Bildung anhäufen und dann plötzlich von einer höheren Gewalt (Krebserkrankung, Busunfall) niedergestreckt werden – und dasselbe gilt für ganze Zivilisationen. So wie Macht und Besitz auf der Welt derzeit verteilt sind, sind wir denkbar schlecht darauf vorbereitet, mit diesen neuen Herausforderungen fertigzuwerden. Bisher werden wir *nicht* mit ihnen fertig.

In einem Punkt jedoch bin ich weniger pessimistisch als früher. *Die taumelnde Welt* endet mit der Überzeugung, dass es zumindest möglich ist, sich vor diesen Bedrohungen zu schützen. Und diese Überzeugung verdankt sich zu einem großen Teil dem menschlichen Einfallsreichtum – es gibt mir täglich Mut, wenn ich sehe, wie sich weltverändernde Technologien, wie zum Beispiel Solarzellen, rasant verbreiten. Zu einem weiteren großen Teil ist diese Überzeugung auf Ereignisse in meinem eigenen Leben zurückzuführen. Ich habe mich in zahlreichen Bewegungen engagiert, die sich für einen Wandel einsetzen, und war Mitgründer der Gruppe 350.org, aus der die erste weltweite Klimabewegung entstand. Wir haben die fossile Energiewirtschaft zwar nicht besiegt, aber Demonstrationen in jedem Land der Erde organisiert (außer in Nordkorea) und mithilfe unserer vielen Kollegen auf der ganzen Welt einige Schlachten gewonnen. Derzeit unterstützen wir all jene, die sich intensiv für einen »Green New Deal« in den Vereinigten Staaten und ähnliche Maßnahmen auf der ganzen Welt einsetzen. (Dieses Buch ist meiner geschätzten Kollegin in diesem Kampf Koreti Tiumalu gewidmet, die im Jahr 2017 viel zu jung starb.) Ich habe einige Gefängnisse von innen gesehen und an unzähligen Protestkundgebungen teilgenommen, und dieser Weg hat mich gelehrt, dass wir imstande sind, Machtmonopolen entgegenzutreten.

Ob diese festgefahrenen Machtverhältnisse rechtzeitig überwunden werden können, muss sich erst noch erweisen. Ein Autor schuldet dem Leser keine Hoffnung, nur Ehrlichkeit. Doch ich möchte darauf hinweisen, dass der Verfasser dieses Buches nicht hoffnungslos ist. Sondern engagiert. Ansonsten hätte ich mir nicht die Mühe gemacht, diesen Text zu schreiben.

ERSTER TEIL

Das Spielfeld

1

Wenn Sie sich die Erde von ganz weit oben betrachten würden (und in diesem Buch soll, so gut es geht, ein distanzierter Blick herrschen), wären Dächer wohl der augenfälligste Hinweis auf eine menschliche Zivilisation. Es gibt sie in vielen verschiedenen Formen, die oft vom Klima vor Ort abhängen. Von A-förmigen Dächern rutscht der Schnee gut ab. Da gibt es Mansarddächer, Walmdächer und Satteldächer. Pagoden und andere asiatische Tempel haben oft ein konisches Dach. Russische Kirchen sind von zwiebelförmigen Kuppeln gekrönt; westliche Kirchen kauern sich unter Türme.

Die ersten menschlichen Behausungen waren wahrscheinlich mit Palmwedeln bedeckt, doch mit dem Aufkommen des Getreideanbaus im Neolithikum wurde das Abfallprodukt Stroh zur verlässlichen Dachdeckung. Manche Strohdächer in Südengland sind 500 Jahre alt. Im Lauf der Jahrhunderte wurden immer weitere Schichten hinzugefügt, und einzelne Strohdächer sind inzwischen mehr als zwei Meter dick. Heute erfreuen sich Strohdächer vor 1allem bei reichen Europäern, die eine ökologische Dachdeckung wollen, zunehmender Beliebtheit, obwohl es immer schwieriger wird, gutes Material zu finden – die kurzhalmigen Weizensorten eignen sich nicht so gut, und Stickstoffdünger schwächen die Strohhalme. In Deutschland können Dachdecker die Spezialausbildung zum Strohdachdecker machen. Doch mindestens seit dem dritten Jahrhundert vor unserer Zeitrechnung bevorzugen die meisten Menschen harte Dächer. (Vielleicht waren die altgriechischen Tempel die ersten Gebäude, die man für wertvoll genug hielt, um sie so vor Feuer zu schützen.) Im Mittelmeerraum und in Kleinasien fanden Terrakottaziegel schnell Verbreitung. Schieferdächer werden ihrer einfachen Wartung wegen geschätzt, in waldreichen Regionen bieten sich Holzschindeln und Rindenstücke an. Bedenkt man, dass heutzutage über eine Milliarde Menschen in städtischen Slums schlafen, ist es vorstellbar, dass Wellblech das verbreitetste Dach über unseren Köpfen darstellt.

Sie finden das etwas langweilig? Gut. Ich möchte mit Ihnen über das »Spiel der Menschheit« sprechen, und dazu gehören Kultur und Wirtschaft und Politik; Religion, Sport und gesellschaftliches Leben; Tanz und Musik; Essen, Kunst, Krebs, Sex und Instagram; Liebe und Verlust; alles, was die Lebenserfahrung unserer Spezies ausmacht. Leider liegt es außerhalb meiner Möglichkeiten, mich mit allem zu befassen. Daher habe ich nach dem denkbar alltäglichsten Aspekt unserer Zivilisation gesucht. Kaum jemand verschwendet einen Gedanken an das Dach über dem Kopf, solange es dichthält. Aber selbst am Beispiel des gewöhnlichen und glanzlosen Dachs lässt sich zeigen, wie komplex, stabil und weitreichend das Spiel der Menschheit ist.

Man nehme nur die Bitumenschindel, die die allermeisten Häuser im Westen bedeckt und zweifellos als ödeste Art der Bedachung gelten darf. Erstmals hergestellt wurden sie im Jahr 1901 von der H. M. Reynolds Company in Grand Rapids im US-Bundesstaat Michigan. Beworben wurde das Produkt damals mit dem Slogan »The Roof That Stays Is the Roof That Pays« (»Ein Dach, das lange hält, macht sich bezahlt«). Natürliche Vorkommen von Bitumen gibt es nur wenige auf der Erde – der Ölsand im kanadischen Alberta zum Beispiel besteht vor allem aus Bitumen. Aber das Bitumen, aus dem Schindeln gemacht werden, entsteht bei der Raffination von Erdöl. Es ist der Teil des Öls, der bei 370 Grad Celsius noch nicht verdampft ist. Durch Destillation wird Bitumen von anderen wertvollen Produkten wie Benzin, Diesel und Naphtha getrennt und dann unter hohen Temperaturen gelagert und transportiert, bis es weiterverwendet wird, vor allem im Straßenbau. Ein Teil des Bitumens landet allerdings in Schindelfabriken, in denen Mineralstoffe (Schiefer, Flugasche, Glimmer) zugeschlagen werden, um die Haltbarkeit zu erhöhen. Die CertainTeed Corporation ist der größte Schindelhersteller der Welt und betreibt 61 Fabriken überall in den USA. In der Produktionsstätte in Oxford, North Carolina, drehte das Unternehmen einmal ein Video über diesen »unterschätzten Prozess«: ein Maschinenballett, in dem eingegossen, ausgekippt und auf Förderbändern transportiert wird. Güterzüge liefern Kalk an, der zermahlen und mit heißem Bitumen vermengt wird. Die Mischung wird dann auf endlose Matten aus Glasfasern aufgetragen und mit Wasser besprüht, um sie abzukühlen. Danach werden die Bahnen zu Schindeln geschnitten und auf Paletten in riesigen Lagerhallen zur Auslieferung bereitgestellt.[2]

Tausende von Einzelschritten müssen aufeinander abgestimmt werden, damit das alles funktioniert: Das Öl muss gefördert werden (womöglich aus der Tiefsee oder in der Wüste); Pipelines und Bahnstrecken müssen verlegt, Ölraffinerien gebaut werden. Und für all das muss ausreichend Geld zur Verfügung stehen. Auch Kalk und Sand müssen abgebaut, die endlosen Glasfaserbahnen hergestellt werden. All diese Rohstoffe werden von der Fabrik in North Carolina eingesaugt und als fertige Schindeln über Bahnlinien und Lkws in ein Netz aus Baumärkten wieder ausgespuckt. Von dort transportieren Baufirmen sie zu Baustellen im Vertrauen darauf, dass die Schindeln auf ihre Widerstandsfähigkeit gegen Wind, Feuer und Verfärbung getestet wurden. Man bedenke weiterhin, welch enormen Organisationsaufwand die Standardisierungsorganisation American Society for Testing and Materials betreiben musste, um den Standard D3462-87 (»Bitumenschindeln aus Glasfasern mit einer Mineralschicht«) zu erstellen und durchzusetzen.

Solche Überlegungen könnte man natürlich für alles und jedes anstellen, das wir um uns herum sehen, hören und riechen – auch für die tausendmal interessanteren Aktivitäten, die unter all diesen Dächern ablaufen. Im Moment höre ich zum Beispiel auf Spotify die Band Orchestra Baobab, in den 1970er-Jahren Hausband eines Nachtclubs in Dakar und von den kubanischen Rhythmen beeinflusst, die Seeleute in den 1940er-Jahren aus Westafrika mitbrachten. Ihr bestes Album nahm die Band in einem Pariser Studio auf, bevor es irgendwie auf einem Computerserver landete, sodass es heute von 196 847 Menschen rund um den Erdball Monat für Monat abgerufen werden kann. Man stelle sich das Zusammenspiel von Geschichte, Technologie, Handel, Spiritualität und Swing vor, das genau jenen Sound ausmacht, der gerade aus meinen Kopfhörern strömt – die diversen Schichten von Kolonialismus und die Fragen nach Hautfarbe, Identität, Pop und der reinen Lehre. Oder auch nur, was ich heute zu Abend esse, oder was Sie gerade anhaben – wirklich *alles* ist an Bedingungen geknüpft, und diese Verknüpfungen lassen sich in jeden Winkel unserer Vergangenheit und Gegenwart zurückverfolgen.

Was ich als Spiel der Menschheit bezeichne, ist unvorstellbar tiefgreifend, komplex und wunderschön. Aber es ist auch in Gefahr. Und es gerät derzeit ernsthaft aus der Balance.

In diesem Buch werde ich erklären, worin diese Gefahr besteht, und einige Möglichkeiten aufzeigen, wie sie sich vielleicht noch abwenden lässt. Aber erst möchte ich darauf hinweisen, wie stabil das Spiel der Menschheit ist, bevor ich zu seiner Zerbrechlichkeit komme. Wir Menschen haben gemeinsam etwas Bemerkenswertes aufgebaut, dessen wir uns nur selten wirklich bewusst sind. Die Gesamtsumme all unserer Projekte, aller Institutionen und Unternehmen, unserer Wünsche und Träume und Mühen, die Gesamtheit unserer rastlosen Aktivitäten … ist ein Wunder. Ich nenne es ein Spiel, weil es kein offensichtliches Ende gibt. Wie bei jedem Spiel zählt nicht wirklich, wie es ausgeht, zumindest nicht aus Sicht des Universums, aber wie jedes Spiel beansprucht es die volle Aufmerksamkeit der Mitspieler. Es gibt zwar kein Endziel, aber es gibt Regeln oder zumindest eine Ästhetik: Nach meiner Definition läuft das Spiel gut, wenn es die Würde der Mitspieler erhöht, und schlecht, wenn es diese Würde mindert.

Indikatoren für Würde gibt es im Zusammenhang mit dem Spiel der Menschheit zahlreiche: Gibt es genug zu essen (in Kalorien gemessen)? Muss ein Mensch Angst leiden? Hat er/sie etwas anzuziehen und kann einer nützlichen Arbeit nachgehen? Bei einigen dieser Punkte haben wir große Fortschritte gemacht. Extreme Armut (also wenn man von zwei US-Dollar oder weniger am Tag leben muss) ist heute weitaus seltener als früher. Auch viele Krankheiten, deren Verbreitung durch Armut gefördert wurde, sind zurückgegangen, wie etwa Wurmbefall. Im Vergleich zum 20. Jahrhundert ist die Wahrscheinlichkeit, dass man durch eine Gewalttat ums Leben kommt, heute deutlich geringer – von den 56 Millionen Menschen, die im Jahr 2012 starben, wurden nur 120 000 gewaltsam umgebracht.[3] Der Anteil der Menschen, die lesen können, hat sich in den letzten zwei Generationen signifikant gesteigert und liegt jetzt bei 85 Prozent.[4] Frauen haben heute besseren

Zugang zu Bildung und sind zumindest minimal gleichberechtigt. Hatte eine Frau im Jahr 1970 noch durchschnittlich fünf Kinder, so sind es heute weniger als zweieinhalb; das entspricht dem wahrscheinlich schnellsten und bemerkenswertesten demografischen Wandel, den die Erde je erlebt hat. Um das Jahr 1500 erwirtschaftete die Menschheit Güter und Dienstleistungen im Wert von etwa 250 Milliarden US-Dollar. Fünfhundert Jahre später ist diese Zahl 240-mal so groß und liegt bei 60 Billionen US-Dollar.[5] Optimistische Botschaften gibt es zuhauf, von Steven Pinkers Aussage, wir befänden uns in einem Zeitalter der beispiellosen Aufklärung, bis zu Donald Trumps Twitter-Nachricht: »Das Land wird von unglaublichem Optimismus erfasst – wir bringen die ARBEITSPLÄTZE zurück!«

Wir sind so sehr an die Vorstellung von Fortschritt gewöhnt, dass viele sich gar nichts anderes vorstellen können. Der ehemalige Chefökonom der Weltbank, Kaushik Basu, prognostizierte kürzlich, in fünfzig Jahren werde das globale BIP um 20 Prozent pro Jahr zunehmen. Damit würden sich Einkommen und Konsum etwa alle vier Jahre verdoppeln.[6] Jeden Tag werden neue Ideen geboren, neue Lieder gesungen, neue Bilder aufgenommen, mehr Tore geschossen, mehr Schulbücher gelesen und mehr Geld investiert.

Und dennoch. Der ehemalige Chefökonom der Weltbank ist nicht die einzige Autorität auf der Welt. Papst Franziskus schrieb in seiner wegweisenden Umwelt-Enzyklika *Laudato si'*: »Die Erde, unser Haus, scheint sich immer mehr in eine unermessliche Mülldeponie zu verwandeln.« Wem ein Papst als Autorität nicht reicht, den könnte Folgendes interessieren: Im November 2017 veröffentlichten 15 000 Wissenschaftler aus 184 Ländern eine dringende »Warnung an die Menschheit«. Auch in diesem Text gab es Schaubilder, wie bei Pinker, aber sie zeigten den Rückgang der

Süßwasserressourcen pro Kopf und die Ausbreitung von »Todeszonen« in den Weltmeeren. Laut Prognose der Wissenschaftler droht der Welt »weit verbreitetes Elend und [ein katastrophaler] Verlust der Biodiversität«; sie warnten, »bald wird es zu spät sein, um den Kurs Richtung Abgrund zu korrigieren«. (Sechs Monate nach der Veröffentlichung hatte diese Warnung bereits den sechsten Platz der meistdiskutierten akademischen Artikel aller Zeiten erreicht.)[7] Inzwischen sind die Bedenken so groß, dass eine von der NASA finanzierte Gruppe kürzlich das Human-and-Nature-DYnamics-Programm (HANDY) ins Leben gerufen hat, um den Niedergang des römischen Weltreichs, der Han-Dynastie sowie des Maurya- und des Gupta-Reichs nachzubilden. Die Prognose, die das Programm ausspuckte, war beunruhigend: »Die globale industrielle Zivilisation könnte in den nächsten Jahrzehnten zusammenbrechen, weil ihr Ressourcenverbrauch nicht aufrechtzuerhalten und der Wohlstand zunehmend ungleich verteilt ist.« (Die Tatsache, dass ich vom Maurya-Reich noch nie gehört hatte, ließ mich erschaudern.) Eine der größten Gefahren laut diesem Modell stellten übrigens Eliten dar, die sich mit der Begründung gegen einen Strukturwandel wehrten, »so weit« habe doch alles gut funktioniert.[8]

Das Problem ist eben immer dieses »so weit« – wie der Mann, der vom Wolkenkratzer fällt, feststellen muss. Es lassen sich jede Menge Hinweise darauf finden, dass auch wir uns dem Aufprall beunruhigend schnell nähern. Ein Drittel der Ackerböden weltweit ist heute ernsthaft degradiert, was laut einem Bericht vom September 2017 »einen dauerhaften Rückgang der Produktivität« zur Folge hat.[9] Wir haben fast alle anderen Tierarten verdrängt: Menschen machen heute 30 Prozent der Gesamtmasse aller Landwirbeltiere der Erde aus, unser landwirtschaftliches Nutzvieh bringt weitere 67 Prozent auf die Waage. Das bedeutet, dass alle anderen

Wildtiere (alle Hirsche und Geparde und Wombats zusammen) nur 3 Prozent der Gesamtmasse ausmachen.[10] Tatsächlich gibt es heute nur noch halb so viele Wildtiere auf dem Planeten wie im Jahr 1970 – und die Natur verstummte fast unbemerkt. Im Jahr 2018 berichteten Wissenschaftler über ein rasantes Sterben der ältesten und größten Bäume der Erde, »weil der Klimawandel neue Schädlinge und Krankheiten in die Wälder lockt«. Ein Baobab-Baum – der afrikanische Affenbrotbaum, in dessen Schatten schon die ersten Menschen jagten und sich versammelten – kann bis zu 2500 Jahre alt werden, aber in den letzten zehn Jahren sind fünf der sechs ältesten Exemplare auf dem Planeten abgestorben.[11] Bis zum Ende des Jahrhunderts könnte der Klimawandel auch den Libanonzedern – die schon Gilgamesch geplündert hatte und die in der Bibel erwähnt werden – den Garaus machen, wenn der Schnee ausbleibt und die Sägewespen in der Wärme früher schlüpfen.[12]

Sogar unsere Archen drohen zu sinken. In weiser Voraussicht legten Agrarwissenschaftler in einem Berg im arktischen Spitzbergen einen Saatgut-Tresor an, um dort eine Million Saatgutvarianten der wichtigsten Nahrungspflanzen der Erde sicher zu lagern. Doch der Tresor war gerade acht Jahre in Betrieb, als im heißesten Jahr, das je auf der Erde gemessen wurde, Schmelzwasser und Regen den Stolleneingang überfluteten und dann dort gefroren. Das Saatgut wurde nicht beschädigt, aber die Erbauer waren sich nun nicht mehr sicher, dass ihr Bau die Jahrhunderte überdauern würde. Ein Sprecher der norwegischen Regierung sagte: »Wir hatten nicht bedacht, dass der Permafrost tauen könnte, und auch derart extreme Wetterlagen nicht eingeplant.«[13]

Dennoch lassen wir uns durch nichts bremsen – ganz im Gegenteil. In den letzten fünfunddreißig Jahren haben wir mehr Energie und Ressourcen verbraucht als in der ganzen bisherigen Menschheitsgeschichte.[14] Jede Wirtschaftsprognose unserer

Regierungen setzt voraus, dass sich die Wirtschaft während der Lebenszeit der Jüngsten auf dem Planeten mehrmals verdoppelt. Die bisherige Leistung lässt sich also nur schwerlich als Indikator für die Zukunft heranziehen – es sieht aus wie das gleiche Spiel, aber es findet auf einem neuen Spielfeld statt.

Wir sind die erste Spezies, die sich ihrer selbst bewusst ist, und wir sind so sehr von unserer eigenen Geschichte gefangen genommen, dass wir nur selten innehalten und uns klarmachen, wie kurz diese Geschichte eigentlich ist. Das mag Teil des Problems sein. Wenn man die Milliarden Jahre, in denen sich das Leben auf der Erde entwickelt hat, auf 24 Stunden umrechnen würde, dann hätte unsere Zivilisation erst vor einer Fünftelsekunde begonnen, das vergessen wir im Alltag oft.[15] In dieser kurzen Zeitspanne zähmten wir das Feuer, entwickelten Sprache und Landwirtschaft. Verglichen mit der menschlichen Lebensdauer brauchten diese Veränderungen unendlich viel Zeit, aber in geologischen Maßstäben dauerten sie nur einen Wimpernschlag. Heute haben wir es mit Veränderungen (die Entwicklung von Nuklearwaffen, der Siegeszug des Internets) zu tun, die viele unserer Überzeugungen in Echtzeit verändern. Der Umstand, dass in dieser kurzen Zeitspanne eine Zivilisation nach der anderen aufstieg und fiel, sollte uns zu denken geben. Manchmal geschieht das auch – Jared Diamonds Buch *Kollaps* etwa fasziniert uns mit seinen Geschichten vom Scheitern vergangener Zivilisationen, von Grönland bis zu den Osterinseln.

Aber diese Warnungen beruhigen uns gleichzeitig, weil es ja immer irgendwie weiterging. Nachdem Rom gefallen war, stieg etwas anderes auf. Der fruchtbare Halbmond verdorrte zur Wüste, aber die Menschen fanden anderswo Orte, wo sie ihre Nahrung anbauen konnten. Geschichten, die uns davor warnen sollen, unsere Grenzen zu überschreiten (der Apfel im Garten Eden, der Turm zu

Babel, Ikarus), kommen uns albern vor, weil wir eine Grenze nach der anderen überschritten haben und immer noch da sind.

Manchmal werden wir für eine kurze Zeit aufgeschreckt, aber das vergeht regelmäßig wieder. So entstand die Umweltbewegung, als der Konsum nach dem Zweiten Weltkrieg weltweit sprunghaft anstieg, und warf die Frage auf, ob diese Entwicklung nachhaltig war. Ihren ersten Höhepunkt erreichte die Bewegung im Jahr 1972 mit der Veröffentlichung des schmalen Büchleins *Die Grenzen des Wachstums.* Die Autoren sagten mit Computermodellen voraus, dass das ungebremste Wirtschaftswachstum »irgendwann in den nächsten hundert Jahren« an natürliche Grenzen stoßen würde, und dass dies, wenn keine einschneidenden Veränderungen vorgenommen werden, »höchstwahrscheinlich zu einem abrupten und unkontrollierten Rückgang bei Bevölkerungszahlen und wirtschaftlicher Kapazität« führen werde. Genaue Angaben zum Wie und Wo machten sie allerdings nicht. Alternativ könnten die Länder der Welt »einen ökologischen und ökonomischen Zustand herstellen, der auf lange Zeit hin nachhaltig ist«. Diese Aufgabe werde umso leichter, je früher man sie angehe.[16] Offensichtlich haben wir das nicht getan. Wir haben zwar den Umweltschutzgedanken halbwegs ernst genommen und Gesetze erlassen, die für saubere Luft und sauberes Wasser sorgten, aber wirtschaftliches Wachstum war uns immer sehr viel wichtiger. Auf dem Weg zum UN-Umweltgipfel 1992 in Rio de Janeiro erklärte US-Präsident Bush senior: »Der American Way of Life steht nicht zur Debatte.«[17] Wie sich herausstellte, hatte er nicht nur recht, er sprach auch für den Großteil der restlichen Welt. Bisher sind wir damit durchgekommen: Das Spiel geht weiter, obwohl wir immer mehr aufs Gas treten.

Warum sollte dann meine Angst, dass die Menschen ausgespielt haben, berechtigt sein? Die Ursache für meine Bedenken lässt sich mit einem Wort zusammenfassen, das in diesem Buch in der einen oder anderen Form regelmäßig auftauchen wird: Wirkmacht. Wir sind ganz einfach so groß und agieren so schnell, dass jede Entscheidung enorme Risiken birgt.

Auch der Fall Roms war eine ziemlich große Sache, aber eben *nicht überall* auf der Welt, denn in weiten Teilen der Erde hatte man vom römischen Imperium noch nie gehört. Die Mayas brachen nicht in Schweiß aus, als Rom fiel, ebenso wenig die Chinesen oder die Inuit. In einer eng vernetzten Welt ist das anders. Sie bietet eine gewisse Stabilität – jeder kann, zum Beispiel, in jedem Land die Warnung der Wissenschaft vor einem bevorstehenden Klimawandel hören –, aber der Schutz, den die Entfernung bietet, entfällt. Allein das schiere Ausmaß unseres Konsums beschert uns Wirkmacht in einer völlig neuen Größenordnung: Kein römischer Kaiser hätte den pH-Wert der Ozeane verändern können – wir haben das in kurzer Zeit geschafft. Und die so nie dagewesene Reichweite unserer Technik verstärkt unsere Macht auf außergewöhnliche Weise; in diesem Buch werden wir die immer höheren Rechenleistungen, die uns in vielerlei Bereichen gottähnliche Macht verleihen, in den Blick nehmen, von der Gentechnik bis zur künstlichen Intelligenz.

Für die Menschheit könnte also alles perfekt laufen oder genauso gut auch schrecklich schiefgehen. Die Menschen haben sich zu einer zerstörerischen geologischen Kraft entwickelt – die rapide Zersetzung natürlicher Kreisläufe auf der Erde, die noch reine Theorie war, als ich *Das Ende der Natur* schrieb, ist heute nicht nur in vollem Gang, sondern schon sehr viel weiter fortgeschritten, als den meisten Leuten klar ist. Auf der Klimakonferenz 2015 in Paris setzten sich die Regierungen der Welt das Ziel, den Temperaturanstieg auf 1,5 Grad Celsius zu begrenzen oder zumindest unter 2 Grad Celsius zu halten. Der Weltklimarat IPCC berichtete im Herbst 2018 allerdings, dass wir die 1,5-Grad-Marke womöglich schon im Jahr 2030 überschreiten werden. Wir haben also eine Grenzlinie in den Sand gezogen und sehen jetzt zu, wie die Flut sie innerhalb von nur eineinhalb Jahrzehnten wegschwemmt.

Gleichzeitig haben Menschen enorme schöpferische Kräfte entwickelt, die die Menschheit zwar nicht zu zerstören, aber zu ersetzen drohen. Die Robotik ist mehr als nur eine weitere Technik, und die künstliche Intelligenz ist mehr als nur eine weitere Verbesserung wie etwa Bitumenschindeln. Beides sind Ersetzungstechnologien, die uns womöglich irgendwann überflüssig machen. Welchen Sinn hat das Spiel der Menschheit, wenn wir keine Menschen mehr sind?

Während unserer kurzen Karriere als Spezies hat die Geschichte der Menschheit Höhen und Tiefen erlebt, hat sich festgefahren und ist vorangestürmt, stagnierte und florierte. Doch erst jetzt haben wir genug Wirkmacht erreicht, um ihr ein Ende setzen zu können, sowohl durch Sorglosigkeit als auch Absicht. Ein Wissenschaftlerteam wies kürzlich in der Zeitschrift *Nature* darauf hin, dass sich die physischen Veränderungen durch die von uns verursachte Klimaerwärmung »weit länger auswirken werden, als die Geschichte der menschlichen Zivilisation bisher andauert«.[18] Der israelische Historiker und Futurist Yuval Harari schrieb: »Sobald wir die technischen Möglichkeiten haben, das menschliche Gehirn umzubauen, wird *Homo sapiens* verschwinden, die menschliche Geschichte wird zu Ende gehen und ein völlig neuer Prozess beginnen, den keiner von uns heute auch nur begreifen könnte.«[19] Unser Spiel wird also weder mit einem Knall noch mit einem Wimmern enden, sondern mit dem Gurgeln eines steigenden Meeresspiegels und dem leisen Geburtspiepen einer digitalen Zukunft.

Zum ersten Mal laufen wir Gefahr, uns selbst alle Möglichkeiten für einen Rückzug im Notfall zu verbauen. Als Rom fiel, gab es schon etwas anderes. Mit Begriffen aus dem Flipperspiel, dem wahrscheinlich schönsten und gleichzeitig sinnlosesten Spiel überhaupt, könnte man sagen, dass wir immer eine neue Flipperkugel bekamen, eine weitere Chance. Aber wir verursachen derzeit so große Veränderungen, dass langsam der ganze Flipperautomat kippt – bis er völlig verstummt. Wir haben zugelassen, dass in unserer Gesellschaft eine immer größere Ungleichheit entstand, und so kam es, dass die wichtigsten Entscheidungen auf diesem Weg von nur einer Handvoll Menschen an einer Handvoll Orten getroffen wurden, etwa von Ölkonzernmanagern in Houston oder IT-Moguln im Silicon Valley und in Shanghai. Ein paar Menschen an wenigen Orten in einzelnen Momenten, die einer bestimmten Philosophie folgen – das ist Wirkmacht im Quadrat. Der Einfluss, den das Geld dieser Menschen auf unsere Politik hat, multipliziert die Wirkmacht noch weiter. Mir macht das Angst.

Es macht mir Angst, obwohl ich weiß, dass das Spiel der Menschheit nicht perfekt ist – niemand überlebt es, und alle müssen Trauer und Verlust durchleben. Für sehr viele Menschen ist es tragischer, als es sein müsste – und oft liegt das daran, dass das Spiel zum Vorteil mancher und zum Nachteil anderer manipuliert ist. Ich hatte Glück dabei, und daher ist das Spiel für mich womöglich attraktiver als für andere. Vielleicht wird sein Verlust für diejenigen, die heute geboren werden, gar nicht mehr so schmerzhaft sein. Sie werden kaum den Verlust von etwas betrauern, das sie gar nicht kennen. Schließlich beweinen wir ja auch nicht das Aussterben der Dinosaurier. Mit ausreichend Abstand kann man über alles philosophische Betrachtungen anstellen – irgendwann wird die Sonne schließlich explodieren. Aber ich kann mit so viel Philosophie nicht umgehen; für mich, wie für viele andere, ist das Ende dieses Spiels die größte vorstellbare Tragödie. Wenn man sie sich überhaupt vorstellen kann.

Daher werden wir kämpfen; manche tun es bereits. Und ich glaube daran, dass wir ein paar Auswege finden werden, auch wenn ihre Erfolgschancen gering sind. Damit wir Erfolg haben, müssen Konservative und Fortschrittsgläubige gleichermaßen umdenken. (Merkwürdigerweise kümmern sich Konservative nur selten darum, etwas zu konservieren oder zu bewahren; Fortschrittsgläubige halten jeden Fortschritt für positiv.) Und wenn dieses Umdenken schnell genug stattfindet, könnte das Spiel weitergehen – Wissenschaftler schätzen, dass sich die Sonne erst in etwa fünf Milliarden Jahren zum roten Riesen aufblähen und über die Erdumlaufbahn hinaus ausdehnen wird. Ich bin weder Optimist noch Pessimist, nur Realist genug, um zu erkennen, dass wir uns engagieren müssen, wenn wir noch eine Chance haben wollen.

Das Spiel der Menschheit folgt keinen Regeln und hat kein Ziel, aber es setzt zwei Dinge zwingend voraus: Es muss weitergehen. Und es muss menschlich bleiben.

2

Ein noch so kurzer Spaziergang auf den Straßen des riesigen Ölsand-Komplexes von Alberta fühlt sich an wie ein Besuch in der Hölle. Es ist der vielleicht größte Industriekomplex der Erde – der größte Damm des Planeten grenzt eines der vielen Absetzbecken ein, in denen sich Abraum aus den Minen mit Wasser und giftigen Chemikalien zu einer schwarzen Brühe vermischt. Jeder Vogel, der auf der dreckigen Flüssigkeit landet, stirbt, daher feuern Tag und Nacht Kanonen, um die Tiere abzuschrecken. Dies ist ein Kriegsgebiet, das wird einem klar, wenn man diese Kanonenschüsse hört und mit den ursprünglichen Einwohnern der Gegend redet, deren Wälder den Minen zum Opfer gefallen sind. Die Armeen in diesem Krieg stellen Koch Industries (die größten Pächter auf den Ölsandfeldern), ConocoPhillips, PetroChina und andere, ihr Feind ist alles Wilde und Heilige. Und sie gewinnen.

Man kann sich einen derartigen Raubbau an der Natur und den Menschen kaum vorstellen. Ich versuche seit Jahren, das zu beenden, und im Vergleich mit dem endlosen Kampf der Menschen, die dort leben, waren meine Anstrengungen gering. Doch so groß dieser Schandfleck auch sein mag, stellt er doch keine ernsthafte Gefahr für das Spiel der Menschheit dar. Die Erde ist nicht unendlich, aber riesig, und mit genügend Abstand verschwindet auch diese Wunde (der hässlichste Anblick, den ich auf meinen jahrelangen Reisen gesehen habe) in den Weiten der kanadischen Wälder, die wiederum in den Weiten Nordamerikas verschwinden, das in den Weiten der nördlichen Hemisphäre verschwindet.

Auch im indischen Delhi hat man morgens beim Aufwachen das Gefühl, in einer grauen, düsteren Unterwelt gelandet zu sein. In dieser dicht bevölkerten Stadt sind Lärm und Gestank normal, aber an manchen Tagen wird der Smog so dick, dass man nicht einmal mehr bis zur nächsten Straßenkreuzung sieht. Als Fußgänger hat man auf den Straßen fast das Gefühl, man wäre völlig allein und die Geräusche der Stadt würden von unsichtbaren Geistern erzeugt. An den schlimmsten Tagen, wenn auf den Bauernhöfen in der Region die Stoppeln abgebrannt werden und sich der Rauch mit den Abgasen der Autos und Busse und den Kochfeuern in den Slums vermischt, ist die Luft kaum zu ertragen. Es kam sogar schon vor, dass internationale Fluglinien an solchen Tagen Delhi nicht mehr anflogen, weil die Landebahn nicht mehr zu erkennen war. Auf den Autobahnen kam es wegen der schlechten Sicht zu Unfällen, und sogar die Bahn musste den Betrieb einstellen. Wie dick muss die Luft wohl sein, damit ein Zug, der dem Schienenverlauf folgt, nicht mehr fahren kann? Bei einem Cricketspiel, bei dem die Luftverschmutzung die Grenzwerte um das Fünfzehnfache überstieg, mussten sich Spieler »mehrfach übergeben«. Nach einer Spielpause von zwanzig Minuten erklärte der Schiedsrichter: »Luftverschmutzung ist in den Regeln nicht vorgesehen.«[20]

Delhi hat derzeit wahrscheinlich die schlechteste Luft der Welt, noch schlechter sogar als die rauchverhangenen chinesischen Großstädte, in denen die städtischen Behörden riesige LED-Wände aufgestellt haben, damit die Bewohner den Sonnenaufgang wenigstens per Video zu sehen bekommen. Vielleicht verdient auch das pakistanische Lahore den Titel als Stadt mit der schmutzigsten Luft; dort wurde schon das Dreißigfache der erlaubten Grenzwerte gemessen. Ein Journalist verglich den bräunlichen Dunst dort mit einer »riesigen Raucherlounge in einem Flughafen«.[21] In Asien bleiben Schulen regelmäßig wegen schlechter Luft geschlossen, was aber nur wenig bringt, weil die wenigsten Privatwohnungen über Luftfilter verfügen. Eine umfangreiche Studie hat gezeigt, dass wegen der Luftverschmutzung bereits jedes zweite Kind in Delhi irreversible Lungenschäden hat.[22] Weltweit sterben pro Jahr neun Millionen Menschen durch Luftverschmutzung, also weit mehr als durch Aids, Malaria, Tuberkulose und Kriege zusammen.[23] In den schlimmsten Jahren kann ein Drittel der Todesursachen in China mit Smog in Verbindung gebracht werden, und im Jahr 2030 könnten es bereits 100 Millionen Opfer weltweit sein.[24]

Es ist krank, traurig und unnötig – die größte Bedrohung für die Gesundheit der Bevölkerung auf dem Planeten. Und trotzdem ist es keine *existenzielle* Bedrohung für das Spiel der Menschheit. So wie die Zerstörungen auf den Ölfeldern räumlich begrenzt sind, so werden die Gefahren durch Luftverschmutzung zeitlich begrenzt sein. Sie können und werden beseitigt werden, aber viel zu langsam und mit viel zu viel menschlichem Leid. Das zeigen die Erfahrungen aus London, Los Angeles und inzwischen auch aus Beijing, wo man zögernd begonnen hat, die Luft zu reinigen.

Die Liste gravierender Umweltprobleme wird immer länger: Todeszonen in den Weltmeeren, wo Dünger und unersetzlicher Mutterboden landen, die von den Feldern gespült werden; große Strudel aus Plastikmüll, die durch die Meere treiben; Vororte, die sich auf landwirtschaftlichen Nutzflächen ausbreiten, und Felder und Viehweiden, die sich in tropische Regenwälder fressen; sinkende Grundwasserspiegel, weil zu viel Wasser abgezogen wird. Diese

Probleme verlangen zu Recht unsere Aufmerksamkeit, weil sie unmittelbare Bedrohungen darstellen. Dennoch werden wir sie als Spezies überleben, wenn auch in vielerlei Hinsicht ärmer als heute. Unsere grundlegende Existenz bedrohen sie nicht. Menschen und andere Lebewesen werden ihrer Würde beraubt werden – die typischen Anzeichen eines schlecht gespielten Spiels –, aber das Spiel selbst geht weiter.

Das gilt jedoch nicht für alle Bedrohungen. Ein paar wenige lebensgefährliche (drei an der Zahl) haben so weitreichende Auswirkungen, dass wir uns nicht sicher sein können, ob unsere Zivilisation sie einigermaßen intakt überstehen wird.

Eine davon ist ein Atomkrieg im großen Maßstab. Robert Oppenheimer zitierte beim Anblick des ersten Atomtests einen heiligen Text der Hindus: »Jetzt bin ich zum Tod geworden, der Zerstörer der Welten.« Bisher haben die notdürftig zusammengeschusterten internationalen Bemühungen, einen Atomkrieg zu verhindern, funktioniert. Tatsächlich schienen diese Sicherheitsvorkehrungen, formelle wie informelle, in den letzten fünfzig Jahren immer mehr gefestigt zu werden. Dass wir heute wieder von einem nuklearen Albtraum bedroht werden, ist vor allem dem kindischen Verhalten von US-Präsident Trump und seines Kumpels in Nordkorea zu verdanken. Sie gehören offenbar zu den wenigen, die nicht verstehen, »warum wir sie nicht einsetzen sollten«, wie Trump sich schon laut fragte.

Die zweite Bedrohung ist eine kleine Gruppe Chemikalien, die, wie Wissenschaftler gerade noch rechtzeitig entdeckten, die Ozonschicht abbauen, eine Schutzschicht, von deren Existenz 99 Prozent der Menschen vorher nicht einmal etwas gewusst hatten. Hätten diese Wissenschaftler nicht Alarm geschlagen, wären wir blindlings über den Klippenrand gestolpert – in manchen Fällen sogar wortwörtlich blindlings, denn Linsentrübung ist ein typisches

Symptom von zu viel ultravioletter Strahlung, vor der die Ozonschicht uns schützt. Innerhalb eines Jahrzehnts gaben die Chemieunternehmen ihren Widerstand auf, und dank des Montreal-Protokolls verschwanden Fluorchlorkohlenwasserstoffe langsam aus der Atmosphäre. Inzwischen wird das Ozonloch über der Antarktis mit jedem Jahrzehnt etwas kleiner – und womöglich schon im Jahr 2060 wieder vollständig geschlossen sein.

Die dritte und vielleicht größte Bedrohung ist natürlich der Klimawandel. Auf jeden Fall ist er die Gefahr, gegen die wir bisher am wenigsten unternommen haben. Womöglich wird er die Menschheit nicht vollständig auslöschen, aber zumindest wird er das Spielfeld grundlegend verändern. Die bewohnbaren Zonen unseres Planeten sind kleiner geworden, und diese Entwicklung wird unser Jahrhundert prägen.

Der Begriff *Klimawandel* ist uns inzwischen so vertraut, dass man ihn fast überliest; er gehört zu unserem mentalen Mobiliar wie *Zersiedelung* oder *Waffenkriminalität.* Dabei vergessen wir oft, wozu wir fähig sind. Der Begriff sollte uns mit Ehrfurcht erfüllen, denn nie zuvor haben Menschen Größeres vollbracht. Wir, die wir zur Klasse der Konsumenten fossiler Brennstoffe gehören, haben in den letzten zweihundert Jahren ungeheure Mengen an Kohle, Gas und Öl aus dem Boden geholt und verbrannt: in Automotoren, Gebäudeheizungen, Kraftwerken und Hochöfen. Bei der Verbrennung verbinden sich Kohlenstoff- mit Sauerstoffatomen aus der Luft zu Kohlendioxid. Die Molekülstruktur von Kohlendioxid hält Wärme zurück, die sonst wieder an den Weltraum abgegeben würde. Wir haben also in den Wärmehaushalt und damit in die Energiebilanz unseres Planeten eingegriffen. Diejenigen unter uns, die große Mengen an fossilen Brennstoffen verbrauchen, haben die Funktionsweise unserer Welt grundlegend verändert.

Problematisch ist das Ausmaß dieser Veränderung. Wenn wir nur ein wenig fossilen Brennstoff verbrauchen würden, wäre das egal. Aber wir haben so viel verbrannt, dass sich die Kohlendioxidkonzentration in der Atmosphäre im Laufe von zweihundert Jahren von 275 ppm (parts per million – Teile pro Million) auf 400 ppm erhöht hat. Wenn wir so weitermachen, erreichen wir irgendwann 700 ppm. Da sich die wenigsten unter »ein Teil pro Million« etwas vorstellen können, möchte ich das illustrieren: Die zusätzliche Hitze, die wir durch das von uns erzeugte Kohlendioxid in Erdnähe festhalten, entspricht der Energie von 400 000 Hiroshima-Bomben pro Tag oder vier Bomben pro Sekunde.[25] Diese riesige Wärmemenge führt zu enormen Veränderungen, aber hier geht es mir erst einmal nur um die Größenordnung: Der bisher freigesetzte zusätzliche Kohlenstoff würde, zusammengenommen, eine massive Graphitsäule von 25 Metern Durchmesser bilden, die von hier bis zum Mond reichen würde.[26] In den 4,5 Milliarden Jahren seit der Entstehung der Erde gab es wahrscheinlich nur vier weitere Phasen, in denen Kohlendioxid in noch größeren Mengen in die Atmosphäre gelangt ist, aber noch nie geschah dies schneller als heute – derzeit pumpen wir jährlich über 36 Milliarden Tonnen des Gases in die Atmosphäre. Sogar in der dramatischen Endphase des Perm-Zeitalters, als fast alles Leben auf der Erde ausstarb, nahm der Kohlendioxidgehalt in der Atmosphäre vielleicht mit einem Zehntel des heutigen Tempos zu.[27]

Das hat bereits dramatische Folgen. Ich beschäftige mich seit dreißig Jahren mit der Klimakrise, und in diesen Zeitraum fielen sämtliche der zwanzig wärmsten Jahre seit Beginn der Klimaaufzeichnungen. Bisher haben wir die Erde um etwa 1,1 Grad Celsius erwärmt. Die *New York Times* bezeichnete das in einem Glanzstück der Untertreibung als »ziemlich viel für die Oberfläche eines ganzen Planeten«.[28] Dies ist die größte Leistung der Menschheit, und auch die größte, die je eine Spezies auf unserem Planeten vollbracht hat, zumindest seit die Cyanobakterien (Blaualgen) vor zwei Milliarden Jahren die Atmosphäre mit Sauerstoff geflutet und einen Großteil des damaligen Lebens auf dem Planeten vernichtet haben. »Schneller als erwartet« ist inzwischen ein Schlagwort, das Klimaforscher häufig verwenden – die Schäden an Eiskappen und Ozeanen, die Wissenschaftler (von Natur aus eher konservativ) für das Ende des Jahrhunderts vorausgesagt hatten, traten mehrere Jahrzehnte früher auf als prognostiziert. »Auf keiner Klimakonferenz habe ich bisher jemanden sagen hören: ›Hey, das hat länger gedauert, als ich gedacht hätte‹«, sagte ein Polarforscher im Frühjahr 2018.[29] Ungefähr zur selben Zeit berichtete ein Team von Wirtschaftswissenschaftlern, die Wahrscheinlichkeit, dass das bisherige »Worst-Case-Szenario« der Vereinten Nationen für die globale Erwärmung zu optimistisch sei, liege bei 35 Prozent.[30] Im Januar 2019 stellten Wissenschaftler fest, dass sich die Ozeane der Erde um 40 Prozent schneller erwärmten, als bisher angenommen worden war.

»Wir haben jetzt tatsächlich unbekanntes Terrain betreten«, sagte der Direktor der Weltorganisation für Meteorologie im Frühjahr 2017, nachdem Daten endgültig bewiesen hatten, dass das Vorjahr alle Hitzerekorde gebrochen hatte.[31] Die Werte hatten die Skalen gesprengt. In jenem Sommer hatte sich ein atlantischer Hurrikan so weit östlich entwickelt wie noch nie zuvor. Anstatt Mexiko, Louisiana oder Florida zu verwüsten, tobte er sich über Irland und Schottland aus. Die Sturmprognose sah auf den digitalen Karten der US-Wetterbehörde National Oceanic and Atmospheric Administration eigenartig aus: Die Windhose hielt abrupt auf einer geraden Linie bei 60 Grad nördlicher Breite an – die Programmierer der Vorhersagemodelle hatten es nicht für möglich gehalten, dass ein Hurrikan diese Linie erreichen würde. »Das ist ein ziemlich ungewöhnlicher Ort für einen tropischen Wirbelsturm«, sagte einer von ihnen. »Vielleicht sollten wir diese Grenze noch einmal überprüfen.«[32] Ja, vielleicht sollten sie das.

Wenn man einem kräftigen Mann einen kräftigen Schubs gibt, passiert in aller Regel nicht viel (außer, dass er dann wahrscheinlich ein bisschen sauer ist). Zu Beginn der globalen Erwärmung wussten wir nicht, wie widerstandsfähig der Planet ist. Vielleicht konnte man ihn ziemlich fest schubsen, ohne dass viel geschah. Die Erde macht ja durchaus einen robusten Eindruck: Ihre Eisschilde sind mehrere Kilometer dick, ihre Ozeane mehrere Kilometer tief. Aber eines haben die letzten dreißig Jahre eindeutig gezeigt: Der Planet war tatsächlich fein ausbalanciert, und der Schubs, den wir ihm gegeben haben, hat ihn ins Taumeln versetzt. Dabei erleben wir gerade erst die Anfänge der globalen Erwärmung, und die Lage wird sich in Zukunft unvermeidlich immer weiter verschärfen.

Das lässt sich relativ einfach an der Hydrologie des Planeten zeigen, dem Wasserkreislauf der Erde. Wasser verdunstet an den Erd- und Meeresoberflächen und fällt dann als Regen oder Schnee wieder herunter. So wird die lebenswichtige Flüssigkeit der Erde in ständiger Bewegung gehalten. Aber wenn man die Wärmemenge (die Energie) im System erhöht, dreht man den Regler an dieser Wasserpumpe auf: Sie pumpt stärker. Wenn die Temperatur steigt, verdunstet mehr Wasser, sodass trockene Gebiete noch trockener werden. Wir nennen das Ganze dann Dürre, und inzwischen ist dieses Phänomen überall auf der Welt zu beobachten. Kapstadt, eine der schönsten Städte der Welt, stand 2018 kurz davor, völlig auszutrocknen. Die Stadt rationierte das Wasser für ihre vier Millionen Einwohner auf nur 23 Liter pro Person und Tag. Das reicht gerade so, um jeden Tag eine Dusche zu nehmen, wenn man nichts trinken oder die Toilette spülen will. Auslöser war eine dreijährige Dürre, mit der Wissenschaftler, ausgehend von historischen Daten, nur etwa einmal alle tausend Jahre rechneten.[33] Aber Prognosen auf der Basis historischer Daten sind nicht mehr verlässlich, denn diese Historie ereignete sich auf einem anderen Planeten mit einer anderen Atmosphärenchemie.

So kommt es, dass sich die Geschichte von Kapstadt auch auf anderen Kontinenten vollzieht. Vor ein paar Jahren drehte São Paulo in Brasilien seinen 20 Millionen Einwohnern den Wasserhahn zu. Bangalore ist wahrscheinlich die Stadt in einem Entwicklungsland mit der größten Hightech-Branche, in der fast zwei Millionen Menschen arbeiten, aber auch dort trat seit 2012 jedes Jahr eine Dürre auf.[34] Im italienischen Po-Tal, in dem fast 35 Prozent der landwirtschaftlichen Produkte des Landes erzeugt werden, ist es heute durchschnittlich rund 2 Grad Celsius wärmer als 1960 bei einem Fünftel weniger Niederschlägen. Im Sommer 2017 waren Bürgermeister und Regionalverwaltungen wegen der schweren Dürre gezwungen, das Wasser zu rationieren. »Die Po-Ebene war früher besonders wasserreich, und so waren wir daran gewöhnt, dass Wasser immer verfügbar war«, sagte ein Beamter aus der Region.[35] Ein großer Teil Italiens war davon betroffen; Rom schaltete alle öffentlichen Trinkbrunnen aus, und der Vatikan stellte das Wasser in den barocken Brunnen auf dem Petersplatz ab. Doch die Maßnahmen reichten nicht aus – im September war die Quelle des Po am Monviso, in den Cottischen Alpen, ausgetrocknet.[36] Petrarca hatte über die Quelle des Po geschrieben, ebenso wie Chaucer und Dante. Aber sie lebten auf einem Planeten mit 40 Prozent weniger Kohlendioxid.

Trockenes Land brennt leicht. Immer mehr Wald wurde von Menschen in Ackerland umgewandelt, was insgesamt zu einer niedrigeren Anzahl an Bränden geführt hat,[37] aber wo es etwas zu verbrennen gibt, ist das Feuer zu einer völlig neuen Bedrohung geworden. Jerry Williams, der ehemalige Feuerwehrchef des U.S. Forest Service, erzählte kürzlich bei einer Konferenz: »Den ersten wirklich unvorstellbaren Brand erlebte ich Ende August 1987 in Nordkalifornien.« Damals brachen tausend Feuer gleichzeitig aus. »Ich war mir damals sicher, dass ich nie wieder so etwas sehen würde. Im folgenden Jahr gab es dann den Großbrand im Yellowstone-Park.« Inzwischen, so sagte er, »haben wir jedes Jahr noch schrecklichere Brände. Es scheint keine Grenzen zu geben.«[38] Michael Kodas berichtet in seinem kürzlich erschienenen Buch *Megafire,* die Waldbrandsaison sei im gesamten amerikanischen Westen heute durchschnittlich 78 Tage länger als 1970, und in einigen Landesteilen dauere sie praktisch das ganze Jahr; seit dem Jahr 2000 haben mehr als ein Dutzend US-Bundesstaaten die größten Waldbrände seit Beginn der Aufzeichnungen gemeldet.[39] Wir erfahren von diesen Bränden, weil in diesen Regionen Reporter leben und die städtische Bevölkerung den Rauch riecht. Aber auch in Sibirien gibt es inzwischen praktisch jeden Frühling und Sommer zahlreiche ausgedehnte Brände, die wir nur über Satellitenaufnahmen verfolgen können. Diesen globalen Gefahren liegt ein offensichtliches Muster zugrunde: Auf eine anhaltende Dürre folgt eine Rekordhitzewelle – und dann ein Funke. Der Höchstwert des australischen McArthur-Waldbrandindex (Forest Fire Danger Index FFDI) lag früher bei 100, aber im Jahr 2009, nach einem Monat Rekordhitze und der geringsten Menge an Niederschlägen, die dort je gemessen wurde, erreichte der Index einen Wert von 165. Bei einem Feuer, das verschiedene Vorstädte verwüstete, starben 173 Menschen.[40] Im Jahr 2016 musste Fort McMurray, die Stadt im Herzen des Ölsandkomplexes von Alberta, vollständig evakuiert werden, weil auf einen schneearmen Winter eine Rekordhitzewelle im Frühjahr folgte. Im Mai brannten 600 000 Hektar

Land, und das Feuer vertrieb 88 000 Menschen aus ihren Häusern.[41] Im Jahr 2018 starben im griechischen Attika achtzig Menschen bei Rekordhitze in einem Feuersturm; die Überlebenden retteten sich durch einen Sprung in die Ägäis, während ihnen »Flammen den Rücken versengten«. Zwanzig Menschen, die es nicht bis zum Strand schafften, drängten sich im Kreis zusammen und umarmten sich, als das Feuer sie verschlang.[42]

Manchmal verursachen Menschen die Feuer – Funken von Golfschlägern, die gegen Steine geschlagen wurden, haben in Südkalifornien mehrere Brände ausgelöst, und während der Dürre von 2012 entzündeten Sportschützen in Utah zwanzig Brände.[43] Aber in gewisser Hinsicht sind Menschen für all diese Feuer mitverantwortlich: Mit jedem Grad Celsius, um das wir den Planeten erwärmen, erhöht sich die Anzahl der Blitzeinschläge um 7 Prozent,[44] und wenn ein Feuer in unserer heißen, trockenen neuen Welt einmal ausbricht, ist es kaum noch zu bekämpfen. Diese Großbrände »bilden eine neue Kategorie von Bränden«, schreibt Kodas. »Sie zeigen Verhaltensweisen, die Forst- und Feuerwehrleuten nicht vertraut sind. Manche Feuer können in mehreren Kilometern Entfernung vom Hauptbrandherd bisher nicht betroffene Wald- und Wohngebiete in Brand setzen. Die Flammen schaffen ihre eigenen Wettersysteme, sie erzeugen Feuertornados, füllen den Himmel mit Pyrokumuluswolken, aus denen Blitze den Boden bombardieren und neue Feuer entfachen, und sie drängen mit Winden Feuerwehrflugzeuge zurück.« Ein australischer Forscher bestätigte, es gebe »derzeit nirgendwo auf der Welt Mittel oder Methoden, mit denen diese Feuer unter Kontrolle gebracht werden könnten«.[45]

Bilder von den Verwüstungen, die diese Feuer hinterlassen, den ausgebrannten Häusern, sieht man regelmäßig im Facebook-Feed. Aber sie haben noch andere Folgen. Im Frühjahr 2017, nach der obligatorischen Dürre und der Rekordhitze, erlebte der US-Bundesstaat Kansas das größte Lauffeuer seiner Geschichte. Häuser standen dem Feuer nur wenige im Weg, aber es gab zahllose Stacheldrahtzäune, deren Holzpfosten alle zu Stümpfen verbrannten. Ein neuer Zaun kostet 10 000 US-Dollar pro Meile, und auf vielen Ranches bedeutete das allein zwei Millionen US-Dollar an unversicherten Verlusten. Schlimmer noch war allerdings der Verlust der Rinder: Auf einer Ranch bei der Kleinstadt Ashland lagen »Dutzende von Angus-Rindern tot auf dem rußgeschwärzten Boden, ihre Hufe ragten in die Luft. Andere Tiere torkelten umher wie kaputtes Spielzeug, blind und nach Luft schnappend, Fell und Augen schwarz verbrannt, die Ohrmarken in die Haut geschmolzen«, berichtete die *New York Times.* Ein 69-jähriger Viehzüchter ging mit einem Gewehr über die verbrannten Weiden. »Es sind sanftmütige Tiere«, erzählte er. »Sie kennen uns. Wir kennen sie. Sie tun einem leid. Und immer, wenn man denkt, man hat es hinter sich, muss man am nächsten Tag noch einmal los und noch mehr Tiere erschießen.«[46]

Diese globale Pumpe, die ich beschrieben habe, saugt nicht nur Wasser auf, sie spuckt es auch wieder aus. Eine einfache Faustregel besagt, dass auf jede Dürre eine Flut folgt. Gelegentlich kommt beides in derselben Gegend vor, mit wenigen Monaten Abstand. Und leider gibt es da noch eine Faustregel: Trockene Gebiete werden noch trockener und feuchte Gebiete noch feuchter.

Die Wassertemperatur im Meer vor der texanischen Küste ist in den letzten Jahren um etwa ein halbes Grad Celsius gestiegen, was etwa 3 bis 5 Prozent mehr Wasser in der Atmosphäre bedeutet.[47] Und als der Hurrikan Harvey im August 2017 über den Golf wanderte, überquerte er eine besonders warme und tiefe Meeresregion und verstärkte sich dort »in Rekordzeit« zu einem Sturm der Kategorie 4. Aber nicht allein der Wind sorgte für wirtschaftliche Schäden, wie sie in den Vereinigten Staaten zuvor nur bei Katrina aufgetreten waren, sondern auch der Regen, der sturzflutartig vom Himmel fiel. Insgesamt waren es 127 Billionen Liter, genug, um 26 000-mal den Superdome von New Orleans zu füllen. Das Wasser, das damals vom Himmel stürzte, wog über 100 Milliarden Tonnen und war so schwer, dass Houston tatsächlich um mehrere Zentimeter sank. Mancherorts gingen mehr als 135 Zentimeter Regen nieder, so viel wie noch nie bei einem Sturm in den Vereinigten Staaten. Eine Studie kam zu dem Schluss: »Die Harvey-Niederschläge in Houston waren insofern ›biblisch‹, als seit der Aufzeichnung des Alten Testaments nie zuvor Ähnliches beobachtet worden sein dürfte.«[48] Durch die Erwärmung der Atmosphäre ist die Wahrscheinlichkeit, dass ein Sturm so viel Regen auf Texas niedergehen lassen könnte, in den letzten 25 Jahren um das Sechsfache gestiegen.[49] Drei Monate nach dem Sturm stellte eine andere Studie fest, dass die Niederschläge bis zu 40 Prozent höher waren, als sie bei einem ähnlichen Sturm gewesen wären, bevor wir die Kohlendioxidwerte in der Atmosphäre erhöht haben.[50] Als der Hurrikan Florence im September 2018 die US-Bundesstaaten North und South Carolina traf, stellte er einen neuen Rekord für Regenfälle an der Ostküste auf – mit dem Wasser hätte man die gesamte Chesapeake Bay füllen können.[51]

Houston ist kein Einzelfall. In Kalkutta, wo 14 Millionen Menschen leben, ein Drittel von ihnen in hochwassergefährdeten Slums, und kein einziger Ölbaron, hat sich die Zahl der »Wolkenbruch-Tage« in den letzten fünfzig Jahren verdreifacht. Eine Mutter von vier Kindern erklärte dazu: »Wenn ein Sturm kommt, dann beten wir zu Gott, er möge uns und unsere Kinder sofort töten, damit keiner zurückbleibt und leiden muss.«[52] Im Nordosten der Vereinigten Staaten, wo ich im Hinterland von Vermont lebe, haben wir festgestellt, dass extreme Niederschläge (5 Zentimeter Regen oder mehr in 24 Stunden) seit 1996 um 53 Prozent häufiger vorkamen.[53] (Noch mal: seit 1996, als das erste Klapphandy verkauft wurde.) Dieses ganze Wasser überflutet alles, was wir in den letzten Jahrhunderten gebaut haben – eine Umfrage der *New York Times* im Jahr 2018 ergab, dass 2500 der giftigsten Chemie-Standorte der Vereinigten Staaten in hochwassergefährdeten Gebieten liegen.[54] Hurrikan Harvey überflutete eine Fabrik, aus der riesige Mengen an Lauge austraten. Wir haben den Planeten gleichsam auf ein Laufband gestellt und erhöhen ständig dessen Geschwindigkeit. Wir sind es gewohnt, dass sich die geologische Geschichte über endlose Zeitalter hinweg im Zeitlupentempo entfaltet. Nur gilt das nicht mehr, wenn man die Regeln ändert.

Was früher im Zeitlupentempo ablief, geschieht jetzt sehr viel schneller. Sogar Gletscher tauen inzwischen überraschend schnell. Ein Großteil des Treibeises, das auf den ersten Bildaufnahmen aus dem Weltall noch die Arktis bedeckte, ist heute verschwunden. Aus der Entfernung betrachtet bietet die Erde inzwischen ein deutlich verändertes Bild. Alles Gefrorene schmilzt weg. Vor ein paar Jahren machte sich der Bergsteiger und Filmemacher David Breashears mit seiner Kamera in den Himalaja auf, um die Ansichten, die nach der ersten Mallory-Expedition im Jahr 1924 vom Dach der Welt veröffentlicht worden waren, neu aufzunehmen. Tagelang kletterte er auf den Bergen herum und fotografierte dieselben Gletscher aus demselben Winkel wie damals. Nur waren die Gletscher jetzt erheblich niedriger – um die Höhe der Freiheitsstatue niedriger. Wenn Eis einmal zu tauen beginnt, lässt sich das weitere Abtauen kaum noch verlangsamen. Eine Studie aus dem Jahr 2018 stellte fest, dass in den nächsten Jahrzehnten mehr als ein Drittel der Gletscher auf dem Planeten wegschmelzen wird, selbst wenn wir ab sofort keinerlei Treibhausgase mehr ausstoßen würden.[55]

Wir befinden uns derzeit noch in der Anfangsphase dieser massiven Transformation, doch schon jetzt kostet der Klimawandel die US-Wirtschaft etwa 240 Milliarden US-Dollar pro Jahr,[56] weltweit sind es 1,2 Billionen US-Dollar. Jedes Jahr werden so 1,6 Prozent vom BIP des Planeten ausgelöscht.[57] Das ist noch nicht viel – wir sind als Planet so reich, dass sich dadurch am Spiel insgesamt nichts grundlegend ändert. Wenn man einzelne Orte betrachtet, sieht das allerdings anders aus: Puerto Rico wurde im Frühjahr vom Hurrikan Maria mit Windstärke 5 völlig verwüstet. Es war die schlimmste Naturkatastrophe auf dem amerikanischen Kontinent seit einhundert Jahren. Laut Schätzungen einer Harvard-Studie kamen bei dem Sturm 5000 Menschen ums Leben, doppelt so viele wie bei Katrina.[58] Und die wirtschaftlichen Folgen werden die Menschen dort noch jahrelang spüren: Die Gesamtkosten beliefen sich auf über 90 Milliarden US-Dollar – auf einer Insel, deren BIP vor dem Sturm bei 100 Milliarden US-Dollar pro Jahr lag. Laut Wirtschaftsexperten wird es sechsundzwanzig Jahre dauern, bis die Wirtschaft der Insel wieder den Stand erreicht, den sie am Tag vor dem Sturm hatte[59] – vorausgesetzt, dass in der Zwischenzeit kein weiterer Hurrikan zuschlägt.

Für Menschen, die an der Armutsgrenze leben, können schon kleine Veränderungen große Folgen haben. Wie bereits erwähnt, haben wir einen stetigen Rückgang bei extremer Armut und Hunger erlebt. »Unser Problem sind nicht zu wenig Kalorien, sondern zu viele«, schreibt Steven Pinker süffisant.[60] Aber Ende 2017 gab die UNO bekannt, dass nach einem Jahrzehnt des Rückgangs die Zahl der chronisch unterernährten Menschen wieder um 38 Millionen auf insgesamt 815 Millionen Menschen gestiegen sei, »vor allem aufgrund der Zunahme gewalttätiger Konflikte und klimabedingter Ereignisse«.[61] Im Juni 2018 wurde Entsprechendes zur Kinderarbeit gemeldet: Nach Jahren des Rückgangs nahm auch sie wieder zu. Insgesamt mussten 152 Millionen Kinder arbeiten. Ursache war »eine Zunahme an Konflikten und klimabedingten Katastrophen«.[62]

Auch diese »Konflikte« stehen immer enger in Zusammenhang mit den Klimaschäden, die wir angerichtet haben. Inzwischen ist allgemein bekannt, dass eine Rekorddürre dazu beitrug, Syrien zu destabilisieren. Die Folge war der Konflikt, der eine Million Flüchtlinge über ganz Europa verteilte und die Politik des Westens vergiftete. (Eine Studie der Weltbank aus dem Jahr 2018 prognostizierte, dass weitere Klimaveränderungen bis 2050 bis zu *143 Millionen* Menschen aus Afrika, Südasien und Lateinamerika vertreiben würden. Die Autoren forderten die Städte drollig dazu auf, »ihre Infrastruktur, Sozialdienste und Beschäftigungsmöglichkeiten rechtzeitig auf den Zustrom vorzubereiten«.)[63] Aber es gibt noch hundert kleinere Beispiele. Auf dem Mount Kenia sind zwei Drittel der Eisdecke verschwunden; zehn der achtzehn Gletscher, die einst die Region mit Wasser versorgten, sind völlig verschwunden. Hirten, deren Weiden zu Staub werden, treiben ihre Rinder immer häufiger auf die Äcker im Umland des Berges. »Unsere Kühe finden kein Futter mehr«, erklärte ein Mann. »Würden Sie Ihre Kuh sterben lassen, wenn es in der Nähe Gras gibt?« Die Bauern, die diese Äcker bewirtschaften (und traditionell aus einer anderen ethnischen Gruppe stammen), wehren sich erbittert, und es sind bereits Menschen ums Leben gekommen. »Ich habe seit zwei Tagen nicht mehr geschlafen«, klagte ein Landwirt. »Wenn ich es tue, dann lassen sie ihre Kühe auf unserem Land weiden. Sie warten nur darauf, dass wir einschlafen, und dann lassen sie ihre Kühe und Ziegen unsere Kohlköpfe und unseren Mais fressen.«[64] Anhand von Studien wird versucht, diese Veränderungen zu quantifizieren – eine Standardabweichung der Temperatur nach oben erhöht angeblich die Anzahl der Konflikte zwischen Gruppen um

14 Prozent[65] –, aber eigentlich sind solche Rechnungen unnötig. Der gesunde Menschenverstand reicht. Der Planet ist überfüllt. Je mehr wir das Klima beeinflussen, umso enger werden die Menschen zusammengetrieben. Was dann passiert, ist bekannt.

Vor dreißig Jahren gab es noch die Hoffnung, dass sich die globale Erwärmung irgendwie selbst beschränken könnte, dass höhere Temperaturen zu anderen Veränderungen führen könnten, die den Planeten kühlen würden. Wolken vielleicht: Wenn die Atmosphäre mit zunehmender Verdunstung feuchter wird, können sich zusätzliche Wolken bilden, die einen Teil des einfallenden Sonnenlichts blockieren. Dem war leider nicht so. Die Wolken, die wir auf einem heißeren Planeten produzieren, fangen eher noch mehr Hitze ein, sodass es noch heißer wird.[66]

Wie sich herausstellte, verstecken sich in allen möglichen Systemen der Erde solche Rückkopplungen, und bisher verschärfen sie das Problem nur. Wenn das weiße Eis in der Arktis schmilzt, dann kann es die Sonnenstrahlen nicht mehr ins All reflektieren. Ein glänzender Spiegel wird durch mattblaues Meerwasser ersetzt, das die Wärme der Sonne absorbiert. Die Temperatur der Meeresoberfläche ist in den letzten Jahren in Teilen der Arktis um mehr als 3 Grad Celsius gestiegen.[67] Verstecktes Eis, das unter den Böden der Arktis eingeschlossen war, beginnt nun ebenfalls zu schmelzen, und wenn dieser Permafrost auftaut, wandeln Mikroben einen Teil des gefrorenen organischen Materials in Methan und Kohlendioxid um, was zu noch mehr Erwärmung führt. Womöglich, so vermuten Wissenschaftler, könnte es allein dadurch am Ende fast ein Grad Celsius wärmer werden.[68]

Neue Studien zeigen außerdem, dass durch Waldbrände, Dürren und selektiven Holzeinschlag tropische Wälder nicht nur zerstört, sondern von Senken für Kohlenstoff zu Quellen für mehr Kohlendioxid umgewandelt werden. Diese Veränderung ist bedeutend. Die Ökonomen, die über Bücher wie *Die Grenzen des Wachstums* spotteten und überzeugt waren, dass die Verknappung eines Rohstoffs und die daraus resultierenden höheren Preise dazu führen würden, dass nach neuen Quellen gesucht wird, hatten in einem Punkt recht: Uns ist das Kupfer nicht ausgegangen, und auch Öl fließt offensichtlich weiterhin in Strömen. Aber Orte, an denen wir unsere Abfälle entsorgen können, sind immer schwieriger zu finden, weil die steigenden Temperaturen die Aufnahmefähigkeit von Wäldern und Ozeanen für Kohlendioxid verringern. Sollte sich dieser Trend fortsetzen, dann entspräche das, laut *New York Times,* »einem Streik der Müllarbeiter, aber in großem Maßstab: In der Atmosphäre würde sich Kohlendioxid immer schneller anreichern und die globale Erwärmung würde noch schneller voranschreiten«.[69] Genau das geschieht offenbar. Obwohl unsere Emissionen inzwischen langsamer steigen, nimmt die Menge an Kohlendioxid in der Atmosphäre immer schneller zu.

Aber wir wollen nichts überstürzen. Bleiben wir für den Moment bei den Dingen, die wir schon getan haben – und wie grundlegend wir unsere Welt bereits verändert haben. Da wäre zum Beispiel Kalifornien, lange Zeit das idyllische Bild von der Zukunft der Menschheit. Der Staat litt zu Beginn des Jahrzehnts fünf Jahre lang unter einer schrecklichen Dürre, wie es sie in Tausenden Jahren nicht mehr gegeben hatte. Die Kalifornier zapften sogar 20 000 Jahre altes Grundwasser an, das als Regen während der letzten Eiszeit niedergegangen war.[70] Die kalifornische Sierra Nevada hob sich um 30 Zentimeter, weil 240 Billionen Liter Wasser verdunstet waren.[71] 102 Millionen Bäume fielen einem Waldsterben zum Opfer, »das es in diesem Ausmaß in der modernen Geschichte noch nicht gegeben hat«, schrieb die *Los Angeles Times.* (Zuckerkiefern werden normalerweise fünfhundert Jahre alt, aber »in manchen Teilen des Waldes sieht man Leichen dieser Baumriesen herumstehen«, berichtete ein Förster.)[72] Die Dürre endete im Winter 2017, als sich endlich ein atmosphärischer Wasserfall vom heißen Pazifik in die hohen Berge ergoss. Alle atmeten auf. Die kalifornischen Behörden sagten, natürlich sei ihnen klar, dass das nur eine Verschnaufpause war, aber man konnte ihnen nachsehen, dass sie sich ein wenig entspannten, als die Hügel wieder saftig grün wurden. (Sie hatten ohnehin genug mit den Wassermassen zu tun, die in Rekordmengen vom Himmel stürzten. Allein am höchsten Damm des Landes verursachten die Regengüsse Schäden in Milliardenhöhe.)

Doch der folgende Sommer 2017 erwies sich als noch heißer und noch trockener als alle vorherigen Dürrejahre, und all das grüne Gras vertrocknete schnell wieder, und im Oktober jagte ein Feuersturm durch Napa und Sonoma. Trotz aller Warnungen im Fernsehen und in der Presse starben bei diesem Brand innerhalb kurzer Zeit mehr Menschen als bei jedem anderen Feuer in den USA seit einhundert Jahren – vor allem alte Menschen, die nicht schnell genug vor den Flammen davonlaufen konnten. Reporter beschrieben die Szenerie in den Wohngegenden, die 24 Stunden zuvor noch das Musterbeispiel des guten Lebens dargestellt hatten, als »apokalyptisch«. Menschen starben in den Swimmingpools, in die sie sich geflüchtet hatten und deren Kachelwände »heiß wie Backöfen« waren. In Santa Rosa »schmolz das Aluminium in den Autorädern und floss die Straßen entlang wie kleine Quecksilberbäche, bevor es wieder aushärtete. Ein Haufen Flaschen verschmolz zu einer verdrehten Picasso-Skulptur. Von Mülleimern aus Kunststoff blieben nur Flecken auf dem Gehweg zurück.«[73]

Aber es war bereits Oktober, das Ende der üblichen Waldbrandsaison. Daher seufzten die Menschen wieder erleichtert auf und machten sich ans Aufräumen – ohne zu ahnen, dass die Atempause nur kurz dauern würde. Schon im Dezember lösten Rekordhitze und Dürre in Südkalifornien den größten Brand in der kalifornischen Geschichte aus, bei dem das Feuer »zehnspurige Autobahnen mit beunruhigender Leichtigkeit übersprang«[74] und die Häuser von Rupert Murdoch, Elon Musk und Beyoncé bedrohte.

Das Feuer wütete bis Neujahr, und als das Jahr 2018 begann, atmeten die Menschen wieder auf und freuten sich auf ein wenig Winterregen. Der erste Sturm brachte erhebliche Regenmengen, mancherorts mehr als einen Zentimeter in fünf Minuten. Das Wasser fiel auf die ausgebrannten Hügel, wo es keine Pflanzen mehr gab, die die Flut zurückhalten konnten, sodass sie als Schlammlawinen zu Tal ging. Weitere zwanzig Menschen starben. Die Überlebenden erinnerten sich an ein rumpelndes Geräusch, wie bei einem Güterzug. »Die Lawine begrub Häuser, Autos und Menschen unter sich«, schrieb die Autorin Nora Gallagher, die in der Nähe lebte. »Sie begrub die Autobahn und die Bahngleise. Das Wasser war schwarz vor Asche und floss bis zum Ozean. Am Strand wurde die Leiche eines Mannes gefunden, und ganz in seiner Nähe die Leiche eines Bären.«[75]

Im Rest des Jahres 2018 wurde es nicht besser. Anfang August wurde der Rekord für den größten Brand in der Geschichte des Staates erneut eingestellt von einem riesigen Waldbrand bei Mendocino. Das Yosemite-Tal wurde »bis auf Weiteres« geschlossen, als Flammen die Zugangsstraßen erreichten. Gleichzeitig versuchten Meteorologen zu verstehen, was zu dem riesigen »Feuertornado« geführt hatte, der sich bis auf zwölf Kilometer Höhe über die Stadt Redding erhob und die Rinde von den Bäumen riss. Im Herbst kam es schließlich in den Ausläufern der Sierra Nevada über der Stadt Chico zu einem noch grausigeren Brand. In der »Regenzeit« im Herbst hatte es nur vier Zentimeter Niederschlag gegeben, und die Stadt Paradise ging daraufhin in Flammen auf; Dutzende Menschen starben in ihren Autos auf der Flucht über die engen, brennenden Straßen. Der US-Präsident machte »Missmanagement der Forstverwaltung« für die Waldbrände verantwortlich und empfahl, die Wälder »aufzuräumen«. Forensische Wissenschaftler suchten indessen in der Asche ausgebrannter Parzellen nach DNS-Spuren der Opfer.

Das ist unsere aktuelle Realität. Es wird noch schlimmer werden, aber es ist jetzt schon sehr, sehr schlimm. Nora Gallagher schreibt: »Egal ob man nun an den Klimawandel glaubt oder ihn leugnet, wir alle sind tief drinnen überzeugt, dass es irgendwo anders passieren wird. An einem anderen, einem ärmeren Ort, in Puerto Rico oder New Orleans oder Kapstadt oder auf einer Insel, wo der Meeresspiegel steigt. Oder dass es irgendwann in der Zukunft geschehen wird, im Jahr 2025 oder 2040 oder nächstes Jahr. Wir sprechen es nicht aus, doch wir denken es. Aber wir schreiben Ihnen auf dieser Postkarte aus dem ehemaligen Paradies, dass es nicht nächstes Jahr oder irgendwo anders geschehen wird. Es geschieht genau dort, wo Sie leben, und es könnte heute geschehen. Niemand wird verschont werden.«[76]

3

Es könnte richtig schlimm werden.

Im Jahr 2015 wies eine Studie im *Journal of Mathematical Biology* darauf hin, dass die Weltmeere, wenn sie sich weiter aufheizen, im Jahr 2100 so warm sein könnten, dass »das Phytoplankton die Fotosynthese und damit die Sauerstoffproduktion einstellt«. Da zwei Drittel des Sauerstoffs der Erde von Phytoplankton stammen, würde dies »wahrscheinlich zu einem Massensterben bei Tieren und Menschen führen«.[77]

Ein Jahr später taute nördlich des Polarkreises in Sibirien bei einer Hitzewelle ein Rentierkadaver auf, der im Permafrost eingeschlossen gewesen war. Der freigelegte Kadaver setzte Milzbrandsporen in Wasser und Boden frei und infizierte 2 000 Rentiere, die in der Nähe grasten, und diese wiederum infizierten mehrere Menschen; ein Zwölfjähriger starb. Offenbar konserviert der Permafrostboden »Mikroben und Viren ausgezeichnet, weil es dort kalt und dunkel ist und es keinen Sauerstoff gibt«. Wissenschaftlern ist es gelungen, ein acht Millionen Jahre altes Bakterium wiederzubeleben, das in einem Gletscher gefunden wurde. Forscher glauben, dass in Sibirien und Alaska Virenfragmente der Spanischen Grippe, der Pocken und der Beulenpest im Boden versteckt sind.[78]

Noch ein Beispiel: Wenn Eisschilde schmelzen, verringert sich die Landmasse, und das kann Erdbeben auslösen – in Grönland und Alaska nimmt die seismische Aktivität bereits zu. Gleichzeitig verformt das zusätzliche Gewicht des neuen Meerwassers die Erdkruste. »Das wird zu einem massiven Anstieg vulkanischer Aktivität führen. Es wird Störungszonen aktivieren und so Erdbeben, submarine Erdrutsche, Tsunamis und vieles mehr verursachen«, erklärte der Direktor des Hazard Centre am University College London.[79] Zu einem solchen Erdrutsch kam es bereits in Skandinavien vor etwa 8 000 Jahren am Ende der letzten Eiszeit, als ein Teil des norwegischen Festlandsockels von der Größe Kentuckys nachgab, »in die Tiefsee absackte und mehrere Riesenwellen auslöste«. Diese Wellen rasten durchs Meer, löschten alles Leben an den Küsten von Norwegen bis Grönland aus und »überschwemmten die Landbrücke, die einst Großbritannien mit den Niederlanden, Dänemark und Deutschland verband«. Als die Wellen die Shetland-Inseln erreichten, waren sie gut achtzehn Meter hoch.[80]

Es geht noch schlimmer: Wenn wir das Kohlendioxidniveau weiter erhöhen, können wir womöglich bald nicht mehr klar denken. Ab 1 000 ppm (was für das Jahr 2100 durchaus im Bereich des Möglichen liegt) sinkt die kognitive Leistungsfähigkeit beim Menschen um 21 Prozent. »Die größten Auswirkungen wurden bei der Reaktion auf Krisen, der Nutzung von Informationen und beim strategischen Denken beobachtet«, stellte eine Harvard-Studie fest. Das ist sehr schade, weil wir genau diese Fähigkeiten am dringendsten benötigen werden.[81]

Ich könnte Ihnen also richtig Angst machen. Ich hätte auch prinzipiell nichts dagegen, denn wenn man etwas so Grundlegendes verändert wie die Zusammensetzung der Atmosphäre und damit die Wärmebilanz des Planeten, wird das zwangsläufig alle möglichen Schreckensszenarien zur Folge haben, und wir sollten davor nicht die Augen verschließen. Am schlimmsten daran ist wohl die extreme Unsicherheit, die uns bevorsteht. Die Erde wandelt sich von der Kulisse zum Hauptakteur. (Das ist vergleichbar mit dem Unterschied zwischen früher und heute in der US-Politik. Früher konnte man Washington manchmal wochenlang vergessen, aber in der Trump-Ära kann jederzeit der Präsident hinter einem Baum hervorspringen und einen anbrüllen.)

Aber beschränken wir uns auf die wahrscheinlichsten Szenarien – die sind verstörend genug. Lange vor den Flutwellen oder Pocken, lange bevor wir nicht mehr klar denken können oder ersticken, müssen wir uns um das Alltägliche und Grundlegende kümmern: Jeder Mensch muss jeden Tag essen, und viele von uns leben am Meer.

Zunächst die Nahrung. Seit dem Ende des Zweiten Weltkriegs stiegen die Ernteerträge schnell genug an, um mit dem rasanten Bevölkerungswachstum Schritt zu halten. Der Preis, den viele dafür bezahlt haben, war hoch – von ihrem Land vertriebene Kleinbauern bevölkern heute die riesigen Slums überall auf dem Planeten –, aber rein von der Menge her haben die Kunstdünger, Pestizide und Landmaschinen der Grünen Revolution die Ernteerträge enorm gesteigert. Diese Steigerung bekommt es nun aber mit knallharten Gegnern wie Hitze und Dürre zu tun. Studien haben gezeigt, welch schreckliche Auswirkungen die Klimaerwärmung auf Kaffee, Kakao, Kichererbsen und Sekt hat, aber Sorgen machen müssen wir uns vor allem um Getreide, den größten Kalorienlieferanten des Planeten. Mais, Weizen und Reis haben sich als Kulturpflanzen im Klima der vergangenen zehntausend Jahre entwickelt. Zwar kann man sie durch Züchtung beeinflussen, aber nicht grenzenlos. Man kann einen Menschen von

Hanoi nach Edmonton umsiedeln, wo er oder sie dann vielleicht ein vietnamesisches Restaurant eröffnet. Aber wenn man Reispflanzen versetzt, sterben sie.

Eine Studie von 2017 aus Australien, wo in einigen landwirtschaftlichen Betrieben die weltweit führende Spitzentechnologie eingesetzt wird, kam zu dem Schluss, dass »die Weizenproduktivität als direkte Folge des Klimawandels nachgelassen hat«. Nach der Verdreifachung der Weizenerträge zwischen 1900 und 1990 stagnieren die Ernten seither, während die Temperaturen um ein Grad stiegen und die Niederschläge um fast ein Drittel sanken. »Die Wahrscheinlichkeit, dass es sich dabei nur um eine gewöhnliche Wettervariation handelt, die nicht mit dem [Klimawandel] in Verbindung steht, liegt bei weniger als eins zu einhundert Milliarden«, schrieben die Forscher. Das bedeutet, dass die Landwirte es trotz all der teuren neuen Technologien »gerade einmal geschafft haben, die Ernteerträge zu halten, sie aber nicht steigern konnten«. Wenn sich dieser Trend fortsetzt, würden die Ernteerträge in den nächsten zwanzig Jahren sogar sinken, so die Studie.[82] Im Juni 2018 fanden Forscher heraus, dass ein Temperaturanstieg von 2 Grad Celsius – das Ziel laut des Pariser Abkommens – die Maiserträge in den USA um 18 Prozent senken könnte. Ein Anstieg um 4 Grad Celsius – der uns erwartet, wenn wir so weitermachen – würde die Ernteerträge fast halbieren. Die Vereinigten Staaten sind der weltweit größte Produzent von Mais, der am weitesten verbreiteten Kulturpflanze der Welt.[83]

Mais ist anfällig, weil schon eine Woche mit zu hohen Temperaturen im entscheidenden Moment die Befruchtung verhindern kann. (»Für die Bestäubung von einer Billiarde Maiskörner gibt es keine zweite Chance«, erklärte der Leiter einer Unternehmensberatung, die sich auf Rohstoffe spezialisiert hat.)[84] Doch selbst die hartnäckigsten Pflanzen sind betroffen. Hirse, das Grundnahrungsmittel für eine halbe Milliarde Menschen, verträgt Trockenheit besonders gut, weil die Pflanze große, faserige Wurzeln hat, die tief in die Erde reichen. Aber auch ihre Widerstandsfähigkeit hat Grenzen, und sie werden derzeit erreicht. Daten aus dreißig Jahren im Mittleren Westen der USA zeigen, dass Hitzewellen das »Dampfdruckdefizit«, also die Differenz zwischen dem Wasserdampf im Inneren des Hirseblattes und dem in der Umgebungsluft, beeinflussen. Bei heißem Wetter gibt die Hirsepflanze mehr Feuchtigkeit an die Umgebungsluft ab. Wenn man nun die Temperatur des Planeten um 2 Grad Celsius erhöht – was, wie gesagt, das derzeitige *Ziel* der Weltgemeinschaft ist –, dann sinkt der Hirseertrag um 17 Prozent. Wenn es um 5 Grad Celsius wärmer wird, dann sinken die Erträge um fast 60 Prozent.[85]

Abgesehen von Bitumenschindeln kann man sich kaum ein langweiligeres Thema vorstellen als Hirseerträge. Aber Menschen brauchen Essen; die wichtigste Frage im Spiel der Menschheit ist vermutlich: »Was gibt's zum Abendessen?« Und wenn die Antwort »Nicht viel« lautet, wird es schnell ungemütlich. Im Jahr 2010 ruinierte eine schwere Hitzewelle die Getreideernte in Russland, worauf der Kreml mit einem Exportverbot reagierte. Der Weizenpreis auf dem Weltmarkt stieg an und löste damit, neben anderen Faktoren, den Arabischen Frühling aus – Ägypten war damals der größte Weizenimporteur der Welt. Nach dieser Erfahrung arbeiteten Akademiker und Versicherer an Szenarien, wie der nächste Lebensmittelschock aussehen könnte. Im Jahr 2017 stellte sich ein Team eine stärkere Version von El Niño vor, mit den damit verbundenen Überschwemmungen und Dürren. In diesem Szenario sanken die Erträge bei Mais und Soja eine Saison lang um 10 Prozent, bei Weizen und Reis um 7 Prozent. Chaos war die Folge: »Vervierfachung der Rohstoffpreise, Unruhen, erhebliche negative humanitäre Folgen … In den Städten des Nahen Ostens, Nordafrikas und

Lateinamerikas kommt es zu Lebensmittelaufständen. Der Euro gibt nach, und die wichtigsten europäischen Aktienmärkte verlieren 10 Prozent an Wert.«[86]

Ungefähr zur selben Zeit veröffentlichte ein britisches Forscherteam eine Studie, die zeigte, dass es im Transport- und Verteilungssystem für Lebensmittel vierzehn Nadelöhre gibt, die durch massive Störungen aufgrund des – Sie ahnen es – Klimawandels gefährdet sind. So wurde beispielsweise die Schifffahrt auf US-amerikanischen Flüssen und Kanälen, auf denen ein Drittel der weltweiten Mais- und Sojaproduktion transportiert wird, in den letzten Jahren häufig aufgrund von Überschwemmungen oder Dürren ausgesetzt oder gedrosselt. Brasilien führt 17 Prozent der weltweiten Getreideexporte aus, aber im Jahr 2017 blieben nach starken Regenfällen 3 000 Lkws stecken. »Da ist eine Verkettung unglücklicher Umstände gleichsam vorprogrammiert«, sagte einer der Autoren des Berichts.[87]

Fünf Wochen später stellte ein anderer Bericht eine noch grundlegendere Frage: Was wäre, wenn man genügend Lebensmittel anbauen und ihre Verteilung gewährleisten könnte, aber die Nahrungsmittel selbst einen Großteil ihres Nährwertes verlieren würden? In diesem Artikel in der Zeitschrift *Environmental Research* stand, dass steigende Kohlendioxidwerte zu einem beschleunigten Pflanzenwachstum führen, allerdings mit der Folge, dass der Eiweißgehalt in Grundnahrungsmitteln geringer ausfällt. Diese Erkenntnis war so unerwartet, dass Agrarwissenschaftler diese Tatsache viele Jahre lang übersehen hatten. Aber es scheint tatsächlich so zu sein: Wenn Forscher Getreide bei dem Kohlendioxidniveau anbauen, das wir in wenigen Jahrzehnten erwarten, stellen sie fest, dass es 8 Prozent weniger Mineralien wie Kalzium und Eisen enthält, und auch entsprechend weniger Eiweiß. In den Entwicklungsländern, wo die Menschen ihren Eiweißbedarf fast nur durch Pflanzen decken können, bedeutet das eine enorme

Verringerung des Nährwerts: Indien könnte 5 Prozent des Eiweißes in der Gesamternährung verlieren, was 53 Millionen Menschen der Gefahr eines Eiweißmangels aussetzen würde. Ein Mangel an Zink, der für die Gesundheit von Mutter und Kind unerlässlich ist, könnte 138 Millionen Menschen auf der ganzen Welt in Gefahr bringen.[88] Im Jahr 2018 fanden Reisforscher bei achtzehn Reissorten, die sie in Testfeldern mit hohem Kohlendioxidgehalt anbauten, »einen signifikant geringeren Eiweißgehalt«. »Die Vorstellung, dass unsere Nahrung weniger nahrhaft werden würde, kam überraschend«, sagte ein Forscher. »Sie ist nicht intuitiv. Aber vermutlich müssen wir mit weiteren Überraschungen rechnen. Wir ändern die biophysikalischen Bedingungen, die unserem Ernährungssystem zugrunde liegen, völlig.«[89] Und das betrifft nicht nur uns selbst. Menschen sind, im Gegensatz zu Bienen, nicht auf Goldrute angewiesen. Bei der Untersuchung von Goldrute-Proben aus dem Jahr 1842 stellten Wissenschaftler vom Smithsonian Institute fest, dass der Proteingehalt der Goldrute-Pollen »seit der industriellen Revolution um ein Drittel gesunken ist – und dass diese Veränderung ziemlich genau dem Anstieg des Kohlendioxidniveaus entspricht«.[90]

Bienen helfen beim Pflanzenanbau, das sind also offensichtlich beängstigende Neuigkeiten. Im August 2018 fand eine groß angelegte neue Studie etwas ebenso Erschreckendes heraus: Pflanzenschädlinge gediehen in der neuen Wärme. »Für sie wird es immer besser«, sagte ein Forscher der Universität von Colorado. Selbst wenn wir das UN-Ziel erreichen und den Temperaturanstieg auf 2 Grad Celsius begrenzen, werden Schädlinge wahrscheinlich die Erträge von Weizen um 46 Prozent, von Mais um 31 Prozent und von Reis um 19 Prozent reduzieren. »Höhere Temperaturen beschleunigen absehbar den Stoffwechsel von Insekten wie Blattläusen und Maiszünslern«, fanden die Forscher heraus. »Das macht sie hungriger, und die höheren Temperaturen beschleunigen ihre Fortpflanzung.« Man kann das auch an versteinerten Pflanzen aus der Zeit von vor 50 Millionen Jahren ablesen: »Pflanzenschäden durch Insekten korrelierten mit steigenden und fallenden Temperaturen und erreichten in den wärmsten Perioden ihr Maximum.«[91]

So wie sich Menschen daran gewöhnt haben, jeden Tag bestimmte Mengen zu essen, haben sie sich auch daran gewöhnt, an bestimmten Orten zu leben. Aus offensichtlichen Gründen liegen diese Orte häufig direkt am Meer: Flussmündungen gehören zu den artenreichsten Ökosystemen der Welt, und Wasserstraßen erleichtern den Handel. Die Nähe zum Meer bedeutete für antike Städte (Athen, Korinth, Rhodos) ebenso wie für die größten modernen Metropolen (Shanghai, New York, Mumbai) Reichtum und Macht. Heute bedeutet diese Nähe exklusive und wahrscheinlich tödliche Verwundbarkeit.

Während des Holozäns (die zehntausend Jahre dauernde Periode, die mit dem Ende der letzten Eiszeit begann und in der die gesamte dokumentierte Menschheitsgeschichte stattfand) blieb der Kohlendioxidspiegel in der Atmosphäre unverändert, und damit auch der Meeresspiegel. So dauerte es eine Weile, bis die Menschen auf die Idee kamen, sich Sorgen um den Anstieg des Meeresspiegels zu machen. Der Weltklimarat (das Intergovernmental Panel on Climate Change, IPCC) der Vereinten Nationen prognostizierte im Jahr 2003, der Meeresspiegel werde bis zum Ende des 21. Jahrhunderts nur um einen halben Meter ansteigen. Dieser Anstieg werde vor allem darauf zurückzuführen sein, dass warmes Wasser mehr Platz einnimmt als kaltes. Ein halber Meter würde zwar schon einiges an Kosten und Ärger verursachen, aber die Siedlungsstrukturen würden kaum beeinträchtigt werden.[92] Im Zuge dieser Schätzung warnten die Wissenschaftler des IPCC jedoch bereits, dass sie bei ihren Berechnungen ein mögliches Abschmelzen der großen Eisschilde auf Grönland und in der Antarktis nicht berücksichtigt hatten. In den letzten Jahren wiesen aber alle neuen wissenschaftlichen Erkenntnisse darauf hin, dass diese Eisschilde äußerst gefährdet sind.

Paläoklimatologen haben entdeckt, dass der Meeresspiegel in der Vergangenheit oft mit atemberaubender Geschwindigkeit anstieg und fiel. Vor vierzehntausend Jahren, als die Eiszeit ihren Griff lockerte, tauten während des sogenannten Schmelzwasserimpuls 1A riesige Eismengen ab, und das Schmelzwasser ließ den Meeresspiegel um achtzehn Meter ansteigen.[93] Vier von diesen achtzehn Metern könnten in einem einzigen Jahrhundert dazugekommen sein. Ein anderes Forscherteam fand heraus, dass das westantarktische Eisschild vor mehreren Millionen Jahren, während des Pliozäns, bei Kohlendioxidwerten, die den heutigen entsprechen, offenbar in weniger als einhundert Jahren zusammenbrach.[94] »Die neuesten Daten aus der Westantarktis sind erschütternd«, sagte eine Beamtin der US-Wetter- und Ozeanografiebehörde bereits im Jahr 2016. Die wirklich erschütternde Nachricht kam aber zwei Jahre später, im Frühsommer 2018, als 84 Forscher aus 44 Institutionen ihre Daten kombinierten und zu dem Schluss kamen, dass der gefrorene Kontinent in den letzten dreißig Jahren knapp drei Billionen Tonnen Eis eingebüßt hat. Das Tempo der Schmelze hat sich seit 2012 sogar noch *verdreifacht*.[95] Heute korrigieren Wissenschaftler ihre Prognosen daher immer wieder nach oben. Der Meeresspiegel steigt nicht um einen halben Meter, sondern um einen Meter an. Oder zwei Meter. »Mehrere Meter in den nächsten fünfzig bis hundertfünfzig Jahren«, prognostizierte James Hansen, der weltweit führende Klimatologe, und fügte hinzu, dass ein solcher Anstieg die Küstenstädte »praktisch unregierbar« machen würde.[96] Laut Jeff Goodell (der 2017 das bisher umfassendste

Buch über den Anstieg des Meeresspiegels schrieb) würde ein solcher Anstieg »ganze Generationen von Klimaflüchtlingen schaffen, gegen die die heutige Flüchtlingswelle aus Syrien wie Amateurtheater wirken wird«.[97]

Wir sind atemberaubend schlecht auf derartige Veränderungen vorbereitet. Goodell berichtete monatelang aus Miami Beach, das buchstäblich auf Sand gebaut wurde, der vom Grund der Bucht von Biscayne hochgeschafft worden war. Bei einer Museumseröffnung konnte er schließlich Floridas größten Bauunternehmer, Jorge Pérez, interviewen. Pérez betonte, er mache sich keinerlei Sorgen wegen des steigenden Meeresspiegels, weil »ich glaube, dass in zwanzig oder dreißig Jahren jemand eine Lösung dafür finden wird. Wenn es ein Problem für Miami wird, dann wird es auch für New York und Boston zum Problem – wo sollen die Leute dann hin?« (Mit einem Narzissmus, der eines Donald Trump würdig wäre, fügte er hinzu: »Außerdem werde ich bis dahin sowieso tot sein, also was macht das schon?«)[98] Wenn überhaupt geplant wird, dann mit alten, niedrigen Vorhersagen von einem Meter oder weniger. Venedig etwa gibt 6 Milliarden US-Dollar für eine aufblasbare Sperranlage aus, um Sturmfluten zurückzuhalten. Aber die Anlage ist nur für einen Anstieg des Meeresspiegels um etwa einen halben Meter ausgelegt. New York City baut eine »U-Barriere«, einen Wall, um Lower Manhattan vor Überschwemmungen bei einem Sturm von der Größe des Hurrikans Sandy zu schützen. Aber wenn der Meeresspiegel steigt, werden solche Stürme sehr viel mehr Wasser nach Manhattan hineintreiben. Warum baut man dann nicht gleich höher? »Weil die Kosten exponentiell steigen«, war die Antwort des Architekten.[99] Die Kosten steigen jetzt schon. Forscher zeigten im Jahr 2018, dass Häuser in Florida, die nahe der Hochwasserlinien stehen, heute schon mit 7 Prozent Preisnachlass verkauft werden, weil »gebildete Käufer«

wissen, was kommen wird.[100] Zunehmend sperren sich auch Versicherungsunternehmen: Keller von »New York bis Mumbai« könnten ab 2020 nicht mehr versichert werden, sagte der CEO eines der größten europäischen Versicherungsunternehmen 2018.[101]

Manche der Kosten des Klimawandels lassen sich mit gebräuchlichen Einheiten messen. Im Jahr 2017 schrieben Klimawissenschaftler in einem Gutachten für ein US-Bundesgericht, die Folgen des Klimawandels würden die zukünftigen US-Bürger 535 Billionen US-Dollar kosten, wenn wir jetzt nicht energische Maßnahmen ergreifen.[102] Wie kann das sein? Ein Beispiel: Ein kleiner Landkreis in Florida muss 150 Meilen Straße anheben, um Überschwemmungen schon bei einem minimalen Anstieg des Meeresspiegels zu verhindern. Das kostet 7 Millionen Dollar pro Meile, und damit mehr als eine Milliarde Dollar für die ganze Strecke, in einem Landkreis mit einem jährlichen Straßenbudget von 25 Millionen Dollar. In Alaska wird gerade die Verlegung eines ganzen Küstendorfs mit 400 Einwohnern geplant, das von steigenden Wasserständen bedroht ist. Das Vorhaben wird bis zu 400 Millionen Dollar kosten – eine Million Dollar pro Person.[103] Wenn man diese Beträge mit allen Menschen weltweit multipliziert, wird schnell klar, wie die hohen Kosten entstehen. Ein Team von Wirtschaftswissenschaftlern prognostizierte, dass die Klimaerwärmung die globale Wirtschaftsleistung bis 2100 mit 12-prozentiger Wahrscheinlichkeit um 50 Prozent reduzieren könnte. Der Menschheit steht also mit einer Wahrscheinlichkeit von eins zu acht etwas bevor, das achtmal so schlimm werden wird wie die Finanzkrise von 2008.[104]

Aber manches kann man nicht messen, und diese Schäden sind womöglich noch größer. Die Internationale Organisation für Migration rechnet bei ihren mittleren Schätzungen mit 200 Millionen Klimaflüchtlingen bis zum Jahr 2050. (Die maximale Schätzung liegt bei einer Milliarde.) Schon heute ist »die Wahrscheinlichkeit, dass man seine Heimat verlassen muss, um 60 Prozent höher als noch vor vierzig Jahren«.[105] Beim US-Militär befürchtet man, dass die Massenabwanderungen ganze Regionen destabilisieren können. »Da ist die Sicherheit schnell in Gefahr«, sagte Admiral Samuel Locklear, ehemaliger Kommandeur des United States Pacific Command, und erklärte damit, warum der Klimawandel seine größte Sorge ist.[106]

Die größte Sorge von Menschen, die ihr Zuhause verlieren, ist … ihr Zuhause zu verlieren. An diesem Punkt möchte ich von einer Reise erzählen, die ich letzten Sommer zum Schelfeis von Grönland unternommen habe. Ich war mit zwei erfahrenen Eisforschern und zwei jungen Dichterinnen dort – Kathy Jetnil-Kijiner von den pazifischen Marshall-Inseln und Aka Niviana, die auf dieser größten Insel der Erde geboren wurde. Diese Insel besteht aus einem riesigen Eisschild, das, wenn es schmilzt, den Meeresspiegel um mehr als sechs Meter anheben wird.

Und das Eis schmilzt. Wir landeten auf dem Flugfeld von Narsarsuaq aus dem Zweiten Weltkrieg, fuhren mit dem Boot an jeder Menge Eisbergen vorbei durch den Tunulliarfik-Fjord und erreichten schließlich den Qaterlait-Gletscher. Wir schleppten unsere Ausrüstung den eisigen Ausläufer des Gletschers hinauf und schlugen auf einem Felsvorsprung aus rotem Granit, fast einen Kilometer landeinwärts, unser Lager auf. Eigentlich schlugen wir das Lager sogar zweimal auf, denn die Nachmittagssonne füllte das Bachbett, das wir zunächst dafür ausgewählt hatten, mit Wasser, und unsere Zelte waren schon nach kurzer Zeit überflutet. Nach dem Abendessen zogen die beiden Frauen, in der späten arktischen Sonne, die traditionelle Kleidung ihrer jeweiligen Heimat an und wanderten weiter den Gletscher hinauf, bis sie sowohl das Meer als auch die höheren Eisregionen sehen konnten. Und dort rezitierten sie ein selbst verfasstes Gedicht, einen wütenden Aufschrei über die überwältigenden Umstände ihres Lebens.

Das Eis in Nivianas Heimat verschwindet nach und nach und mit dem Eis eine ganze Lebensweise. Während wir auf dem Eis campierten, meldeten Forscher, dass »das älteste und dickste Meereis« in der Arktis geschmolzen war und dadurch »nördlich von Grönland Gewässer offen liegen, die normalerweise auch im Sommer zugefroren sind«.[107] Von unserem Lager ein Stück die Küste hinauf hatte ein Erdrutsch nach einer Eisschmelze erst kürzlich einen 30 Meter hohen Tsunami ausgelöst, der vier Menschen in einem abgelegenen Dorf tötete. Derartige Ereignisse, so die Wissenschaftler, werden »mit zunehmender Erwärmung des Klimas häufiger auftreten«.[108]

In Jetnil-Kijiners Heimat werden die Auswirkungen noch unmittelbarer zu spüren sein. Die Marshall-Inseln liegen nur ein bis zwei Meter über dem Meeresspiegel, und schon heute strömt bei »Springtide« Meerwasser durch Wohnzimmer und überschwemmt Friedhöfe. Brotfruchtbäume und Bananenpalmen verkümmern, weil Salzwasser auf die kleine Süßwasserlandzunge eindringt, die seit Jahrtausenden das Leben auf den Atollen ermöglicht. Jetnil-Kijiner stand nun auf dem Eis, das, wenn es schmilzt, ihr Zuhause überfluten und dafür sorgen wird, dass für sie und ihre Landsleute »der Reisepass zum einzigen Zuhause wird«.

Die stille Wut, die das Gedicht der beiden Frauen durchdrang, war also durchaus verständlich – das Gedicht, das sie jetzt auf diesem Gletscher, der sich bis zum großen Eisschild hinauf erstreckte und sich vor der schroffsten Landschaft der Hemisphäre abhob, in den eisigen Wind schrien. Es war eine Wut, die aus einer langen und bitteren Geschichte erwachsen war: Auf den Marshall-Inseln waren nach dem Krieg Atombombenversuche durchgeführt worden, das Bikini-Atoll ist bis heute unbewohnbar. Auch in Grönland hatten die Vereinigten Staaten Atommüll hinterlassen, als sie die dreißig Militärstützpunkte auf der Insel aufgegeben hatten.

The very same beasts
That now decide
Who should live
And who should die …
We demand that the world see beyond
SUVs, ACs, their pre-packaged convenience
Their oil-slicked dreams, beyond the belief
That tomorrow will never happen

(Dieselben Bestien
die jetzt entscheiden
Wer leben darf
und wer sterben muss…
Wir verlangen, dass die Welt über
SUVs, Klimaanlagen und Fertigessen hinausblickt
Die ölglatten Träume, über den Glauben hinaus,
Dass es kein Morgen geben wird)

Der Klimawandel ist anders als andere Krisen zuvor, weil er die erste Krise ist, die zwar die Verletzlichsten als Erstes und am härtesten trifft, aber uns irgendwann alle einholt.

Let me bring my home to yours
Let's watch as Miami, New York,
Shanghai, Amsterdam, London
Rio de Janeiro and Osaka
Try to breathe underwater …
None of us is immune.

(Lasst mich meine Heimat in eure bringen
Lasst uns zusehen, wenn Miami, New York,
Schanghai, Amsterdam, London
Rio de Janeiro und Osaka
Versuchen, unter Wasser zu atmen
Keiner von uns ist gefeit.)

Die Wissenschaft kann uns einiges über diese Krise verraten. Jason Box, ein amerikanischer Glaziologe, der unsere Reise organisiert hatte, ist in den letzten fünfundzwanzig Jahren häufig nach Grönland gereist. »Wir nannten diesen Ort, an dem wir gerade stehen, vor fünf Jahren wegen seiner Form den Adler-Gletscher«, erzählte er. »Aber seither sind der Kopf und die Flügel des Vogels weggeschmolzen. Ich weiß nicht, wie wir den Gletscher jetzt nennen sollen, aber der Adler ist tot.« Dann ersetzte er die Batterien in seinen entlegenen Wetterstationen, die über das Eisfeld verstreut waren. Diese Instrumente erzählen eine Geschichte, aber Box' walisischer Kollege Alun Hubbard räumte ein, dass auch Instrumente nicht alles erklären können. »Der Anblick dieser traumatisierten Landschaft machte mich sprachlos«, sagte er. »Ich konnte nicht erfassen, wie sehr sich der Eisschild verändert hatte.«

Aber Künstler können das Ausmaß der Veränderung erfassen. Sie können schmelzende Eismassen mit überfluteten Häusern und aus den Fugen geratenen Leben in Verbindung bringen, sie können diese Tatsachen mit einer langen Geschichte und einer verlorenen Zukunft vergleichen. Wissenschaft und Wirtschaft können nicht wirklich ermessen, was es bedeutet, wenn Menschen seit Jahrtausenden in einem bestimmten Rhythmus leben, das gleiche Essen gegessen und in Liedern bestimmte Orte besungen haben, die jetzt verschwinden. Diesen Preis kann nur die Kunst ermessen, und es fügt sich, dass dieser Preis in Traurigkeit und Wut gemessen wird – und, bemerkenswerterweise, in Hoffnung. Das Gedicht, das die Frauen in den kalten Wind schrien, endete so:

Life in all forms demands
The same respect we all give to money …
So each and every one of us
Has to decide
If we
Will
Rise

(Das Leben in all seinen Formen erwartet
Denselben Respekt, den wir alle dem Geld entgegenbringen
Daher muss jeder Einzelne von uns
Entscheiden
Ob wir
Uns
Erheben)

Wir müssen uns also entscheiden. Tatsächlich steht am Ende dieses Buches eine Beschreibung, wie dieses Erheben aussehen könnte. Aber wenn das Eis weiter taut, und das scheint derzeit unvermeidbar, dann werden die Dörfer auf den Marshall-Inseln und die Häfen Grönlands keine Chance haben. Und wir werden alle ein wenig ärmer werden, weil eine ganze Lebensweise plötzlich verschwindet. Das Puzzle, das die Menschheit ist, wird einige seiner ältesten und kunstvollsten Teile verloren haben.

»Wenn Venedig verlorengeht«, schreibt Jeff Goodell, ginge mehr verloren als die Venezianer von heute. »Die Steine in den engen Gassen, in denen Tizian und Giorgione wandelten, gehen verloren. Und auch die Mosaiken aus dem 11. Jahrhundert im Markusdom, das wiederentdeckte Haus von Marco Polo und die Palazzi entlang des Canal Grande gehen verloren … Mit Venedig geht uns ein uralter Teil unserer selbst verloren, ein Bindeglied unserer Zivilisation.«[109]

Wir alle haben bereits Verluste erlitten. Dort, wo ich wohne, sind es die Jahreszeiten: Winter bedeutet nicht mehr verlässlich Winter, und daher versagt unsere natürliche Zeitmessung. In Kalifornien ist es das Gefühl von Leichtigkeit: Der Geruch von Feuer hängt in den Eukalyptushainen. Man kann auf vielerlei Arten verarmen, und wir werden sie alle kennenlernen.

4

In diesem Buch geht es um das Menschsein, aber stellen wir für einen Moment die Menschen hintenan und gehen hinaus in die Tiefen der Meere und der Zeit, also in Bereiche, die durch ihre atemberaubende Größe die Auswirkungen menschlichen Handelns begreifbar machen können.

Zunächst zum Salzwasser. Wir haben uns, wenn auch verständlicherweise, vertan, als wir unseren Planeten benannten. »Ozean« wäre der bessere Name gewesen, denn immerhin sind 70 Prozent seiner Oberfläche mit Meer bedeckt. Wir leben an den Rändern dieser Ozeane, und folglich bereitet uns der Anstieg des Meeresspiegels erhebliche Sorgen, weil das Wasser in unsere Lebensbereiche eindringt. Aber wenn man seinen Lebensunterhalt nicht gerade mit der Fischerei bestreitet, denkt man nur selten darüber nach, was unter der Oberfläche vor sich geht. Das Meer scheint so endlos groß zu sein; nur sehr wenige Menschen wagen sich jemals über den Rand des Horizonts und bekommen so einen Eindruck von dieser blauen Weite – der Grund, warum wir die Meere ohne Bedenken so schlecht behandeln. Bis zur Mitte dieses Jahrhunderts könnte, dem Gewicht nach, mehr Plastik im Meer schwimmen als Fische.[110] Das liegt zum Teil daran, dass wir so viele

Plastikflaschen wegwerfen, und zum anderen Teil daran, dass wir dem Meer weit mehr Leben entnehmen, als es reproduzieren kann. Seit 1950 haben wir geschätzte 90 Prozent der großen Fische im Meer ausgelöscht: Schwertfische, Speerfische, Zackenbarsche. Angesichts der Tatsache, dass ein Roter Thunfisch 180 000 US-Dollar auf dem japanischen Markt einbringen kann oder dass jeden Tag 270 000 Haie getötet werden, vor allem wegen ihrer Flossen, die einer Suppe zwar keinen Geschmack, aber enormen Status verleihen, ist das nicht überraschend. Jedes Jahr pflügen wir mit riesigen Schleppnetzen, die alles auf dem Meeresboden platt machen, unter Wasser eine Fläche um, die doppelt so groß ist wie die Vereinigten Staaten. Fände so etwas auf der Erdoberfläche statt, gäbe es heftige Proteste – aber unter Wasser ist es unsichtbar.[111]

Trotz allem sind die Überfischung und die Todeszonen an den Mündungen aller großen Flüsse, über die Düngemittel ins Meer strömen, und die Strudel aus Plastikmüll, die sich 1 000 Meilen vor der Küste langsam drehen, nur die kleinsten unserer Vergehen gegenüber der See. Die größte Bedrohung stellen auch hier fossile Brennstoffe und das freigesetzte Kohlendioxid dar, das sich im Meer noch stärker auswirkt als an Land. Zum einen speichern Ozeane den Großteil der zusätzlichen Wärme. Wir beschäftigen uns vor allem mit der Hitze in der Luft um uns herum, aber tatsächlich sammeln sich etwa 93 Prozent der zusätzlichen Wärme im Meer an. Die Tiefsee erwärmt sich heute etwa neunmal schneller als in den 1960er-, 70er- oder 80er-Jahren.[112] (Es versteht sich von selbst, dass die Trump-Regierung große Einsparungen bei der Behörde vorgeschlagen hat, die das Netz der Temperaturkontrollbojen unterhält.) Hier ein paar Zahlen, die einen Eindruck davon vermitteln, wie viel Wärme die Ozeane aufnehmen: Ohne sie wäre die Temperatur der Atmosphäre seit 1955 um 54 Grad Celsius gestiegen.[113]

Man muss kein erfahrener Taucher sein, um die spektakulärsten Auswirkungen dieser Hitze zu sehen. Ein Schnorchel genügt, oder sogar eine Lunge voll Atemluft. Von Port Douglas im australischen Queensland aus sind es etwa zwei Stunden mit dem Motorboot bis zum äußeren Rand des Great Barrier Reef. Bei meiner letzten Fahrt dorthin, im Frühjahr 2018, war die See rau und es wurde nicht viel geredet, alle dösten nur in der Morgensonne. Wir fuhren zum Opal Reef, wo drei Jahre zuvor eine Filmcrew einige der beeindruckenden Aufnahmen vom Laichen der Korallen für die BBC-Serie *Unser blauer Planet II* gedreht hatte. Bei einer bestimmten Mondphase – und mit David Attenboroughs diskreten Kommentaren als Hintergrund – hatte der Korallengarten während der verschwenderischsten Zurschaustellung von Fruchtbarkeit der Welt gleichzeitig Wolken von Eiern und Sperma für die Kameras freigesetzt. Ein beeindruckendes Schauspiel. Heute gibt es das nicht mehr. Wir ankerten, legten Schnorchel und Tauchbrillen an und sprangen vom Heck des Bootes. Wegen der Quallen trugen wir »Ganzkörper-Stachelschutzanzüge«. Ich schwamm mit James Kerry, einem Riffforscher von der James-Cook-Universität in Queensland, die fünfzig Meter bis zum Riff. Vom Rand aus blickten wir hinunter – und es war, als würden wir in einem leeren Parkhaus schnorcheln. Die *Formen* der Korallen waren noch da – es gab üppige Fächer, Geweihe und Platten –, aber statt leuchtender Neonfarben sahen wir nur Schattierungen von Düsternis. Lebende Korallen gab es nur noch so wenige, dass Kerry mir von jeder einzeln erzählen konnte, während wir an der Oberfläche Wasser traten. »Die Blaue heißt *Pocillopora damicornis.* Sie ist ziemlich widerstandsfähig«, sagte er. »Und haben Sie die eine am Boden gesehen, die wie ein Kissen aussieht? Das ist ein großer, einzelner Polyp, ein Pilz.« Einige Fische schwammen vorbei – vor allem Papageienfische, die sich von den Algen ernähren, die auf den toten Korallen wachsen.

Das Great Barrier Reef ist die größte lebende Struktur der Erde, aber es ist heute nur noch halb so lebendig wie vor drei Jahren. Massive Korallenbleichen in den Jahren 2016 und 2017 (ausgelöst durch heißes Meerwasser, das immer häufiger durch das Riff strömt) verwüsteten die nördlichen und mittleren Bereiche. Wie trostlos es unter der Oberfläche aussah, ist genauso schwierig zu beschreiben, wie man nur schwer erklären kann, woher man instinktiv weiß, dass ein Toter tot ist. An jenem Tag versuchten alle an Bord des Motorbootes ihr Gefühl der Trauer in Worte zu fassen. Der Riffforscher Dean Miller, der Direktor für Medien und Wissenschaft bei der Great Barrier Reef Legacy ist, einer Organisation, die sich bemüht, mehr Wissenschaftler aufs Wasser zu bringen, hat über Jahre Querschnitte von diesem Teil des Riffs gefilmt und dabei immer den gleichen Weg über die Korallen genommen. »Dieser Ort sah aus, als hätte jemand das Riff erschaffen, hätte alle seine Lieblingskorallen in perfekten Formen und Größen angepflanzt. Es war eine geschäftige Stadt, wie in *Findet Nemo.* Aber jetzt ist hier alles ruhig, als wären die Lichter ausgeknipst worden.« Die Formen der toten Korallen bleiben erhalten, bis sie der erste große Sturm zerschmettert, aber in den letzten beiden Jahren hat in dieser Gegend niemand eine Korallenlaiche beobachtet. Der Riffexperte Jon Brodie sagte Reportern, das Riff befinde sich nun in einer »Endphase. Wir haben aufgegeben. Es war mein Leben. Wir haben versagt.«[114] Die Reaktionen der lokalen Behörden sprachen Bände: Der Leiter des Tourismusverbandes von Queensland bezeichnete den leitenden Korallenforscher als »einen Idioten« und forderte die Regierung auf, die Mittel für zukünftige Forschungen zu kürzen. Er wies darauf hin, Touristen »werden keine lange Anreise auf sich nehmen, wenn sie glauben, dass das Riff tot ist«.[115]

Wärme ist nicht das Einzige, mit dem wir die Ozeane zusätzlich belasten. Ein Teil des Kohlendioxids, das wir aus unseren Fabriken, Autos und Öfen in riesigen Mengen in die Atmosphäre blasen, wird vom Meerwasser absorbiert – jede Stunde nimmt das Meer knapp eine Million Tonnen Kohlendioxid aus der Luft auf.[116] Viele Jahrzehnte lang hielten Wissenschaftler das für einen Segen – so verschwand ein Teil des Kohlendioxids, das wir ausgespien haben, einfach in der Tiefe –, aber vor etwa fünfzehn Jahren fanden Forscher erste Anzeichen für eine große Gefahr. Bei den Mengen an Kohlendioxid, die wir produzieren, ist sogar der Ozean zu klein, um alles ohne Folgen aufzunehmen. Im Meerwasser wird ein Teil des Kohlendioxids in Kohlensäure umgewandelt, die den pH-Wert im Meer senkt. Während des gesamten Holozäns – also der gesamten Menschheitsgeschichte – lag der pH-Wert der Ozeane konstant bei 8,2. Inzwischen ist er auf 8,1 gesunken, was erst einmal nach wenig klingt, bis man sich daran erinnert, dass der pH-Wert eine logarithmische Skala ist. Tatsächlich ist der Säuregehalt in den Ozeanen um etwa 30 Prozent gestiegen. Bei den derzeitigen Emissionsraten wird der pH-Wert der Ozeane bis zum Ende des Jahrhunderts auf 7,8 oder sogar 7,7 sinken, »weit über den Wert hinaus, den Fische und andere Meeresorganismen im Labor ohne schwerwiegende Auswirkungen auf Gesundheit, Fortpflanzung und Mobilität ertragen«, so der erfahrene Ozeanograf Eelco Rohling.[117] Im menschlichen Körper herrscht ein pH-Wert von etwa 7,4. Wenn dieser Wert um 0,2 Punkte sinkt (also halb so viel, wie wir es noch in diesem Jahrhundert bei den Ozeanen erwarten), kann das »ernste Gesundheitsprobleme verursachen, zu Krampfanfällen, Koma und sogar zum Tod führen«. Wenn das Wasser saurer ist, haben kleine Phytoplanktonarten, die am Anfang der ökologischen Kette des Planeten stehen, Schwierigkeiten, ihr Kalkskelett auszubilden. Der pH-Wert des Fischblutes gleicht sich stets dem des umgebenden

Wassers an; wenn das Wasser sauer wird, müssen die Fische enorme Mengen an Energie aufwenden, um den natürlichen pH-Wert in ihren Zellen aufrechtzuerhalten, was ihr Wachstum und ihre Beweglichkeit beeinträchtigt.[118]

Kohlendioxid erwärmt und versäuert also die Ozeane, die den Großteil der Erdoberfläche bedecken. »Das ist ein doppeltes Problem«, stellt Rohling fest, das »die Vielfalt und den Bestand wichtiger Arten im gesamten marinen Ökosystem drastisch reduzieren wird. Das könnte dazu führen, dass die Nahrungskette von oben nach unten zusammenbricht, eine Spezies nach der anderen.«[119] Mit dieser Angst ist er nicht allein. Im Jahr 2013 arbeiteten 540 der weltweit führenden Meereswissenschaftler an einem Bericht für die Vereinten Nationen. Ihre Vorhersage: Die Ozeane werden im Laufe des Jahrhunderts »heiß, sauer und atemlos« werden.[120] Die meisten Wissenschaftler sagen heute voraus, dass bis zum Jahr 2050 praktisch alle Korallenriffe der Welt tot sein werden.[121] Das ist in etwa dreißig Jahren, also von heute aus genauso lange in der Zukunft, wie der Zusammenbruch der Sowjetunion in der Vergangenheit liegt. Die Erfindung des Frisbee oder die Geburt von Nick Cave sind doppelt so lange her. Ein Kind, das heute geboren wird und Meeresbiologe werden will, wird im Jahr 2050 knapp promoviert haben.

Politiker, die sich mit dem Thema globale Erwärmung nicht befassen wollen, sagen oft: »Das Klima verändert sich ständig.« Selbst Leute, die sich tatsächlich Sorgen machen, beruhigen sich häufig mit Allgemeinplätzen: »Der Erde droht keine Gefahr, aber die Menschen sind in Schwierigkeiten.« Beide Aussagen sind grundsätzlich zutreffend: Kein System ist vollkommen stabil, und bis die Sonne in einigen Milliarden Jahren explodiert, wird es immer einen Steinbrocken geben, der sie in einer Entfernung von etwa 150 Millionen

Kilometern umkreist. Aber gleichzeitig sind beide Aussagen im Kern völlig falsch: Der Klimawandel, den wir derzeit forcieren, wird alles übertreffen, was unsere Zivilisation je erlebt hat, und die Biologie der Erde grundlegend schwächen. Der Mensch ist heute eine geologische Kraft. Tatsächlich gehören wir zu den größten geologischen Kräften, die deutliche Spuren in den Milliarden Jahren Erdgeschichte hinterlassen haben.

Von den früheren großen Brüchen in der Biologie der Erde wissen wir durch Fossilienfunde. In den Fossilien aus der Zeit vor 540 Millionen Jahren finden sich die meisten wichtigen Tierstämme wieder. Diese Epoche bezeichnet man als die »kambrische Explosion«, wobei das Wort Explosion hier in seiner erfreulichen Bedeutung verwendet wird. Plötzlich gab es einen Überfluss an Leben, und die Evolution probierte verschiedenste Überlebensstrategien auf unserem Planeten aus. Fünfmal ist seitdem ein Großteil dieses Lebens schlagartig verschwunden. Wir bezeichnen diese Perioden als Massenaussterben. Sie alle haben eines gemeinsam: Kohlendioxid.

Auf das Ende des Ordoviziums und die erste Krise dieser Art vor 443 Millionen Jahren zurückzublicken ist schwierig, aber offensichtlich ist im Kohlenstoffkreislauf etwas »durcheinander« geraten. Dieser Kreislauf war, nach der Einschätzung von Peter Brannen in seinem Buch über das Aussterben, während der »Katastrophe … wilden Schwankungen« unterworfen.[122] Brannen zitiert einen Geologen, der sich auf diese Epoche spezialisiert hat: »Wenn sich der Kohlenstoffkreislauf stark und rasant verändert, geht das nie gut aus.«[123] Über das Aussterben im Perm vor 250 Millionen Jahren weiß man schon erheblich mehr. Es war das schlimmste Massenaussterben aller Zeiten, das beinahe jeglichem Leben auf der Erde ein Ende gesetzt hätte. Ursache war damals Vulkanismus – nicht etwa der Ausbruch eines charismatischen Schlackekegels wie dem Berg Fuji, sondern »blubbernde Lavafluten«, die aus sogenannten Sibirischen Fallen strömten. Vulkane produzieren an sich schon viel Kohlendioxid, aber in diesem Fall entzündete die Lava auch noch riesige Kohle-, Öl- und Gasvorkommen, die sich über Hunderte Millionen Jahre aufgebaut hatten.[124] Innerhalb kürzester Zeit (nach geologischer Rechnung) herrschten auf der Erde höllische Zustände, der Ozean versauerte hochgradig und die meisten Arten der Erde verschwanden für immer. Es war das einzige Artensterben, das nicht einmal das Reich der Insekten verschonte.

Ein ähnlicher »kontinentaler Flutbasalt«, der sich diesmal jedoch entlang von Rissen ergoss, die von Long Island bis Quebec und von Mauretanien bis Marokko reichten, löste das Massenaussterben an der Grenze zwischen Trias und Jura aus, das die Herrschaft der Dinosaurier auf dem Planeten ermöglichte. Vor 65 Millionen Jahren schließlich kam es zu dem Ereignis, das diese Dinosaurier Ende der Kreidezeit auslöschte. Daran denken die meisten bei dem Wort »Massenaussterben«. Vor unserem geistigen Auge sehen wir einen Asteroiden, der aus dem Weltall heranrast, »einen Steinbrocken, größer als der Mount Everest und zwanzigmal schneller als eine Gewehrkugel« (so Peter Brannens Beschreibung), einen riesigen Krater in den Golf von Mexiko reißt, einen 300 Meter hohen Tsunami auslöst und enorme Gesteinsmengen ins All schleudert, die dann in einem »globalen Meteoritensturm« wieder niedergehen.[125] Der Tyrannosaurus trampelt von dannen und überlässt die Bühne … uns.

Nur war das Ende der Kreidezeit wesentlich komplizierter oder womöglich auch ganz anders, als dieses Hollywood-Bild glauben macht. Durch den Meteoriteneinschlag geschah nämlich auf dem ganzen Planeten noch etwas weniger Dramatisches, aber mindestens genauso Folgenreiches: Aus den sogenannten Dekkan-Fallen im heutigen Indien trat erneut kontinentaler Flutbasalt aus. »Dieser indische Vulkanismus war so heftig, dass man die Vereinigten Staaten unter einer 180 Meter dicken Lavaschicht hätte begraben können«, so Brannen. Heftig genug, um das fünfte große Massenaussterben einzuläuten, nach den üblichen Methoden: Kohlendioxid, globale Erwärmung, Versauerung der Ozeane. Gut möglich, dass der Asteroid »das Gewehr war und die Dekkan-Fallen die Kugel«.[126] Die vulkanischen Eruptionen waren bereits in vollem Gange, als der Asteroid einschlug, aber Studien aus dem Jahr 2018 weisen darauf hin, dass der Asteroideneinschlag »eine Beschleunigung bewirkt haben« könnte,[127] indem er neue Spalten unter Wasser entlang der tektonischen Platten eröffnete.[128]

In unserer Zeit wird der Planet wieder von einer Kohlendioxidwolke eingehüllt. Diesmal strömt das Gas nicht aus Vulkanen, sondern aus unseren Auspuffen und Schornsteinen. Wir haben es heute nicht mit kontinentalen Lavafluten zu tun, die riesige Kohleablagerungen in Brand setzen, sondern mit kontinentalen Stromnetzen, die riesige Mengen Kohle verbrennen. V8-Motoren arbeiten offenbar genauso effektiv wie Vulkane – und überraschenderweise deutlich schneller.

Heute gibt es nicht mehr so viel Kohlenstoff, den man verbrennen könnte, wie am Ende der Perm-Zeit – die Kohlendioxidkonzentration in der Atmosphäre wird nie mehr auch nur annähernd so hoch werden –, aber wir verbrennen unsere Kohlenwasserstoffe sehr viel schneller als die »kontinentalen Basaltfluten«. Seit zweihundert Jahren bestehen unsere wirtschaftlichen Anstrengungen vor allem darin, fossile Brennstoffe auszugraben und anzuzünden. Uns mögen zweihundert Jahre wie eine lange Zeit vorkommen, aber aus geologischer Sicht ist das gerade mal ein Wimpernschlag. Wir pusten derzeit zehnmal schneller Kohlendioxid in die Atmosphäre als am Ende der Perm-Zeit, und das war, wie gesagt, das bislang schlimmste Ereignis in der Erdgeschichte.[129] (Verglichen mit dem Massensterben am Ende des Devon vor 360 Millionen Jahren jagen wir Kohlendioxid zwischen 12 000- und 40 000-mal schneller in die Atmosphäre.)[130] Am Ende der Perm-Zeit, als 90 Prozent der Meeresarten ausstarben, versauerte das Meer im Laufe von zehntausend Jahren um 0,7 pH-Punkte; wenn wir so weitermachen wie bisher, dann werden wir den pH-Wert in den zweihundertfünfzig Jahren zwischen 1850 und 2100 um 0,5 Punkte gesenkt haben.[131] Wir stoßen derzeit pro Jahr rund 40 Gigatonnen Kohlendioxid aus. Unsere Regierungen sind schon stolz darauf, dass wir dieses Niveau zu halten scheinen, aber mit dieser Geschwindigkeit wurde Kohlendioxid seit 300 Millionen Jahren nicht mehr erzeugt, also einschließlich der Perm-Zeit – die, wie gesagt, in einer mustergültigen Katastrophe endete. Seth Burgess vom U.S. Geological Survey veröffentlichte kürzlich neue Forschungsergebnisse über den Kohlendioxidausstoß dieser vorsintflutlichen sibirischen Lavaströme, die damals all die Kohle verbrannten. Ein Reporter fragte ihn, ob man dieses Ereignis mit unserer aktuellen Situation überhaupt vergleichen könne. »Ich halte diesen Vergleich überhaupt nicht für lächerlich«, antwortete Burgess. Die zeitlichen Abläufe bei den Massenaussterben der Vergangenheit sind »den Zeitabläufen, in denen sich unser gegenwärtiges Klima verändert, erschreckend ähnlich. Die Ursachen mögen andere sein, aber die Anzeichen sind vergleichbar.«[132]

Welche Gefahr droht uns im schlimmsten Fall? Was ein großes Wissenschaftlerteam im Jahr 2017 als »biologische Vernichtung« bezeichnete, ist bereits in vollem Gang: In den letzten Jahrzehnten verschwand bereits die Hälfte der Tiere des Planeten und Milliarden von lokalen Tierpopulationen.[133] Im Jahr 2018 berichteten Forscher, dass einige lokale Insektenpopulationen um 80 Prozent zurückgegangen seien – und Insekten auszulöschen ist nicht einfach.

Selbst bei der charismatischeren Fauna bemerken wir den Rückgang nicht gleich, weil es noch viele Bilder von den Tieren gibt. (Laut einer Studie sieht ein Franzose in einem Jahr mehr Fotos von Löwen, als es in Westafrika tatsächlich noch lebende Löwen gibt.)[134] Aber für diese Verluste gibt es mehr als eine Ursache: Wälder, die für Nutzholz und Ackerland gerodet werden, vergiftete Küstengewässer, Tiere mit wohlschmeckendem Fleisch, die überjagt und überfischt werden. Und jetzt füllen wir, weitaus schneller als je zuvor in der Erdgeschichte, die Atmosphäre mit eben jenem Gasgemisch, das die fünf großen früheren Massenaussterben ausgelöst hat. Der Planet wird irgendwann damit fertigwerden: In ferner Zukunft wird all dieser Kohlenstoff schließlich in Kalkstein, Öl, Gas und Kohle umgewandelt, und der Kreislauf beginnt von Neuem. Mit genügend Abstand betrachtet, ist nichts davon wichtig.

Aber vielleicht sollten gerade wir diesen Abstand nicht haben. Im Gegensatz zu den Fischen des Perm sind wir vorgewarnt. Im Gegensatz zu den Sauropoden der Kreidezeit können wir etwas dagegen tun. Peter Brannen schrieb in seiner Geschichte der großen Katastrophen: »Zum Glück haben wir noch Zeit«[135] – wenn auch offensichtlich nicht viel.

5

Privilegien beruhen auf Vergesslichkeit. (Weiße Privilegiertheit zum Beispiel setzt voraus, vergessen zu können, dass die Hautfarbe von Bedeutung ist.) Eines der großen Privilegien der Menschen in den wohlhabenden Teilen der heutigen Welt besteht darin, dass wir vergessen konnten, dass die natürliche Welt überhaupt existiert. Während unserer Lebenszeit und der Lebenszeit unserer Eltern war die Natur überwiegend Kulisse. Ein Stadtteil wird nach dem benannt, was früher dort war: Fuchshain. Ein Vorort wird so geplant, dass die natürliche Welt möglichst wenig sichtbar ist: Wo sind die Bäche im Straßennetz? Eine große Stadt erschafft scheinbar Reichtum aus dem Nichts. Das ist natürlich eine Illusion, aber es ist eine wirkungsvolle Illusion. Ich begann sie erst zu durchschauen, als ich im Rahmen einer Reportage für den *New Yorker* ein Jahr damit verbrachte, jedes Rohr und jedes Kabel zurückzuverfolgen, das in meine Wohnung in Greenwich Village hinein- und wieder hinausführte. Ich folgte den Wasserrohren und den elektrischen Leitungen und der Kanalisation zu ihren Quellen und Zielen. Dabei lernte ich die bemerkenswerte *physikalische Seite* von New York kennen: die riesigen Wassertunnel, die mit unvorstellbarem Aufwand und unter unvorstellbaren Gefahren gebaut wurden, die Versorgungsleitungen, die bis zu den Staudämmen der Hudson Bay und den Ölquellen im Amazonasbecken reichen.

Das alles funktioniert so reibungslos, dass man uns durchaus nachsehen kann, die Natur die meiste Zeit ignoriert zu haben. Sie ist sicher unter der Erde, in den Wänden oder außer Sichtweite, im Kraftwerk oder in der Abfallverwertungsanlage. Doch unter dem Druck des sich verändernden Klimas kommt dieser reibungslose Ablauf, diese glatte Effizienz ins Stocken. Der Hurrikan Sandy traf in New York City auf Land, kanalisierte die Energie der rekordverdächtig heißen Atlantikküste, getragen vom erhöhten Meeresspiegel – und plötzlich schwappten schaumgekrönte Wellen über die östliche Stadtautobahn von New York, und vom Eingang der U-Bahnstation South Ferry stürzte Salzwasser in Kaskaden auf die Gleise unter der Erde. Napa steht in Flammen; Kapstadt, ausgetrocknet von Dürre, rationiert das Trinkwasser.

Schieben wir den Gedanken an ein bevorstehendes Massensterben mal beiseite. Eine Katastrophe von geologischem Ausmaß ist ja absolut möglich; man könnte also sagen, dass das Spiel bereits vorbei ist. Aber selbst wenn das letztendlich unser Schicksal sein sollte: Zunächst einmal wird das Leben deutlich anders aussehen und sich anders anfühlen. Das Leben, so wie wir es kennen, wird nicht plötzlich zu Ende gehen. Es wird enger werden. An vielen Stellen ist es das heute schon. Oder um bei unserem Bild vom Spiel der Menschheit zu bleiben: *Unser Spielbrett wird erheblich kleiner werden,* und das könnte das prägende Merkmal unserer Zeit auf Erden sein.

Diese Schrumpfung ist an sich schon neu. Die gesamte Menschheitsgeschichte lang lief es umgekehrt. Nach unseren mutmaßlichen Anfängen in Afrika breiteten wir uns aus, langsam zunächst, dann erheblich schneller. Für die Nordamerikaner, die das Spiel in der Moderne entscheidend geprägt haben, ist diese Erweiterung zeitlich noch so nah, dass sie die Geschichte des Landes bestimmte. Viele US-Amerikaner stammen von Europäern ab, die von der Überbevölkerung und den religiösen Zwängen der Alten Welt genug hatten und in eine neue aufbrachen. Nach ihrer Ankunft verdrängten oder töteten sie die Menschen, die bereits auf diesem Kontinent lebten, und importierten dann ganze Schiffsladungen menschlicher Handelsware, die den Löwenanteil der Aufbauarbeit dieser »Neuen Welt« übernehmen musste. Trotz dieser fundamentalen und tragischen Fakten betrachten US-Amerikaner den so geschaffenen Reichtum als Zeichen moralischer Überlegenheit: Sie halten sich für besonders innovativ, unternehmerisch und mutig. Tatsächlich waren die Erfolge jedoch weniger das Ergebnis eines edlen Charakters oder eben der Bereitwilligkeit, andere zu unterdrücken, als vielmehr ein reiner Glücksfall. Die neuen Siedler in Nordamerika erweiterten das Spielfeld, auf dem die Europäer das Spiel spielten, um enorme Gebiete, die mit nichts Bisherigem vergleichbar waren.

Kolumbus suchte auf seiner großen Fahrt nach einem neuen Weg zu den Reichtümern Asiens – Seide, Gewürze und so weiter –, schreibt der Umwelthistoriker Donald Worster. Doch gefunden hat Kolumbus etwas viel Besseres: »einen unerwarteten Überfluss an Raum, Land, Ackerboden, Wäldern, Mineralien und Wasser, und diesen Überfluss gab es fast umsonst«.[136] Es war beinahe so, als wären die Europäer auf einem neuen Planeten gelandet – nicht auf einem der gasförmigen, lebensfeindlichen, kargen Planeten unseres Sonnensystems, sondern auf einem Planeten wie Europa oder Asien, der zudem noch größtenteils intakt und fast unberührt war. »Innerhalb der Grenzen der Vereinigten Staaten gab es fast alles, was die Menschen wollten: die größten erstklassigen

Ackerflächen der Welt; scheinbar endlose Trinkwasservorräte (zumindest, bis man die Wüsten im Westen erreichte); Waldflächen, die in Qualität, Vielfalt und Nutzwert die aller anderen Länder übertrafen; riesige Quellen von erneuerbaren Rohstoffen wie Pelze und Fische; und fast jedes bekannte Mineral«, bemerkt Worster.[137] Die Auswirkungen waren um ein Vielfaches größer als jene der Erfindung des Internets auf das moderne Wirtschaftsleben. »Die Entdeckung Amerikas und des Seeweges nach Ostindien um das Kap der Guten Hoffnung sind die beiden größten und bedeutendsten Ereignisse in der Geschichte der Menschheit«, schrieb Adam Smith. Sie brachten den Ureinwohnern vor Ort »schreckliches Unglück«, aber durch die Erweiterung des Spielfelds verhalfen diese neuen Kolonien dem Handel »zu so viel Glanz und Ruhm … wie er sonst niemals erlebt hätte«.[138]

Schließlich hatten die Nordamerikaner den Großteil des neuen Kontinents in Beschlag genommen, was sie aber nicht davon abhielt, weiter zu expandieren. In den 1890er-Jahren, als Frederick Jackson Turner die Besiedlung des Landes für abgeschlossen erklärte, eröffnete sich ein weiterer neuer Kontinent – unter der Erde. Weltweit gewöhnten sich die Menschen in kürzester Zeit an, fossile Brennstoffe zu verwenden, und so wurde unser Aktionsradius noch einmal erweitert, teilweise im wörtlichen Sinn: Die Menschen konnten sich nun frei bewegen, und ihre Bewegungsfreiheit war nun nicht mehr auf die wenigen Dörfer beschränkt, die sie zu Fuß oder zu Pferd erreichen konnten. Diese Befreiung von der Geografie veränderte alles, bis hin zur Auswahl potenzieller Ehepartner. Billige Energie führte um die Jahrhundertwende zur Einführung von Klimaanlagen, die aus Orten in Amerika, die bisher zu heiß gewesen waren, um Bedeutung zu erlangen, den »Sonnengürtel« machten. Aber vor allem wirtschaftlich wurde expandiert: Nun hatte jeder in der westlichen Welt die Möglichkeit, absurde

Mengen an Arbeit verrichten zu lassen. Ein Barrel Öl, derzeit für etwa sechzig US-Dollar zu haben, liefert Energie, die etwa 23 000 Stunden menschlicher Arbeit entspricht. Der große Ökonom John Maynard Keynes berechnete einmal, dass »sich der Lebensstandard des Durchschnittsmenschen in den Zentren der Zivilisation auf der Erde zwischen dem Jahr 2000 vor Christus und dem Beginn des 18. Jahrhunderts wirklich kaum verändert hat. Es gab Höhen und Tiefen, Pestepidemien, Hungersnot und Krieg, zwischendurch goldene Zeiten, aber keine fortschreitende, große Veränderung.« Das änderte erst die Kohle, dann das Öl und schließlich das Benzin. Plötzlich verdoppelte sich der Lebensstandard alle zwanzig oder dreißig Jahre.

Das waren einmalige Zugewinne. Heute gibt es keine neuen Kontinente mehr zu entdecken, und sogar die Rohstoffgewinnung auf Asteroiden, von der Enthusiasten träumen, wäre, verglichen mit der Entdeckung der riesigen Wälder in den Appalachen, ein Rückschritt. (Der Filmastronaut Matt Damon konnte auch nur Kartoffeln auf dem Mars anbauen, weil seine eigenen Ausscheidungen die notwendigen Nährstoffe lieferten. Das ist nicht ganz so gut wie der Ackerboden von Iowa.) Wir entdecken natürlich immer neue Arten von Energie. Insbesondere das Solarmodul ist eine Art Wunder (wie wir im letzten Teil dieses Buches sehen werden), aber eine andere als die fossilen Brennstoffe, die eine so hohe Energiedichte haben und so einfach zu transportieren sind. Unsere Welt wird seit Jahrhunderten immer größer, und wir betrachten diese ständige Erweiterung als normal und gewöhnlich: Wenn die Wirtschaft nicht jedes Jahr weiter wächst, leiden wir darunter, weil unsere Systeme und unsere Erwartungen von diesem Wachstum abhängig geworden sind. Wir spielen das Spiel auf einem viel größeren Brett als unsere Vorfahren, und wir spielen es mit sehr viel mehr Energie.

Durch die Klimaerwärmung geht diese Erweiterung nun zu Ende – und eine Schrumpfung setzt ein. Wir finden keine neuen Kontinente mehr, die wir besiedeln könnten, stattdessen schrumpft unser Lebensraum. Unsere Erde ist groß, aber sie ist endlich, und nun gehen erste Teile davon für uns verloren.

Allein die bloße Hitze – die offensichtlichste Folge des Klimawandels – trägt bereits dazu bei, unseren Lebensraum zu verengen. Neun der zehn tödlichsten Hitzewellen in der Menschheitsgeschichte sind seit dem Jahr 2000 aufgetreten.[139] Sogar an Orten, die als kühl gelten, wie etwa die pazifischen Staaten im Nordwesten der USA, steigt die Temperatur phasenweise auf über 38 Grad Celsius an, und 70 Prozent der Häuser in Portland sind inzwischen klimatisiert.[140] Aber in Portland bedeutet eine verheerende Hitzewelle, dass die Stadt haustierfreundliche »Abkühlzentren« eröffnet, wo Brettspiele angeboten werden. In Indien hingegen hat der durchschnittliche Temperaturanstieg um ein halbes Grad Celsius seit 1960 die Wahrscheinlichkeit von hitzebedingten Todesfällen um 150 Prozent erhöht.[141] Diese Hitzewellen sind unerträglich brutal. Im Sommer 2016 litten Städte in Pakistan und im Iran mehrere Tage im Juli unter bis zu 54 Grad Celsius Hitze, der höchsten jemals auf dem Planeten Erde zuverlässig erfassten Temperatur. (Meinen Backofen in der Küche kann man auf diese Temperatur einstellen.) Doch immerhin war das eine trockene, wüstenartige Hitze. Bei einer entsprechenden Hitzewelle nahe den Ufern des Persischen Golfs und des Golfs von Oman bilden Temperaturen über 38 Grad Celsius und sehr hohe Luftfeuchtigkeit gemeinsam einen Wärmeindex von über 60 Grad Celsius. Im Jahr 2015 erreichte der Hitzeindex im iranischen Bandar-e Mahschahr mit fast 84 Grad Celsius den höchsten Wert, der auf der Erde je gemessen wurde.[142]

Vor etwa zehn Jahren bestimmten australische und US-amerikanische Forscher die maximale überlebbare Kombination aus Wärme und Feuchtigkeit. Laut dieser Forschungen liegt die Grenze bei einer »Feuchtkugeltemperatur« von 35 Grad Celsius. Das bedeutet, dass bei Temperaturen über 35 Grad Celsius und gleichzeitiger Luftfeuchtigkeit von über 90 Prozent »der Körper sich nicht mehr selbst kühlen und ein Mensch nur wenige Stunden überleben kann, wobei die genaue Überlebenszeit von der individuellen Physiologie abhängt«. Der Grund ist, dass bei hoher Luftfeuchtigkeit nur noch wenig Wasser über die Haut verdunsten und sich der Körper nicht mehr durch Schwitzen abkühlen kann. »Wenn die Feuchtkugeltemperatur länger über 35 bleibt, überlebt das auch der Fitteste nicht – auch nicht im Schatten bei guter Belüftung«, sagte einer der Forscher. Die Wissenschaftler stellten weiterhin fest, dass etwa 1,5 Milliarden Menschen, ein Fünftel der Menschheit, in einem halbmondförmigen Gebiet leben, in dem die Gefahr, dass derartige Temperaturen auftreten, wenn sich das Klima weiter erwärmt, besonders groß ist. In diesem Gebiet liegen einige der am dichtesten besiedelten Regionen der Welt – in Indien, Pakistan und Bangladesch – sowie die Küstenstädte im Nahen Osten. An diesen Orten werden extreme Hitzewellen, wie sie bisher alle fünfundzwanzig Jahre auftreten, zu »jährlichen Ereignissen mit Temperaturen nahe der Gefahrengrenze über mehrere Wochen im Jahr, die zu Hungersnöten und Massenmigration führen können«.[143] Denn natürlich arbeitet ein Großteil der Bevölkerung eben an diesen Orten, meistens im Freien. Im Jahr 2018 machten neue Untersuchungen deutlich, dass die Nordchinesische Ebene mit 400 Millionen Einwohnern genau in dieser roten Zone liegt. »Dort wird in Zukunft der größte Hotspot für tödliche Hitzewellen liegen«, erklärte ein MIT-Professor. »Wenn die derzeitigen globalen Emissionen auf dem aktuellen Stand bleiben, könnte die bevölkerungsreichste Region des bevölkerungsreichsten Landes der Erde nur noch eingeschränkt bewohnbar sein.«[144]

Also: Die Welt, die wir kennen, wird schnell durch eine neue ersetzt; unser Planet ist praktisch näher an die Sonne herangerückt. Infolgedessen können tropische Regionen, in denen heute einen Tag lang pro Jahr wirklich bedrückende Hitze herrscht, bis in die 2070er-Jahre mit 100 bis 250 Tagen rechnen. Bis zum Jahr 2100, so die jüngste Studie, »ist selbst unter den optimistischsten Prognosen für die Reduzierung der Emissionen nach Expertenmeinungen fast die Hälfte der Weltbevölkerung zwanzig Tage im Jahr potenziell tödlicher Hitze ausgesetzt«.[145] »Viele Menschen würden zusammenbrechen, lange bevor diese Maximalwerte erreicht werden«, erklärte ein Experte. »Sie würden erhebliche Probleme bekommen.« Das Ergebnis hätte »tiefgreifende Auswirkungen auf alle Bereiche menschlicher Tätigkeit – Wirtschaft, Landwirtschaft, Militär, Freizeit«.[146] Heute schon haben höhere Temperaturen und Luftfeuchtigkeit den Umfang an Arbeit, die Menschen im Freien verrichten können, um 10 Prozent reduziert, und dieser Effekt wird sich bis Mitte des Jahrhunderts noch verdoppeln.[147] Ein neuer Bericht über landwirtschaftliche Arbeiter in Florida stellte fest, dass immer mehr Menschen aufgrund steigender Temperaturen dehydriert sind. Illegale Einwanderer sind »besonders gefährdet, weil sie aus Angst vor Strafen seltener Ruhe, Schatten oder Wasser verlangen«.[148] Vielerorts wird es für Menschen einfach zu schwül zum Arbeiten sein.

Der Sommer 2018 war in weiten Teilen der Erde der heißeste, der je gemessen wurde. Afrika verzeichnete im Juni die bisher höchsten Temperaturen, die koreanische Halbinsel im Juli und Europa im August; in Amerika erreichte das Death Valley den heißesten Monat, den es je auf dem amerikanischen Kontinent gegeben hat. Die Welt erlebte die wärmste Nacht ihrer Geschichte, als das Quecksilber in einer Stadt im Oman bis zum Morgen nicht unter 42,6 Grad Celsius sank. In Algerien sah ein Reporter der *New York Times,* wie Arbeiter in einer Erdölförderanlage die Arbeit niederlegten, als die Temperatur 51 Grad Celsius erreichte. »Wir konnten nicht mehr«, erklärte ein Arbeiter. »Es war einfach unmöglich weiterzuarbeiten. Es war die Hölle.« Das pakistanische Nawabschah stellte mit 50 Grad Celsius einen neuen lokalen Temperaturrekord auf, bei dem sich »die Geschäfte nicht die Mühe machten, ihre Türen zu öffnen. Taxifahrer hielten sich von der Straße fern, um der glühenden Sonne zu entgehen.«[149] In Montreal, wo eine Hitzewelle 77 Menschen getötet hatte, beschrieb ein Obdachloser, wie er überlebte: Er bewegte sich nur zwei oder drei Straßenkreuzungen weiter, von einem klimatisierten Einkaufszentrum zum nächsten, und wartete dort jeweils, bis er hinausgeworfen wurde. »Wir brauchen mehr Brunnen im Park«, sagte er Reportern des *Guardian,* in dem auch noch ein Interview mit einem Studenten in Kairo veröffentlicht wurde, wo nur 40 Grad Celsius herrschten. Die Großfamilie des Studenten hatte für eine gemeinsame Klimaanlage für das Wohnzimmer zusammengelegt, und »dort halten sich alle den ganzen Tag auf, bereiten die Speisen zu, sehen fern, spielen oder lernen«.[150] Die Welt dieser Familie war auf einen einzigen Raum zusammengeschrumpft. Wenn es in einer Stadt so heiß wird, so ein Reporter, »dann sind die Gehwege leer, die Parks still, ganze Stadtviertel wirken unbewohnt. Wer nicht hinausgehen muss, der bleibt drin.«[151]

Aber nicht nur die Hitze, auch der ansteigende Meeresspiegel vertreibt Menschen von Orten, an denen schon immer Menschen gelebt haben. Dieselben asiatischen Bauern, die mit der grausigen Hitze auf den Feldern zu kämpfen haben, müssen auch zusehen, wie Salzwasser ihre Ackerböden zerstört – Zehntausende von ihnen verlassen inzwischen jedes Jahr das unvergleichlich fruchtbare

Mekong-Delta in Vietnam. In allen Küstengemeinden beschäftigt man sich inzwischen mit den möglichen Folgen, es gibt jede Menge beängstigende Hinweise. In einer Woche Ende des Jahres 2017 fand ich, ohne mich besonders anzustrengen, gleich mehrere Geschichten: aus Louisiana, wo Regierungsbeamte bereits Pläne fertiggestellt haben, um Tausende Menschen vor dem steigenden Meeresspiegel in Sicherheit zu bringen (»Nicht alle werden dort bleiben können, wo sie jetzt leben, und ihre Leben wie bisher weiterführen«, sagte ein Staatsbeamter);[152] aus Hawaii, wo eine neue Studie prognostizierte, dass in den nächsten Jahrzehnten 60 Kilometer Küstenstraßen ständig überflutet und unpassierbar und wichtige Zufahrtswege zu vielen Gemeinden »gefährdet« sein werden;[153] aus Jakarta, Indonesiens Megacity, wo eine ansteigende Javasee zu Beginn des Monats kurzzeitig »Straßen in Flüsse verwandelt und dieses riesige Gebiet mit fast 30 Millionen Einwohnern zum Stillstand gebracht hatte«;[154] und aus Boston, wo in den ersten Tagen des Jahres 2018 bei einem gewöhnlichen Nordoststurm einige der teuersten Viertel der Stadt überflutet und Müllcontainer und Limousinen durch das Finanzviertel gespült wurden. »Wer am Klimawandel zweifelt, sollte sich anschauen, wo heute die Überflutungsgebiete sind«, sagte der Bürgermeister von Boston. »Einige dieser Gebiete wurden vor dreißig Jahren noch nicht überflutet.«[155]

Die Gebiete, die höchstens zehn Meter über dem aktuellen Meeresspiegel liegen, machen nur 2 Prozent der Landoberfläche der Erde aus. Der Anstieg des Meeresspiegels wird unser Spielbrett also nicht übermäßig verkleinern. Aber auf diesen 2 Prozent der Oberfläche leben 10 Prozent der Menschen und generieren 10 Prozent des Weltbruttosozialprodukts.[156] Und nur in den wenigsten dieser Gebiete gibt es Schutzmaßnahmen – niemand wird für einen Damm um die bengalische Küste herum bezahlen oder dafür, die ghanaische Hauptstadt Accra zu schützen, die bei Stürmen schon heute überschwemmt wird. »Am Stadtrand von Lomé, der Hauptstadt von Togo, säumen Reihen von zerstörten Gebäuden die Strände«, berichtet Jeff Goodell.[157] Wie viel Geld wird die Welt wohl für die Verteidigung der Hauptstadt von Togo ausgeben? »Wir werden uns in absehbarer Zukunft von den meisten nichtstädtischen Küstengebieten der Welt zurückziehen müssen, ob uns das nun gefällt oder nicht«, schrieb der Experte für den Anstieg der Meeresspiegel von der Duke University, Orrin Pilkey, im Jahr 2016. »Für unseren Rückzug stehen uns nur zwei Optionen zur Verfügung: schwierig oder katastrophal. Wir können jetzt Vorkehrungen treffen und uns strategisch und kalkuliert zurückziehen, oder wir können uns später darum kümmern und uns in taktischer Unordnung vor verheerenden Stürmen in Sicherheit bringen. Mit anderen Worten: Wir können planmäßig das Feld räumen oder in Panik fliehen.«[158]

Während einige Menschen vor zu viel Wasser fliehen (in Form von Feuchtigkeit oder einem Anstieg des Meeres), werden andere abwandern, weil es zu wenig Wasser gibt. Nasse Gebiete werden feuchter werden, wenn sich der Planet erwärmt, aber trockene Gebiete werden noch trockener werden. Ende 2017 schätzte eine Studie, dass bis zum Jahr 2050 ein Viertel der Erde schwere Dürren und Wüstenbildung erleben wird, selbst wenn die Welt das Pariser Klimaziel von »nur« 2 Grad Celsius Temperaturanstieg erreichen sollte. »Nach unseren Forschungen wird auf etwa 20 bis 30 Prozent der weltweiten Landoberfläche eine Aridifizierung stattfinden«, so der Hauptautor der Studie. Eine weitere Studie aus demselben Jahr ergab, dass die Erträge von Mais und Soja im gesamten Getreidegürtel der Vereinigten Staaten um 22 bis 49 Prozent sinken könnten, weil an heißen Tagen mehr Wasser verdunstet. Aufwendige Bewässerungsmaßnahmen könnten da Abhilfe schaffen – nur werden die Grundwasserreserven unter den meisten Getreideanbaugebieten der Welt schon heute mehr als ausgeschöpft.[159] Manche Amerikaner können sich noch daran erinnern, wie es ist, wenn Menschen vor der Dürre fliehen: In den 1930er-Jahren drängten sich Landarbeiter auf den Ladeflächen von Kleinlastern, die sie von den ausgedörrten Getreidefeldern Oklahomas zu den üppigen Weiden Kaliforniens brachten. (Ein Harvard-Forscher sagte kürzlich voraus, dass Amerikas Klimamigration doppelt so groß sein wird wie dieser Exodus während der Großen Depression.)[160] Nur sind heute, wie wir gesehen haben, erprobte Auswege blockiert. Die Gletscher Kaliforniens schwinden mit jedem trockenen, heißen Jahr weiter; dem Staat droht der Verlust von bis zu 70 oder 80 Prozent seiner Wasservorräte.[161]

Selbst dort, wo man eigentlich erwarten würde, dass sich das Spielfeld erweitert, geschieht das Gegenteil. Wenn es wärmer wird, müsste doch die Arktis zum neuen Kansas werden, oder? Der ehemalige US-Außenminister Rex Tillerson drückte es, als er noch CEO von Exxon war, gut gelaunt so aus: »Wenn sich die Anbaugebiete in der ganzen Welt durch Klimaveränderungen verschieben, werden wir uns darauf einstellen.« Nur ist Iowa nicht nur wegen der Temperatur Iowa. Das liegt auch an dem Oberboden, den es weiter nördlich nicht gibt; dort ist der Boden mit einer Eisschicht bedeckt. Wenn der Permafrost schmilzt, speit er noch mehr Kohlenstoff in die Atmosphäre, und das ist keine Kleinigkeit, denn ein Fünftel der nördlichen Hemisphäre besteht aus Permafrostböden. Wenn diese Bodenschicht auftaut, brechen außerdem Straßen ein, Häuser kippen und sogar Bäume werden entwurzelt und bilden dann »betrunkene Wälder«. Wie aus einem gemeinsamen Bericht von 90 Wissenschaftlern aus dem Jahr 2017 hervorgeht, könnten sich die wirtschaftlichen Verluste durch eine sich erwärmende Arktis im Laufe des Jahrhunderts auf 80 Billionen

Euro belaufen und die Gewinne durch schnellere Schifffahrt bei Weitem übersteigen.[162]

Wenn man einzelne Orte betrachtet, versteht man, warum: Ein Beispiel ist Churchill an der kanadischen Hudson Bay in der Provinz Manitoba. Eine einzige Eisenbahnlinie verbindet sie mit dem Rest der Welt, aber im Frühjahr 2017 wurde sie von einem Rekordhochwasser weggespült. Das Unternehmen, dem die Eisenbahnlinie gehört, behauptet, es könne die Kosten für die Reparatur nicht rechtfertigen, »schon gar nicht im sich erwärmenden Klima«. Um den Vertrag zu kündigen, erklärte das Unternehmen, es handle sich um einen Fall von »höherer Gewalt«, ein unvorhersehbares Ereignis, das außerhalb des Verantwortungsbereichs des Unternehmens liege. »Wenn man in der Ära des Klimawandels etwas repariert, kann man sich nicht darauf verlassen, dass es ewig hält«, erklärte ein Ingenieur des Unternehmens. »Die aktuellen Veränderungen können wir weder aufhalten noch ändern oder lenken.« Nach der Stilllegung der Bahnstrecke wurden sogar die Bauarbeiten an einem neuen Forschungszentrum eingestellt, in dem die Auswirkungen des Klimawandels untersucht werden sollten.[163]

Mit genügend Geld kann man alles für eine gewisse Zeit abwehren. Die kanadische Regierung hat die Eisenbahnlinie nach Churchill im Sommer 2018 für 117 Millionen Dollar wieder eröffnet – etwa 130 000 Dollar (86 500 Euro) pro Einwohner von Churchill. Aber was geschieht beim nächsten Mal? Churchill »hat für die Kanadier eine mythische Bedeutung«. Und ähnlich gilt das für andere Orte, die wir vielleicht schon bald aufgeben müssen: Fort Sumter, das Kennedy-Raumfahrtzentrum, Mar-a-Lago … Die irakischen Städte mit den immer unerträglicheren Temperaturen liegen in der Region, in der Bibelwissenschaftler den Garten Eden verorten. Im Jahr 2018 warnten schottische Archäologen, Tausende von prähistorischen Stätten – Steinkreise, altnordische

Hallen, neolithische Gräber – seien durch den steigenden Meeresspiegel gefährdet. Jedes Hochwasser spült weitere Artefakte, spült unsere Geschichte weg.[164]

Viele Menschen zögern bereits, über eine Wiese zu gehen, weil sich durch die Hitze Zecken ausbreiten, die Borreliose übertragen. An vielen Stränden sitzen die Menschen heute im Sand und trauen sich nicht ins Wasser, weil es dort von Quallen wimmelt, die sich rasant vermehren, nachdem alle anderen Meeresbewohner im erwärmten Wasser zugrunde gegangen sind. Der Durchmesser des Planeten wird bei 12 800 Kilometern bleiben, und auch seine Oberfläche wird immer noch 320 Millionen Quadratkilometer umfassen – dennoch wird die Erde, unter den Füßen und in den Köpfen der Menschen, langsam immer kleiner.

6

Der Klimawandel wird seit dreißig Jahren öffentlich diskutiert. Zwar mögen in den Jahrzehnten zuvor vereinzelte wissenschaftliche Berichte und Verfügungen von US-Präsidenten aufgetaucht sein, die Probleme in Aussicht stellten, und in den 1980er-Jahren häuften sich die Warnungen. Diese frühe Phase der Klimapolitik wurde von Nathaniel Rich in einer Sonderausgabe des *New York Times Magazine* kürzlich gut beschrieben. Doch all das geschah hinter verschlossenen Türen, in Sitzungen, zu denen nur wenige Wissenschaftler und Amtsträger Zugang hatten.[165] Die Welt, ihre Machthaber und Bürger erfuhren erst an einem heißen Junitag des Jahres 1988 von der Gefahr, als ein NASA-Wissenschaftler namens James Hansen vor einem Senatsausschuss aussagte, dass »ein Treibhauseffekt festgestellt wurde, der unser Klima bereits heute beeinflusst«.[166]

In den folgenden Wochen führte der US-Kongress ein Gesetz zur Energiepolitik, den National Energy Policy Act, ein, um »die bei der Verbrennung fossiler Brennstoffe entstehenden Treibhausgase zu regulieren«. Die Atmosphärenforscher der Welt gaben die Gründung des Intergovernmental Panel on Climate Change (IPCC) bekannt, das die Entwicklung beobachten sollte. Und

Vizepräsident George H.W. Bush kündigte mitten im Präsidentschaftswahlkampf an, er werde »den Treibhauseffekt mit dem Weißen-Haus-Effekt bekämpfen«. Die Vereinigten Staaten schienen es ernst zu meinen, und erste Gegenmaßnahmen zeichneten sich ab.

Doch nichts geschah. Stattdessen haben sich die globalen CO_2-Emissionen in den letzten dreißig Jahren fast verdoppelt. Mehr als die Hälfte aller Treibhausgase, die seit Beginn der industriellen Revolution ausgestoßen wurden, ist seit 1988 aus Schornsteinen und Auspuffrohren gequollen.[167] Mit einer Ausnahme haben wir in jedem Jahr seit 1988 mehr fossile Brennstoffe verbraucht als im Vorjahr. Die einzige Ausnahme war das Jahr 2009, in dem die Wirtschaft drastisch einbrach.

Das bedeutet, dass Donald Trump zwar ein übler Mensch sein mag, der alles tut, um Fortschritte beim Klimawandel zu verzögern. Aber er ist nicht schuld daran, dass sich der Planet aufheizt.

Die verhaltene Reaktion auf das, was die Wissenschaftler bald als die größte Herausforderung bezeichneten, vor der die Menschheit je stand, war in gewisser Weise vorhersehbar. Ich erinnere mich, dass ich 1988, kurz vor dem Abschluss von *Das Ende der Natur,* einen Politikwissenschaftler interviewte, der den Klimawandel als »das Problem aus der Hölle« bezeichnete. Es gebe zu viele verschiedene Interessen, sagte er, aus zu vielen Teilen der Welt. Fossiler Treibstoff stehe im Zentrum der Weltwirtschaft, habe Einfluss auf jede Minute der modernen Menschen – und bringe uns gerade um. Das sei so, als sage ein Arzt seinem Patienten, sein Hauptproblem bestehe darin, dass Herz und Lunge Gift durch den Körper pumpen. Es gebe nichts, was wir dagegen tun könnten, sagte er, zumindest nicht in der Zeit, die uns zur Verfügung steht.

Seine Einschätzung hat sich bislang als richtig erwiesen – und dafür gibt es einige Gründe, die es sich genauer zu betrachten lohnt.

Einer dieser Gründe ist ganz einfach unsere Trägheit, die man nicht unterschätzen sollte. Anthropologen betonen immer wieder, dass die Evolution uns darauf optimiert hat, auf einen Tiger zu reagieren, der plötzlich hinter einem Baum auftaucht. Wir sind darauf ausgerichtet, kurzfristig zu denken, denn nur so konnten wir überleben; für die Probleme von morgen war morgen immer noch Zeit. Dieser Effekt wird noch verstärkt, wenn man im wörtlichen Sinn in die Gegenwart investiert hat – wenn etwa mehrere Hundert Milliarden Dollar auf dem Spiel stehen. Der Bürgermeister von Miami Beach, dessen Straßen bereits heute regelmäßig überflutet werden, sagte beim Festakt zum hundertjährigen Bestehen der Stadt: »Ich glaube an den menschlichen Erfindungsreichtum. Wenn ich Ihnen vor dreißig oder vierzig Jahren gesagt hätte, Sie könnten bald über eine Armbanduhr oder mit einem iPhone mit Freunden auf der ganzen Welt kommunizieren, hätten Sie mich für verrückt gehalten.«[168]

Der knurrende Tiger frisst uns also nicht sofort. Und vielleicht wird es in dreißig Jahren eine App geben, die sich um die knurrenden Tiger kümmert. Man kann sich leicht über diese Art von Reaktion lustig machen, aber tatsächlich haben wir fast alle genau so reagiert. Wir haben mehr oder weniger weitergemacht wie bisher. Wir wollen buchstäblich nichts davon hören.

Sogar die Politiker, die etwas dagegen tun wollen, suchen immer nach relativ kleinen, einfachen Maßnahmen, die auf möglichst wenig Gegenwehr treffen. Und sie argumentieren mit der Überzeugungskraft von Menschen, die sich die Zustimmung ihrer Wählerschaft sichern müssen, dass man nicht mehr tun könne. »Zu meiner Arbeit gehört es, herauszufinden, wie ich möglichst schnell von Punkt A nach Punkt B komme – was der beste Weg zu einer sauberen Energiewirtschaft ist«, erklärte Barack Obama gegen Ende seines letzten Amtsjahres. »Und jemand, der nicht in der Politik tätig ist, könnte sagen: ›Die kürzeste Verbindung zwischen zwei Punkten ist die Gerade; also lasst uns die Sache einfach angehen.‹ Leider muss man in einer Demokratie gelegentlich Umwege gehen und sehr reale Bedenken und Interessen berücksichtigen.«[169]

Obamas »Umwege« sind erhellend – sie haben weder die Welt gerettet noch unsere Überlebenschancen zunichte gemacht, aber sie zeigen, wie schwierig auch ein ernsthaftes Bemühen um eine Lösung für dieses »Problem aus der Hölle« sein kann. Der Umweltschutz war nicht Obamas Hauptanliegen, aber er hatte verstanden, dass der Klimawandel wichtig war: An dem Abend im Jahr 2008, an dem die demokratische Partei ihn zum Präsidentschaftskandidaten nominierte, sagte er: »In diesem Moment hat sich der Anstieg des Meeresspiegels verlangsamt, und die Heilung unseres Planeten hat begonnen.« Und sein Timing war, wie üblich, tadellos. Als er sein Amt antrat, wurde Fracking erstmals in großem Maßstab eingesetzt. Plötzlich verfügten die USA über einen enormen Vorrat an Erdgas, das in Texas und den Appalachen leicht aus Schiefer gewonnen werden konnte. Für Umweltschützer hörte sich das zunächst wie eine sehr gute Nachricht an, denn Erdgas gibt bei der Verbrennung nur halb so viel Kohlendioxid ab wie Kohle, die in den meisten Stromkraftwerken in den Vereinigten Staaten und weltweit verbrannt wurde. Für Obama war es also ein Geschenk des Himmels. Er konnte die CO_2-Emissionen der USA reduzieren, ohne allzu sehr anzuecken. Die großen Ölgesellschaften kontrollierten den Löwenteil der Erdgasversorgung, und sie würden sich nicht beschweren. Den Versorgungsunternehmen gefiel es, weil ihre Infrastruktur im Wesentlichen intakt blieb – in vielen Fällen konnte man das alte Kohlekraftwerk sogar für die Nutzung der neuen Gasvorräte umbauen. Und obwohl der Einsatz von Erdgas die Zeitlupenimplosion der Kohleindustrie fortsetzte, wurde das mehr als ausgeglichen, weil das Gas half, die von Obama geerbte strauchelnde Wirtschaft wieder in Gang zu bringen. Die Arbeitsplätze in der Fertigung kehrten aus Übersee zurück, angezogen von der neu gewonnenen Energie. In seiner Rede zur Lage der Nation im Jahr 2012 erklärte der Präsident, dass die neuen Erdgasvorkommen nicht nur für ein Jahrhundert die Versorgung sichern, sondern bis zum Ende des Jahrzehnts auch 600 000 neue Arbeitsplätze schaffen würden. Er brüstete sich damit, dass die neuen Gaspipelines, die in seiner Regierungszeit verlegt worden waren, »mehr als einmal um den Globus reichen würden«.[170]

Daher wollte niemand zuhören, als Chemiker die Schattenseite von Erdgas zur Sprache brachten. Methan erzeugt bei der Verbrennung tatsächlich nur halb so viel Kohlendioxid wie Kohle. Aber wenn das Gas *nicht* verbrannt wird – wenn es in die Luft entweicht, bevor es in einer Pipeline oder irgendwo anders auf dem Weg zu einem Kraftwerk oder Herd eingefasst werden kann –, dann fängt es Wärme in der Atmosphäre etwa achtzigmal effizienter ein als Kohlendioxid. Die beiden Cornell-Professoren Robert Howarth und Tony Ingraffea veröffentlichten eine Reihe von Abhandlungen, in denen sie aufzeigten, dass durch Fracking gefördertes Erdgas *schädlicher* für das Klima ist als Kohle, wenn auch nur ein kleiner Prozentsatz des Gases austritt. Womöglich reichen schon 3 Prozent. Ihre ersten Daten zeigten, dass mit mindestens so hohen Austrittsmengen gerechnet werden musste. Zwischen der Fracking-Anlage und den Tausenden Kilometern Pipelines und Kompressorstationen treten tatsächlich zwischen 3,6 und 7,9 Prozent des Methangases aus Schieferbohrungen aus. Im Juni 2018 zeigte eine neue Studie, dass in Wirklichkeit 60 Prozent mehr Methangas aus

Öl- und Gasfeldern austrat als nach offiziellen Schätzungen der US-Umweltbehörde EPA.[171] Satellitendaten zeigten außerdem, dass die Methanemissionen der Vereinigten Staaten seit dem Jahr 2002 um 30 Prozent gestiegen waren. Die Summe der Treibhausgasemissionen (von Kohlendioxid und Methan) in den USA hatte sich während der Amtszeit Obamas kaum verändert. Womöglich waren sie sogar angestiegen. Die Kohlendioxidemissionen waren gesunken, ja, aber dieser Rückgang wurde durch den steigenden Ausstoß von Methan ausgeglichen. Ein entscheidendes Jahrzehnt war verschwendet – schlimmer als verschwendet, denn alle neuen Bohrgeräte und Pipelines sowie Gaskraftwerke werden noch jahrzehntelang in Betrieb sein.

Das Ganze ist, in gewisser Hinsicht, nicht Obamas Schuld. Er wurde gewählt, um ein politisches und wirtschaftliches System zu verwalten, das auf endlosem Wachstum basiert. Er fürchtete um seine Wiederwahl, wenn er das System zu sehr durcheinanderbrachte, und das hätte niemandem genützt. (Bemerkenswerterweise rühmte er sich auch nach dem Ende seiner Amtszeit damit. Im November 2018 sagte er einem texanischen Publikum, Amerika habe während seiner Präsidentschaft Russland und Saudi-Arabien als größter Öl- und Gasproduzent überholt: »Das war ich, Leute!«)[172] So läuft das überall auf dem Planeten, auch wenn sich jede Regierung vor etwas anderem fürchtet: vor wütenden Zentralkomitees, verärgerten Oligarchen, Massenprotesten gegen Benzinpreiserhöhungen. Gegen diese Art von institutioneller Trägheit hilft auch Charisma wenig. Das sieht man am bestaussehenden, fortschrittlichsten, scheinbar »klimabewusstesten« Staatslenker der Welt: dem kanadischen Premierminister Justin Trudeau. Er findet weitaus deutlichere Worte für den Klimawandel, als es Obama je tat: Kanadische Diplomaten hatten, auf sein Drängen hin, die Nationen der Welt in den letzten Tagen des Pariser

Klimagipfels dazu überredet, das anzustrebende Klimaziel von 2 Grad Celsius auf 1,5 Grad zu senken. »Der Herausforderung und der Realität des Klimawandels kann kein Land der Erde aus dem Weg gehen«, sagte Trudeau vor der UN-Vollversammlung. »Wir haben eine Verantwortung gegenüber zukünftigen Generationen, und wir werden uns ihr stellen.«[173] Doch in dem Land, das Justin Trudeau regiert, befindet sich eine der beiden größten Ölsandlagerstätten der Erde, dieser breite Landstrich im Norden von Alberta, auf dem, für einen hohen Preis an Wasser und Wald, schlammiges Öl gefördert werden kann. Und Trudeau weigert sich, die Ausweitung des Abbaus zu bremsen. Als eine Pipeline-Baufirma im Jahr 2018 aus dem Bau einer neuen Pipeline zur Küste von British Columbia aussteigen wollte, verstaatlichte Trudeau das Projekt und wandte dafür mehr als zehn Milliarden Dollar an Steuergeldern auf.

Wie viele andere Politiker wollte auch Trudeau letztendlich nicht auf die Macht, die im Öl steckt, verzichten. Im Frühjahr 2017 sagte er vor Ölarbeitern in Houston: »Kein Land, das 173 Milliarden Barrel Öl im Boden findet, würde sie einfach dort lassen.« Doch genau das müsste er tun, wenn er den Klimawandel ernsthaft unter Kontrolle bringen wollte. Wenn wir diese 173 Milliarden Barrel Öl verbrennen, sorgt das dabei entstehende Kohlendioxid allein für ein Drittel der Erwärmung um 1,5 Grad, auf die Trudeau in Paris beharrt hat. Das bedeutet, dass ein Land mit einem Anteil von 0,5 Prozent der Weltbevölkerung allein ein Drittel der atmosphärischen Kapazität beansprucht, die uns von der Katastrophe trennt.

Wenn nicht einmal ein Politiker wie Justin Trudeau mehr Mut aufbringt, welche Hoffnung gibt es dann? Vor allem, wenn die Zeit so knapp ist. Im Gegensatz zu anderen Themen, mit denen sich Politiker befassen, kann man hier keine Umwege gehen, wie

Obama sie beschrieb. Beim Klimawandel kann es kein übliches politisches Abwägen unterschiedlicher Interessen geben, wo Kompromisse offensichtlich sinnvoll sind. Beim Klimawandel ist der Verhandlungspartner des Menschen die Physik, und die Physik macht keine Kompromisse. Ab einem gewissen Punkt gibt es keine Spielräume mehr. Diesen Punkt haben wir offensichtlich in Kürze erreicht: Dass die größten natürlichen Gebilde auf unserem Planeten – die Polkappen, Korallenriffe und Regenwälder – vor unseren Augen verschwinden, ist kein gutes Zeichen.

Regierungen vermeiden also, sich dem Problem aus der Hölle zu stellen. Die menschliche Psychologie ist nicht darauf ausgelegt, damit umzugehen. Es geht zu schnell.

Und dennoch denkt man sich: *Wir stehen doch nicht zum ersten Mal vor einem Problem aus der Hölle.*

Im 20. Jahrhundert hatten wir es mit Hitler zu tun. Die meisten US-Amerikaner wollten zunächst nichts von der Bedrohung wissen, die er darstellte; die US-Handelskammer sprach sich dagegen aus, den Briten Schiffe zu leihen, um die Nazis zu bekämpfen. Letztendlich kosteten die Kriegsanstrengungen mehr Geld als alles, was irgendein Mensch jemals getan hatte; Millionen und Abermillionen von Menschenleben wurden aus der Bahn geworfen; 400 000 Amerikaner (und 10 Millionen sowjetische Soldaten) starben – aber wir haben es geschafft. Warum haben wir der ähnlich gravierenden Krise unserer Zeit noch nicht die Stirn geboten?

Natürlich, da war Pearl Harbor, ein Ereignis, das eine ganze Generation in den Kampf gegen die Achsenmächte getrieben hat. Aber wir hatten Katrina und Sandy und Harvey. Und es ist nicht so, als hätten wir keine Alternativen gehabt; derzeit sind, wie wir später noch sehen werden, Sonne und Wind die billigsten

Methoden zur Stromerzeugung auf dem Planeten. In diesem Kampf muss niemand sterben. Diese Aufgabe wäre einfacher als ein Weltkrieg.

Also ja, der Klimawandel ist ein sehr schwerwiegendes Problem. Aber hier ist mehr am Werk als unsere übliche Trägheit.

7

Es sollte ein Wort für jemanden geben, der Verrat an einem ganzen Planeten begeht.

Im Juli 1977 wandte sich ein leitender Wissenschaftler von Exxon namens James F. Black an zahlreiche Mitglieder der Unternehmensleitung. In der Zentrale des Ölriesen in New York City zeigte er ihnen auf diversen Folien einige der ersten Forschungsarbeiten über das, was damals als Treibhauseffekt bezeichnet wurde. Er beendete seinen Vortrag wie folgt: »Die Wissenschaft ist sich weitgehend einig, dass die Menschheit das globale Klima höchstwahrscheinlich durch Kohlendioxid beeinflusst, das bei der Verbrennung fossiler Brennstoffe entsteht.«[174] Ein Jahr später sprach er vor noch mehr Führungskräften des Unternehmens. Unabhängige Forscher schätzten, so sagte er, dass eine Verdoppelung der Kohlendioxidkonzentration in der Atmosphäre die globalen Durchschnittstemperaturen um 2 bis 3 Grad Celsius oder sogar bis zu 10 Grad Celsius erhöhen würde. In einigen Regionen könne die Niederschlagsmenge steigen, während es an anderen Orten zu Wüstenbildung kommen könne.[175]

Der größte Ölkonzern der Welt, damals das größte Unternehmen überhaupt, wusste also schon zehn Jahre, bevor James Hansen mit seiner Aussage vor dem US-Senat den Klimawandel zum Thema in der Öffentlichkeit machte, dass sein Produkt den Planeten zerstören würde. Bekannt wurde das alles durch außergewöhnliche journalistische Arbeit, zunächst von der mit dem Pulitzer-Preis ausgezeichneten Website InsideClimate News, dann von der *Los Angeles Times* und der Columbia Journalism School. Die Recherchen in den Tiefen der Firmenarchive und die Interviews mit ehemaligen Mitarbeitern von Exxon deckten die folgenreichste Vertuschung in der Geschichte der Menschheit auf.

Die Anbieter fossiler Brennstoffe hatten sich schon lange Zeit zumindest ein klein wenig Sorgen um einen möglichen Klimawandel gemacht. Bereits im Jahr 1959 sagte der Physiker Edward Teller bei einem Symposium mit dem Titel »Energie und Mensch«, das vom American Petroleum Institute anlässlich des hundertjährigen Bestehens des globalen Ölhandels organisiert wurde, den wichtigsten Führungskräften der Branche: »Kohlendioxid hat eine seltsame Eigenschaft. Es lässt das sichtbare Licht durch, absorbiert aber die Infrarotstrahlung, die von der Erde abgegeben wird.« Die Temperatur, so Teller, werde steigen, und wenn sie es tue, »werden möglicherweise die Polkappen schmelzen und der Meeresspiegel steigen«.[176] Derartige Warnungen waren jedoch leicht zu ignorieren. Noch hatte Rachel Carson nicht damit begonnen, den schönen Schein der Moderne anzukratzen; ihr Buch *Der stumme Frühling* erschien erst im Jahr 1962. Vor allem aber verfügte niemand über die notwendige Rechenkraft, um ein Modell von etwas derart Komplexem wie dem Klima zu erstellen, und so war die globale Klimaerwärmung reine Spekulation. Der wissenschaftliche Berater des US-Präsidenten warnte auf der Jahrestagung der Energieversorger der Nation bereits im Jahr 1968, Veränderungen beim Kohlendioxidausstoß »könnten erhebliche Auswirkungen auf das Klima haben – möglicherweise sogar katastrophale

Vorgänge auslösen, wie sie in der Vergangenheit schon das eine oder andere Mal stattgefunden haben«.[177] Doch mit Sicherheit wissen konnte es damals niemand.

Ende der 1970er-Jahre, als Exxon das Thema aufgriff, war der Treibhauseffekt keine vage Möglichkeit mehr, sondern etwas sehr viel Bedrohlicheres: »Gegenwärtig geht man davon aus, dass die Menschheit in fünf bis zehn Jahren schwere Entscheidungen bezüglich ihrer Energiestrategien wird treffen müssen«, sagte James Black den versammelten Exxon-Führungskräften. Zwei Jahre später schrieben die Wissenschaftler des Unternehmens in einem Dokument, das unter den Führungskräften verteilt wurde: »Es besteht kein Zweifel daran, dass die zunehmende Nutzung fossiler Brennstoffe und die Rodung der Wälder das potenzielle Problem des erhöhten CO_2-Ausstoßes in der Atmosphäre verschärfen.« Das American Petroleum Institute stellte eine Taskforce mit Vertretern von Exxon, Texaco, Shell, Gulf und anderen zusammen, um »sich mit den neuen wissenschaftlichen Erkenntnissen und ihren Auswirkungen zu beschäftigen und zu überprüfen, wo Maßnahmen zur Emissionsreduzierung vorgenommen werden können«.[178] Exxon beschloss, mehrere Millionen Dollar für die Forschung auszugeben – schließlich produzierte das Unternehmen Kohlendioxid, und es musste mehr darüber wissen. Unter anderem stattete es einen Öltanker, die *Esso Atlantic,* mit Kohlendioxiddetektoren aus, um zu messen, wie schnell die Ozeane überschüssiges Kohlendioxid absorbieren konnten, und es beauftragte Mathematiker mit der Erstellung anspruchsvoller Klimamodelle. Bis 1982 war klar, dass selbst die düstersten bisherigen Prognosen übertroffen werden würden. In diesem Jahr kamen die Wissenschaftler des Unternehmens in einem Dokument, das als »nur für den internen Gebrauch« gekennzeichnet war, aber »vielen Exxon-Managern ausgehändigt wurde«, zu dem Schluss, dass »die Nutzung fossiler

Brennstoffe stark reduziert werden« müsse, wenn die globale Klimaerwärmung noch vermieden werden sollte. Andernfalls müsse man »sich mit potenziell katastrophalen Ereignissen befassen«. Jede Verzögerung sei gefährlich. »Sobald die Auswirkungen messbar sind, lassen sie sich möglicherweise nicht mehr umkehren.«[179]

Die Führungskräfte von Exxon haben diese Warnungen ernst genommen. Interne Dokumente zeigen, dass das Unternehmen (und andere Ölriesen) ihre neuen Ölbohrplattformen mit höheren Decks gebaut haben, um den Anstieg des Meeresspiegels auszugleichen, von dem sie jetzt wussten, dass er kommen würde. In der Arktis kam ein Team, das die Auswirkungen des Klimawandels erforschen sollte, zu dem Schluss, dass »die globale Klimaerwärmung die Kosten für Erschließung und Entwicklung in der Beaufortsee senken wird«. Der Teamleiter sagte im Jahr 1991 auf einer Fachkonferenz: »Die Treibhausgase nehmen durch die Verbrennung fossiler Brennstoffe zu … Das ist eine unbestrittene Tatsache.« Infolgedessen prognostizierte das Team, dass sich die Bohrsaison in der Arktis von zwei auf bis zu fünf Monate verlängern würde, und das ist inzwischen auch eingetreten.[180]

Aber nicht nur Exxon wusste Bescheid. Im Herbst 2018 tauchten Dokumente auf, die zeigen, dass Shell-Wissenschaftler in den späten 1980er-Jahren vorausgesagt hatten, dass sich das Kohlendioxidniveau bis zum Jahr 2030 verdoppeln könnte. Die Forscher prognostizierten eine Zunahme bei »Oberflächenabflüssen, zerstörerischen Überschwemmungen und Überflutungen von tiefliegenden Ackerflächen«. Zusammengenommen, so die Shell-Experten, »könnte es zu den umwälzendsten Veränderungen der Geschichte kommen«.[181]

Als James Hansen 1988 die globale Klimaerwärmung zu einem öffentlichen Thema machte, wussten die Ölgesellschaften also bereits, dass er und die anderen Forscher recht hatten. Tatsächlich berechneten sie anhand von Hansens NASA-Klimamodellen, wie tief die Bohrkosten in der Arktis letztendlich sinken würden. Was wäre wohl passiert, wenn sie die Wahrheit gesagt hätten? Was wäre geschehen, wenn der CEO von Exxon im Juli 1988, nachdem Hansen den US-Senat darüber informiert hatte, dass die globale Erwärmung sehr real und sehr gefährlich war, einfach gesagt hätte: »Unsere Forschungen bestätigen das. Es ist wahr.« Das wäre moralisch das Mindeste gewesen. Und es wäre nicht unbedingt wirtschaftlich destruktiv gewesen. Tatsächlich hätten Unternehmen wie Exxon mit ihrem Wissensvorsprung die Möglichkeit gehabt, die Energiewirtschaft der Zukunft frühzeitig aufzubauen. Bereits im Jahr 1978 hatte ein Manager von Exxon gesagt: »Das könnte eine willkommene Gelegenheit für uns sein, um Technologie, Management und Unternehmensleitung mit einem Projekt in Verbindung zu bringen, das dem Wohle der Menschheit dient.«[182]

Hätten Exxon und Konsorten diesen Kurs eingeschlagen, wäre die Geschichte, die *geologische* Geschichte, völlig anders verlaufen. Niemand hätte gesagt: »Oh, Exxon ist nur ein Panikmacher.« Jeder hätte erkannt, wie schwerwiegend diese Probleme sind, und sich an die Arbeit gemacht. Es hätte die Lösung nicht einfacher gemacht – all die Hindernisse, die ich im vorigen Kapitel beschrieben habe, von der Trägheit bis zur menschlichen Psychologie, hätten immer noch existiert. Dreißig Jahre später wäre das Problem des Klimawandels auch dann noch nicht *gelöst* gewesen. Aber wie beim Ozonloch hätten wir große Fortschritte gemacht. Wir wären auf dem Weg zu einer Lösung, der Höhepunkt der Krise wäre überwunden.

Aber so kam es natürlich nicht, denn dies war nicht das Ozonloch. Damals war der Übeltäter eine kleine Gruppe von Gasen gewesen, für die die Hersteller bereits Ersatzstoffe in Reserve hatten. Die

Verursacher des Klimawandels sind fossile Brennstoffe – die lukrativste Substanz der Welt. Und so geschah es, dass der PR-Beauftragte von Exxon einen Monat nach Hansens Aussage in einem internen Memo empfahl, das Unternehmen solle »hervorheben, wie unsicher« die wissenschaftlichen Daten zum Klimawandel seien.[183] Das war der Beginn der folgenreichsten Lüge der Menschheitsgeschichte. Innerhalb eines Jahres hatten sich Exxon, Chevron, Shell, Amoco und andere zur sogenannten Global Climate Coalition zusammengeschlossen, »um die Beiträge der Unternehmen zur internationalen politischen Debatte über den Klimawandel zu koordinieren«. Die GCC beauftragte Veteranen aus früheren Kämpfen gegen die Tabakindustrie; sie engagierte sogar das Unternehmen, das in den 1960er-Jahren den Angriff auf Rachel Carson angeführt hatte. Gemeinsam mit der National Coal Association und dem American Petroleum Institute führte die GCC eine »basisdemokratische Brief- und Telefonkampagne gegen eine geplante Steuer auf fossile Brennstoffe« durch und produzierte ein Video, in dem sie darauf beharrte, mehr Kohlendioxid werde »den Welthunger beenden«. Sie schürte auch den Widerstand gegen das Kyoto-Protokoll von 1997, die erste globale Anstrengung gegen den Klimawandel.

Zwei Monate vor der Konferenz in Kyoto hielt Lee Raymond (Präsident und CEO von Exxon und der Mann, der für die Wissenschaftsabteilung verantwortlich war, die in den 1980er-Jahren die eindeutigen Beweise für den Klimawandel vorgelegt hatte) beim World Petroleum Congress in Peking eine Rede, die zu den verantwortungslosesten gehört, die je ein US-Amerikaner gehalten hat. Raymond bestand darauf, dass sich die Erde abkühlt, und sagte, die Vorstellung, man könne das Klima beeinflussen, indem man die Emission fossiler Brennstoffe reduziert, widerspräche »dem gesunden Menschenverstand«. Er erklärte, es sei in jedem Fall

»höchst unwahrscheinlich, dass es für die Temperatur in der Mitte des nächsten Jahrhunderts einen Unterschied machen werde, ob die Maßnahmen jetzt oder in zwanzig Jahren umgesetzt werden«. Dabei hatten Wissenschaftler von Exxon selbst gezeigt, dass jede dieser Prämissen falsch war, Exxon selbst stützte seine unternehmerischen Entscheidungen auf diese wissenschaftlichen Erkenntnisse. Das Unternehmen wusste, dass die Beaufortsee auftaute; es baute seine Bohrplattformen hoch genug, damit sie auf den steigenden Meeresspiegel eingerichtet waren. Nur wir anderen erfuhren nichts davon.

Unter dem Druck der Umweltbewegung löste sich die Global Climate Coalition schließlich auf. BP und Shell verließen die Gruppe nach einer aggressiven Kampagne europäischer Umweltschützer, und nach und nach zogen sich auch viele amerikanische Unternehmen zurück. Aber es war ein Pyrrhussieg: Der Schaden war bereits angerichtet. Nach einer langen Nacht der Verhandlungen wurde in Kyoto schließlich eine vorsichtige Übereinkunft getroffen. So unvollkommen und begrenzt dieses Abkommen auch war, schien es doch darauf hinzudeuten, dass tatsächlich etwas gegen den Klimawandel unternommen werden sollte. Ich stand am Morgen nach jener langen Nacht am Rande des Konferenzzentrums neben einem Lobbyisten, der die Opposition gegen das Abkommen koordiniert hatte, und als die Delegierten jubelten und klatschten, sagte er zu mir: »Ich kann es kaum erwarten, nach Washington zurückzukommen, wo wir das unter Kontrolle haben.« Viele Parteigänger aus der Global Climate Coalition arbeiteten später für die Regierung von George W. Bush. Neun Tage nach der Amtseinführung von Bush besuchte Lee Raymond seinen alten Freund Dick Cheney, der gerade als CEO des Ölriesen Halliburton zurückgetreten und zum neuen Vizepräsidenten ernannt worden war. Offenbar half Raymond, Bush zu überreden, entgegen seiner Wahlversprechen Kohlendioxid nicht als Schadstoff zu behandeln. Innerhalb eines Jahres hatte Bushs Meinungsforscher Frank Luntz die Strategie, die die GCC zehn Jahre zuvor entwickelt hatte, in einem internen Memo kanonisiert: »Die Wähler glauben, dass es innerhalb der wissenschaftlichen Gemeinschaft keinen Konsens zur globalen Erwärmung gibt«, schrieb Luntz. »Sollte die Öffentlichkeit zu der Annahme gelangen, dass die wissenschaftlichen Fragen geklärt sind, wird sich ihre Meinung über die globale Klimaerwärmung entsprechend ändern. Deshalb müssen Sie das Fehlen wissenschaftlicher Gewissheit weiterhin zu einem Hauptthema in den Debatten machen.«[184]

Die Strategie ging genauso auf wie erhofft. Noch im Jahr 2017 ergaben Meinungsumfragen, dass fast 90 Prozent der US-Amerikaner nicht wussten, dass zur Klimaerwärmung ein wissenschaftlicher Konsens besteht.[185] Lee Raymond trat 2006 zurück und bekam eine Abfindung von 400 Millionen Dollar, nachdem das Unternehmen die höchsten Gewinne seiner Geschichte verbucht hatte. Sein Nachfolger Rex Tillerson war etwas weniger konfrontativ und räumte zumindest ein, dass der Klimawandel real sein könnte, obwohl er auf Aktionärsversammlungen die Bedrohung weiterhin herunterspielte. (»Was ist, wenn sich herausstellt, dass unsere Modelle lausig sind und nicht die Effekte eintreten, die wir vorhersagen?«, fragte er im Jahr 2015.)[186] Und das Unternehmen finanzierte weiterhin Leugner des Klimawandels und Frontorganisationen. Eine dieser Organisationen, das Competitive Enterprise Institute, veröffentlichte einen Fernsehspot mit dem Titel »Kohlendioxid: Sie nennen es Verschmutzung, wir nennen es Leben«. Eine andere, das Heartland Institute, an dessen Gründung Exxon in den Neunzigerjahren mitgewirkt hatte, ließ Plakate aufhängen, auf denen Klimaforscher mit berühmten Serienmördern wie dem Unabomber und Charles Manson verglichen wurden. Exxon unterzeichnete außerdem einen Vertrag über 500 Milliarden US-Dollar, der dem Unternehmen erlaubte, in der russischen Arktis nach Öl zu suchen (die Erkundung war nur möglich, weil der Boden in der Region rasch auftaute). Tillerson bekam für seine Milliarden bei einer offiziellen Zeremonie in Wladimir Putins Villa den Russischen Orden der Freundschaft verliehen. Trotz der Gefahr, die von fossilen Brennstoffen ausgeht, würde Exxon niemals zulassen, dass sich etwas änderte. Auf seiner letzten Aktionärsversammlung sagte Tillerson, der Planet werde »weiterhin fossile Brennstoffe nutzen müssen, ob es den Leuten gefällt oder nicht«.[187]

Etwas später wurde Tillerson US-Außenminister, und sein Chef, Donald Trump, war das perfekte Beispiel dafür, wie gut die PR-Strategie des Unternehmens funktioniert hatte. Trump bezog seine Nachrichten überwiegend vom Kabelsender Fox News, den die Leugner des Klimawandels so beharrlich kultiviert hatten, und er glaubte, die globale Klimaerwärmung sei ein »Schwindel, den die Chinesen erfunden haben«, um die amerikanische Industrie zu lähmen. (Er glaubte außerdem, die Polareiskappen seien derzeit »auf Rekordniveau«.)[188] Infolgedessen zog er die Vereinigten Staaten aus dem Pariser Klimaabkommen zurück, was bedeutete, dass das Land, das das meiste Kohlendioxid in die Atmosphäre des Planeten geblasen hatte, nun als einziges nicht einmal mehr bereit war, auch nur so zu tun, als würde es Maßnahmen ergreifen, um die Krise zu stoppen. Unterdessen herrschte bei Exxon Business as usual. Tillersons Nachfolger Darren Woods trat dem Druck der Aktionäre entgegen, indem er zustimmte, dass seine Führungskräfte einen Bericht über das »Klimarisiko« des Unternehmens verfassten. Dieser Bericht wurde im Winter 2018 veröffentlicht, und darin stand, dass es keinerlei Änderungsbedarf bei Exxon gäbe. Das Team von InsideClimate News, das die ursprüngliche Geschichte über Exxons Lügen herausgebracht hatte, fasste die

Erklärung des Unternehmens zusammen: »Exxon pocht darauf, das Unternehmen könne das gesamte Öl in seinen bereits erschlossenen Ölfeldern fördern und weiter in neue Lagerstätten investieren.«[189]

Es ist keineswegs klar, ob diese dreißigjährige Kampagne der Täuschung und Verschleierung illegal war. Exxon hat immer betont, das Unternehmen habe »den wissenschaftlichen Konsens zum Klimawandel verfolgt, und seine Forschungen zu diesem Thema wurden in öffentlich zugänglichen Fachzeitschriften veröffentlicht«.[190] Auf jeden Fall schützt der erste Verfassungszusatz in den USA das Recht zu lügen. Dennoch reichte die New Yorker Generalstaatsanwältin Barbara Underwood im Herbst 2018 Klage gegen Exxon ein, weil das Unternehmen Investoren belogen habe – und das *ist* strafbar. Im Januar 2019 entschied der Oberste Gerichtshof, dass Exxon mehrere Millionen Seiten interne Dokumente an die Generalstaatsanwältin von Massachusetts, Maura Healey, herausgeben muss. Wir werden also noch mehr erfahren.

Sicher ist jedoch, dass uns diese Desinformationskampagne jene Menschengeneration gekostet hat, die den entscheidenden Unterschied im Klimakampf hätte ausmachen können. Der Umweltautor Alex Steffen prägte den Begriff der *räuberischen Verzögerung* für »das Blockieren oder Verschleppen notwendiger Veränderungen, um in der Zwischenzeit mit nicht nachhaltigen, unfairen Systemen Geld zu verdienen«. Der Klimawandel und das Verhalten der Ölgesellschaften sind das beste Beispiel dafür. »Hätten wir 1990 damit begonnen, die globalen Emissionen zu verringern, hätten wir der Klimakrise immer noch zuversichtlich entgegentreten können«, schreibt Steffen. »Grob gerechnet hätten wir dann die Emissionen um etwa ein Viertel pro Jahrzehnt reduzieren und unser CO_2-Budget einhalten können.« Es »wäre kein Kinderspiel gewesen«, aber »wohlverstandene gestaffelte Regulierungsreformen und gut durchdachte CO_2-Handels- oder Preissysteme« hätten ausgereicht, um dieses Ziel zu erreichen. Aber jetzt, kurz vor dem Jahr 2020 und nach drei Jahrzehnten stark ansteigender CO_2-Emissionen, sind sogar die bescheidenen Ziele des Pariser Klimaabkommens kaum noch zu erreichen. »Jetzt ist der Weg höllisch steil – die neue Kurve, auf der wir uns befinden, verlangt geradezu disruptive Emissionssenkungen« von bis zu 50 Prozent pro Jahrzehnt. »Was damals ein Übungshang gewesen wäre, ist jetzt eine schwarze Piste«, beschrieb der Geophysiker Michael Mann die Situation. Das bedeutet, so Steffen, dass »die Maßnahmen für den Klimaschutz nicht mehr geordnet, graduell oder gar passend zu unseren Erwartungen stattfinden können«.[191] Die Analysten, die die weltweiten Übergangsmaßnahmen einschätzten, urteilten Anfang 2018 schonungslos: »Es geht nicht schnell genug … Es reicht nicht. Es wird nicht genug getan.«[192]

Ich wusste immer, dass der Kampf gegen den Klimawandel schwierig sein würde, schwieriger als alles, was der Mensch je zuvor getan hatte. In *Das Ende der Natur* formulierte ich meine Zweifel daran, dass wir schnell genug vorankommen würden, um die umfassende Transformation unseres Planeten aufzuhalten. Aber ich war damals achtundzwanzig Jahre alt und konnte mir nicht vorstellen, dass, während ich an dem Buch schrieb, sich einige der mächtigsten Menschen der Welt hinsetzten, um eine Lüge auszubrüten, die diese Aufgabe unendlich erschweren würde. Ich habe die letzten dreißig Jahre in dieser Lüge gelebt und eine endlose Debatte darüber geführt, ob die globale Klimaerwärmung »real« ist – *eine Frage, deren Antwort beide Seiten von Anfang an wussten.*

Es ist nur so, dass eine dieser Seiten log. Also müssen wir uns darüber klar werden, woher diese Lüge kommt.

ZWEITER TEIL

Wirkmacht

8

Ich sagte schon, dass ich damals ein naiver junger Mann war, und das kann ich gerne noch einmal belegen.

Ein Jahr nach dem College berichtete ich für den *New Yorker* aus der Kleinstadt Tunica im Mississippi-Delta. Ich wollte dort über einige Hütten schreiben, die am Ufer eines kleinen stinkenden Baches namens Sugar Ditch standen. Die Bewohner, allesamt Schwarze, lebten ohne Sanitäranlagen und fließendes Wasser. Jesse Jackson hatte den Ort als »Äthiopien Amerikas« bezeichnet, und schnell war ein Skandal daraus geworden. Das Nachrichtenmagazin *60 Minutes* schickte Leute für einen Sonderbericht vorbei. Das Viertel stank in der heißen Sonne, in den Wänden der Hütten wimmelte es von Käfern, und die Menschen, die dort lebten, wirkten unvorstellbar niedergeschlagen. Einen Steinwurf entfernt lagen die Vorstadtstraßen der weißen Einwohner, deren Sackgassen und Einfamilienhäuser genauso aussahen wie die, in denen ich aufgewachsen war.

Ich war nicht naiv, was die Existenz von Armut betraf; damals leitete ich eine Obdachlosenunterkunft im Keller meiner Kirche in Manhattan. Ich war naiv in Bezug auf die *Zukunft.* Ich dachte, wir würden etwas gegen die Obdachlosigkeit unternehmen, und ich war überzeugt, dass Tunica eine Ausnahme war, ein Relikt aus ferner Vergangenheit. So berichteten auch alle anderen über die Geschichte: Irgendwie hatte dieses missachtete Relikt einer traurigen Vergangenheit überlebt, das Gegenteil eines linkspolitischen Hipster-Viertels, ein Abbild der schlimmsten Zustände aus den ersten Jahrzehnten nach dem Bürgerkrieg. Es war wie ein fernes Echo – Kuriosität und Schandfleck in einem. Im folgenden Jahr begann die Bundesregierung wie aufs Stichwort damit, die Häuser abzureißen und durch Neubauten zu ersetzen. Denn nach Auskunft des US-Ministeriums für Wohnungsbau und Stadtentwicklung waren mehr als fünfzig Krankheiten auf den Kontakt mit menschlichen Abfällen zurückzuführen. Und derartige Krankheiten waren in einem reichen Land nicht hinnehmbar.

Meine Naivität ergab sich natürlich aus der Tatsache, dass ich zu jener Zeit aufwuchs, da die Vereinigten Staaten große Schritte zur Beseitigung der Ungleichheit unternahmen und das Motto der Stunde lautete, die Welt gerechter zu machen. Ich wurde im Jahr 1960 geboren, zwischen den Reformprogrammen des New Deal und der Great Society. Meine Kindheit war geprägt von der Bürgerrechtsbewegung und der Frauenbewegung. Ich dachte, darum ginge es in der Politik. Im Jahr 1978, in dem ich meinen Highschool-Abschluss machte, sank der Anteil des wohlhabendsten einen Prozents der US-Amerikaner am Reichtum des Landes auf 23 Prozent.

Wie sich herausstellte, war das der niedrigste Stand, den er je erreichen würde. Seitdem hat sich der Anteil der Reichen an der Ausbeute verdoppelt. Bei meiner Geburt verdienten CEOs weniger als das Zwanzigfache des Durchschnittsarbeiters; heute verdienen sie 295-mal so viel.[193] Und mit der rasanten Zunahme der Ungleichheit ist auch die echte Armut wieder zurückgekehrt – wie ich sie in Tunika gesehen und für ein Relikt gehalten hatte. Im

Jahr 2017 schickten die Vereinten Nationen ihren Sonderberichterstatter für extreme Armut und Menschenrechte in die USA. Nach zwei Wochen Aufenthalt kam dieser australische Experte zu dem Schluss: »Es ist grausam und unmenschlich, wenn in einem der reichsten Länder der Welt 40 Millionen Menschen in Armut und mehr als 5 Millionen unter Bedingungen wie in der ›Dritten Welt‹ leben.«[194] Er berichtete von entsetzlichen Zuständen: 14 000 Obdachlose in San Francisco, die wegen öffentlichen Urinierens verhaftet wurden, weil das Verhältnis von Toiletten zu Menschen im Pennerviertel der Stadt »nicht einmal die Mindeststandards der UN für syrische Flüchtlingslager erfüllen würde«. Viele Menschen ohne Zähne, die er gesehen hatte, weil die staatliche Gesundheitsversorgung für Bedürftige die zahnärztliche Versorgung von Erwachsenen nicht abdeckte. Vor allem aber berichtete er über die Verbreitung von Hakenwürmern in den ländlichen Gebieten der Vereinigten Staaten.

Der Hakenwurm (*Necator americanus*) ist ein Parasit, der durch die nackten Fußsohlen in den Körper gelangt, sich dann am Dünndarm festsaugt »und sich dort vom Blut seines Wirtes ernährt. Über Monate oder Jahre hinweg verursacht er Eisenmangel und Anämie, Gewichtsverlust, Müdigkeit und beeinträchtigt die Gehirnfunktionen, vor allem bei Kindern, und trägt so dazu bei, dass sie in der Armut, in der diese Krankheit gedeiht, gefangen bleiben.«[195] In einem Bezirk, den Forscher vom Baylor College of Medicine untersuchten (Lowndes County, eine Hochburg der Bürgerrechtsbewegung in Alabama in den 1960er-Jahren), waren bei 34 Prozent der Bewohner Spuren der Krankheit nachweisbar. Wie Jahrzehnte zuvor in Tunica waren auch hier ungeklärte Abwässer ein Thema – Reporter berichteten im Anschluss an die Studie über Wohnwagenparks, in denen die Abwasserentsorgung einfach aus einem geplatzten Rohr bestand, das in den

Wald führte und die Rohre kreuzte, die Frischwasser in die Wohnwagen leiteten. »Der offene Abwasserkanal war mit Moskitos verziert, und eine lange Ameisenstraße zog sich entlang des Abflussrohres, das vom Haus wegführte«, berichtete der *Guardian*. »Am Ende der Abwassergrube, die dem Haus am nächsten lag, glitzerte die sirupartige Flüssigkeit im fleckigen Sonnenlicht – bei genauem Hinsehen erkannte man, dass sie sich tatsächlich bewegte, in den menschlichen Abwässern tummelten sich Tausende Würmer.« Forscher schätzen, dass heute in den warmen Landesteilen 12 Millionen Amerikaner unter unbehandelten tropischen Krankheiten wie dem Hakenwurm leiden könnten.[196]

Dies ist kein Buch über Armut und Ungleichheit. Derartige Bücher gibt es schon viele, und es muss noch viel mehr davon geben, denn jeden Tag werden die *echten* Leben von *echten* Menschen zerstört. Aber Armut, Ungleichheit und Ungerechtigkeit werden das Spiel der Menschheit nicht beenden. Das Pendel kann und wird schließlich in die andere Richtung zurückschwingen, in Richtung der Art von Bemühungen um Gerechtigkeit in der Gesellschaft, die meine Kindheit geprägt haben. Es wird durch Reformen oder durch Revolutionen geschehen; das ist ein wiederkehrender Rhythmus im menschlichen Geschehen. Wir müssen diesen Rhythmus beschleunigen, und wenn wir es richtig anfangen, dann wird sich der Kampf gegen die Ungleichheit unterstützend in den Kampf gegen existenziellere Bedrohungen wie den Klimawandel einfügen. Bei 350.org geht es viel um »Klimagerechtigkeit«, weil wir davon überzeugt sind, dass es richtig und klug ist, möglichst eng mit den Gemeinschaften an der Front der Umweltschäden zusammenzuarbeiten. Deshalb begeistern uns die Aktivitäten der Poor People's Campaign oder das Leap Manifest, das Naomi Klein in Zusammenarbeit mit Gewerkschaften und indigenen Völkern erstellt hat. Wir alle führen ein und denselben Kampf.

Aber für dieses Buch wird die rasante Zunahme von Armut und Ungleichheit in erster Linie als Indikator dafür dienen, wer wir jetzt sind und wie wir hierhergekommen sind, was uns wichtig ist, wie wir die Welt verstehen. Der wichtigste Teil dieses »wir« sind dabei die Menschen, die, formell oder informell, Macht haben und die in den letzten vierzig Jahren zuließen, dass Armut und Ungleichheit zugenommen haben. Sie haben es nicht nur zugelassen – sie haben es *gefördert*. Wenige Tage nach dem Bericht des UN-Sonderberichterstatters über die extreme Armut in den Vereinigten Staaten verabschiedete der US-Kongress eine massive Steuersenkung, die die Ungleichheit weiter verschärfen würde, da waren sich praktisch alle Ökonomen einig. Der UN-Experte schrieb in seinem offiziellen Bericht an die Weltorganisation: »Die Strategie wirkt darauf zugeschnitten, um die Ungleichheit zu maximieren. Sie scheint von Verachtung und manchmal sogar Hass auf die Armen getrieben zu sein – und von einer ›Raubritter-Mentalität‹.«[197] Der Sieger bekommt alles und kontrolliert alles: 40 Prozent der Spenden im Präsidentschaftswahlkampf 2016 kamen von 0,1 Prozent der US-Amerikaner – also 24 949 Menschen.[198] Eben jene Menschen – oder zumindest jene Klasse von Menschen – haben Maßnahmen gegen den Klimawandel verhindert. Wir müssen daher verstehen, was sie antreibt. Wir müssen den intellektuellen und spirituellen Hakenwurm diagnostizieren, der in ihre Körper eingedrungen ist und sich in ihrem Gehirn festgehakt hat.

Zunächst kann man feststellen, dass das aktuelle Niveau an Ungleichheit kaum zu glauben ist, tödlicher Ernst, aber auch karikaturhaft komisch. Die acht reichsten Männer der Welt besitzen mehr als die ärmere Hälfte der Menschheit. Dieser Trend ist in den Vereinigten Staaten am stärksten ausgeprägt, was kaum überraschend ist. Dort haben die drei reichsten Männer mehr Vermögen als die ärmeren 150 Millionen Menschen zusammen.[199] Die reichsten 0,1 Prozent besitzen etwa so viel wie die ärmsten 90 Prozent zusammen.[200] Jeff Bezos, vor seiner Scheidung der reichste Mensch des Planeten, müsste jeden Tag 28 Millionen Dollar ausgeben, damit sein Reichtum nicht weiter zunimmt – was auf kranke Art lustig ist, wenn man bedenkt, dass einer seiner Mitarbeiter mit mittlerem Einkommen im Jahr 2017 ein Jahresgehalt von 28 000 Dollar bekam.[201] Die Walton-Familie, die Walmart gegründet hat, besitzt mehr Vermögen als 42 Prozent der amerikanischen Familien zusammen.[202]

Erwartungsgemäß ist die Situation für die durchschnittliche schwarze Familie in Amerika am schlimmsten. Diese Familien haben ein durchschnittliches Haushaltsvermögen von 1700 Dollar, und es sinkt immer weiter.[203] Und natürlich wird es für jede neue Generation noch schlimmer, wenn die Studiendarlehen steigen und die Löhne stagnieren. (Die positive Nachricht ist, dass die Credit Suisse einen globalen Anstieg der Milliardäre unter vierzig Jahren gemeldet hat; im Jahr 2017 gab es 46 davon, im Vergleich zu nur 21 im Jahr 2003.[204] Und im Sommer 2018 berichtete *Forbes,* dass Kylie Jenner, der jüngste Spross des Kardashian-Clans, dank ihrer Lipgloss-Marke im Begriff war, Milliardärin Nummer 47 zu werden …) US-amerikanische Kinder haben heute eine weitaus geringere Chance als frühere Generationen, einmal mehr zu verdienen als ihre Eltern, was zu einer grundlegend anderen Wahrnehmung der Welt führt.[205]

Aber auch für die wenigen Glücklichen, die mehr verdienen als ihre Eltern – die Sieger also –, hat die Ungleichheit einen Preis. Im Jahr 2009 untersuchten die beiden Epidemiologen Richard Wilkinson und Kate Pickett mehrere Länder mit hohem Einkommensniveau. Sie fanden heraus, dass mit zunehmender Ungleichheit auch die Zahl der Gefängnisinsassen und Schulabbrecher, die Rate an schwangeren Teenagern und Drogenkonsumenten sowie die Häufigkeit von psychischen Erkrankungen und Fettleibigkeit zunahmen. Sie verglichen die Lebenserwartung für ein in Griechenland geborenes Baby mit der eines Kindes, das in den USA geboren wurde, wo das Pro-Kopf-Einkommen doppelt so hoch ist und wo pro Person doppelt so viel für die medizinische Versorgung ausgegeben wird. Das griechische Baby wird im Durchschnitt 1,2 Jahre länger leben. »Inzwischen gibt es zahlreiche Studien zur Einkommensungleichheit und Gesundheit, in denen verschiedene Länder, US-amerikanische Staaten oder andere große Regionen verglichen werden, und die Mehrheit dieser Studien zeigt, dass egalitäre Gesellschaften in der Regel gesünder sind«, stellten sie fest.[206] Dieses Experiment funktioniert mit allem, von den Alphabetisierungs- bis hin zu den Tötungsraten. Offenbar schadet die Ungleichheit nicht nur denen ganz unten, sondern *allen* Mitgliedern einer Gesellschaft.

Im Jahr 2015 wiesen zwei Statistiker auf einen weiteren bemerkenswerten Trend hin: Die Sterberaten waren bei weißen Amerikanern mittleren Alters angestiegen. Die Zahlen waren so unerwartet, dass die Forscher zunächst ihrer eigenen Arbeit nicht trauten. »Die Sterblichkeitsraten sinken seit Ewigkeiten«, sagte einer von ihnen, der Nobelpreisträger Angus Deaton. »Seit mehr als hundert Jahren ist die Lebenserwartung enorm gestiegen und die Sterblichkeit gesunken. Als wir dann sahen, dass sich all dies plötzlich in die andere Richtung entwickelte, dachten wir, es müsse sich um einen Fehler handeln. Wochenlang haben wir unsere Zahlen überprüft, weil wir einfach nicht glauben konnten, dass das stimmte.« Erst nachdem sie sich überzeugt hatten, dass die Zahlen tatsächlich korrekt waren und dass der Trend bis in das

Jahr 1999 zurückreichte, machten sich Deaton und seine Kollegen auf die Suche nach einer Erklärung. Am stärksten betroffen waren US-Amerikaner aus der Arbeiterklasse. Im Vergleich mit Menschen in anderen Teilen der Welt waren sie nicht sehr arm – sie hatten Fernseher und Handys –, aber sie litten auch unter der Angst jener, die sich am unteren Ende einer sich wandelnden Wirtschaft in einem Land mit sehr grobmaschigem Sicherheitsnetz befanden. Die Forscher bezeichneten diese neue Sterblichkeit als »Tod aus Verzweiflung«. Die Menschen sterben durch Selbstmord, Opiummissbrauch oder schlechte Ernährung. In den Ländern Europas, in denen größere Gleichheit herrscht, gibt es keinen entsprechenden Anstieg, obwohl man dort natürlich mit derselben globalen Rezession, demselben Aufstieg Chinas, derselben Aushöhlung der Produktionsökonomien zu kämpfen hat.[207] Im Jahr 2016 veröffentlichte Alan Krueger, der ehemalige Vorsitzende des Rats wirtschaftlicher Berater des US-Präsidenten, eine Studie, die zeigte, dass die Hälfte der Männer im erwerbsfähigen Alter, die aus dem Erwerbsleben ausgeschieden waren, täglich Schmerzmittel einnahm. Sie starrte auch durchschnittlich vierzig Stunden pro Woche auf irgendwelche Bildschirme, als wäre es ein Vollzeitjob.[208] So sieht das Leben für sehr viele Menschen in der reichsten und ungleichsten Gesellschaft aus, die die Welt je errichtet hat.

Aufseiten der politischen Linken schiebt man die Schuld für all das – die Ungleichheit, die sanktionierte Gier, die Umweltzerstörung – dem »Kapitalismus« zu, und in gewisser Hinsicht stimmt das auch: Die Sieger in diesem Klassenkrieg haben die Mechanismen unseres Wirtschaftssystems zu ihrem Vorteil genutzt. Aber gleichzeitig kommen die Bösewichte in dieser Geschichte damit zu leicht davon. In Skandinavien ist die Welt erkennbar kapitalistisch – es gibt Märkte, man zahlt Geld für Waren, und manche

Leute werden reicher als andere. (Die Schweden sind außerdem noch gut darin; im 20. Jahrhundert entwickelte sich der schwedische Aktienmarkt besser als alle anderen.) Aber es ist eine bemerkenswert andere Variante des Kapitalismus. Man könnte es sogar demokratischen Sozialismus nennen. Es gibt hohe Steuern und großzügige Sozialleistungen, eine strikte staatliche Regulierung und eine Verpflichtung zur allgemeinen Gleichstellung. (Ein kleines Beispiel: Skandinavier berechnen Verkehrsbußen nach dem Jahreseinkommen des Verkehrssünders. Ein finnischer Handy-Magnat bezahlte kürzlich 95 000 Euro, weil er auf seinem Motorrad in einer 50er-Zone mit 77 Stundenkilometern unterwegs war.) Die Art von Kapitalismus, die Amerika in einen gruseligen Dschungel verwandelt hat, ist eine völlig andere, nenne man sie Laissez-faire oder Neoliberalismus oder »Bürokratieabbau« oder »unternehmensfreundlich«. Es ist eine besonders raffgierige Variante, die unser aktuelles Problem verursacht hat, eine, die man sorgfältig studieren sollte.

Auch der Rassenkonflikt hat eindeutig eine bedeutende Rolle bei der politischen Transformation der USA gespielt: Er ist der große Makel der Nation, ihre irreduzible Sünde. Und fraglos nutzen die Reichen den Hass und die Angst vieler weißer US-Amerikaner als Hebel, um die Politik des Landes zu verändern. Die republikanische »Southern Strategy« war der spektakulär erfolgreiche Versuch, den tiefsitzenden Rassenhass (in allen Landesteilen) auszunutzen, und wurde in den nationalistischen Bewegungen vieler anderer Länder aufgegriffen. Derzeit wird das besonders offensichtlich, weil mit Donald Trump ein echter Rassist im Weißen Haus residiert. Dennoch meine ich, dass die Männer, die diesen Wandel geplant und durchgeführt haben, von der Nixon-Ära über die Reagan-Zeit bis zur Gegenwart, selbst weniger vom Glauben an die Überlegenheit der Weißen als von zynischer Berechnung motiviert waren. Ihre Absichten und sicherlich auch die Auswirkungen ihrer Handlungen mögen rassistisch gewesen sein, aber sie wurden auch von kruder ideologischer Energie angetrieben.

Diese ideologische Energie muss man verstehen. Hier ist neben Profitgier und Rassenhass noch etwas anderes am Werk. Manche von uns haben in kurzer Zeit ein völlig anderes Verständnis dafür entwickelt, was es bedeutet, ein Mensch zu sein. Insbesondere bei den Mächtigsten unter uns wurde die grundlegende menschliche Solidarität von einer völlig anderen Vorstellung ersetzt.

9

Die Schriftstellerin Ayn Rand ist vermutlich die wichtigste politische Philosophin unserer Zeit. Angesichts der Wirkmacht des Moments – einer Wirkmacht, die dem Spiel der Menschheit ein Ende zu setzen droht – ist sie womöglich sogar die wichtigste Philosophin aller Zeiten. Sie hätte dem sicher zugestimmt: Sie sagte einmal einem Reporter, sie sei »die kreativste Denkerin der Welt«, und Aristoteles sei der einzige andere Philosoph, der sie beeinflusst habe.

In gewisser Hinsicht ist das Unsinn. Rand hätte genauso gut mit Wachsmalkreide schreiben können; ihre Vorstellungen von der Welt sind einfältig, eindimensional und giftig. Aber man kann einflussreich sein, ohne recht zu haben. Ihre Bücher inspirierten viele Menschen, die die amerikanische Politik in entscheidenden Momenten dominierten. Als die Vereinigten Staaten als Supermacht auftraten und den Kurs des Planeten bestimmten, beherrschte sie die Herzen und den Verstand vieler großer Machthaber.

Ein Beispiel dafür ist Alan Greenspan, das Aushängeschild des Neoliberalismus und der Hauptarchitekt der Weltwirtschaft in den Jahren nach dem Zusammenbruch der Sowjetunion. Laut *The Economist* nannte man ihn in Finanzkreisen den »Heiligen

Alan«.[209] Er traf Rand als 25-jähriger Wirtschaftsprognostiker in den frühen 1950er-Jahren. Sie war damals bereits die berühmte Autorin von *Der ewige Quell.* Er schloss sich ihrem Kreis an und kam jeden Samstagabend in ihre New Yorker Wohnung, um zuzuhören, wie sie ihren Jüngern Entwürfe ihres nächsten Romans *Atlas wirft die Welt ab* vorlas. Nach der Veröffentlichung 1957 wurde das Buch in der *Times* verrissen, aber Greenspan schrieb einen Leserbrief, in dem er es verteidigte: »*Atlas wirft die Welt ab* ist ein Loblied auf das Leben und das Glück. Gerechtigkeit ist unerbittlich. Kreative Individuen und unerschütterliche Zielstrebigkeit und Rationalität führen zu Freude und Erfüllung. Schmarotzer, die beharrlich weder Sinn noch Zweck verfolgen, gehen zu Recht zugrunde.«[210] Im folgenden Jahrzehnt veröffentlichte Greenspan mehrere Artikel in Rands Zeitschrift *The Objectivist,* und als er von Gerald Ford zum obersten Wirtschaftsberater des Präsidenten ernannt wurde, stand Rand bei der Vereidigung neben ihm. Als Ronald Reagan Greenspan den Vorsitz der US-Notenbank übertrug, war Rand bereits tot, aber dank Leuten wie Greenspan hatte sie weiterhin Einfluss. Ein Schriftsteller beschrieb die Thatcher-Reagan-Ära als »das zweite Zeitalter von Rand … als die Laissez-faire-Philosophie von der verrückten Besessenheit rechter Ökonomen zum Leitmotto des angloamerikanischen Kapitalismus avancierte«.[211]

Genau in diesen Jahrzehnten und gerade in den USA wurde wahrscheinlich über die geologische und technologische Zukunft des Planeten entschieden. Rand gab ihrer Theorie den Namen »Objektivismus«, und meist wird sie mit dem »Libertarismus« verknüpft. Bei Letzterem handelt es sich, in seiner anspruchsvollsten und akademischsten Form, um eine echte ökonomische Schule, mit Diagrammen, Schaubildern und Gleichungen. Sie umfasst detaillierte theologische Argumente, von denen manche zu vernünftigen

Schlussfolgerungen führen – zum Beispiel, dass der »War on Drugs« ein dummer Fehler war oder dass die Menschen heiraten können sollten, wen sie wollen. Aber der emotionale Kern des Objektivismus, der von Rand perfekt kanalisiert wird, ist denkbar simpel: Die Regierung ist schlecht. Egoismus ist gut. Kümmere dich um dich selbst. Solidarität ist eine Falle. Steuern sind Diebstahl. *Du bist nicht mein Boss.* Wegen genau dieser kruden Haltung bezeichnete die *New York Times* Rand als »Hof-Schriftstellerin« der Reagan-Regierung. Auf dem Schreibtisch von Reagans Wirtschaftsminister William Verity, der ein Stahlvermögen geerbt hatte, stand eine Karte mit einem typisch bissigen Rand-Zitat: »Nichts ist von Bedeutung im Leben – außer, wie gut man seine Arbeit verrichtet. Nichts. Nur das. Alles, was man sonst ist, kommt davon. Daran allein lässt sich der Wert eines Menschen ermessen. *Alle die ethischen Grundsätze, die sie einem einzutrichtern versuchen, sind genauso viel wert wie das Papiergeld, das Schwindler in Umlauf setzen, um die Menschen ihrer Tugend zu berauben.*«[212]

Auch in den Jahren nach Reagan wuchs Ayn Rands Vermächtnis. Konzernbarone und Kongressabgeordnete drückten sich immer wieder Ausgaben von Rands Romanen in die Hand. »Ich weiß aus Gesprächen mit vielen Fortune-500-CEOs, dass *Atlas wirft die Welt ab* einen ganz erheblichen Einfluss auf ihre Geschäftsentscheidungen hatte«, erzählte der CEO einer großen US-amerikanischen Regionalbank. »Das Buch bietet etwas, das andere Bücher nicht haben: Prinzipien, die für die Wirtschaft und das Leben im Allgemeinen gelten. Ich würde es lückenlos nennen.«[213] Rands Einfluss reicht über die Ozeane hinweg: Der Brite Daniel Hannan, Angehöriger der Conservative Party, Mitglied des europäischen Parlaments und nach Ansicht mancher der »geistige Architekt des Brexit«, hat ein Foto von ihr auf seinem Schreibtisch stehen.[214] Paul Ryan, Republikaner und ehemaliger

Sprecher des Repräsentantenhauses der Vereinigten Staaten, erzählte der Atlas Society, einem Rand-Fanclub, ihre Bücher »waren der Grund, warum ich mich für den öffentlichen Dienst entschieden habe«, und dass er alle seine Praktikanten aufgefordert habe, sie zu lesen. »Ayn Rand hat, meiner Meinung nach, die beste moralische Begründung für den Kapitalismus geliefert«, erklärte er in einer Videoreihe auf Facebook.[215] Rand war die Inspiration für Ryans »Weg zum Wohlstand«-Budget, das die Beendigung des Medicare-Programms vorsah. Doch Ryan zeigte auch das eine Problem auf, das Rand für republikanische Politiker darstellt – sie war, erwartungsgemäß, eine vehemente Gegnerin des Christentums und bezeichnete die Evangelien als »den denkbar besten Kindergarten des Kommunismus«. Als Mitt Romney Ryan 2012 zu seinem Vizepräsidenten-Kandidaten ernannte, verkündete der stets mutige Ryan daher, er habe sich längst vom Randianismus abgewendet, weil er »antithetisch zu meiner Weltanschauung« sei.[216]

Aber mit dieser Distanzierung stand er fast allein da. Der spätere Richter am Obersten Gerichtshof, Clarence Thomas, bestand als Vorsitzender der Equal Employment Opportunity Commission darauf, dass seine Mitarbeiter beim Mittagessen die Verfilmung von *Der ewige Quell* sahen; ein Berater nannte sie »eine Art Schulungsfilm«. Tatsächlich empfahl das rechtspolitische Institute of Justice Thomas dem Weißen Haus als möglichen Kandidaten für das Amt als oberster Bundesrichter gerade wegen »seiner Hingabe an die Philosophie von Ayn Rand«.[217] Der ehemalige Außenminister Rex Tillerson nannte *Atlas wirft die Welt ab* sein »Lieblingsbuch«, ebenso wie sein Nachfolger Mike Pompeo. Der Milliardär Ray Dalio, ein Vertrauter Donald Trumps, den er spät nachts anruft, wenn er nicht schlafen kann, sagte: »Ihre Bücher beschreiben ziemlich genau die Denkweise« des Präsidenten und seines Umfelds. »Diese neue Regierung hasst schwache, unproduktive, sozialistische Menschen und politische Maßnahmen und bewundert starke, tatkräftige Geldverdiener.«[218] Andrew Puzder, Trumps erster Kandidat für das Amt des Arbeitsministers, benannte seinen Private Equity Fund nach Howard Roark, einem von Rands fiktiven Helden.

Und wie steht es mit dem großen Mann selbst? Donald Trump bezeichnete *Der ewige Quell* als sein Lieblingsbuch. »Es geht darin ums Geschäft und um Schönheit und das Leben und innere Emotionen«, sagte er *USA Today*. »In diesem Buch geht es um … alles.«[219]

Der Kult um Ayn Rand geht weit über die Reichsten und Mächtigsten hinaus. Bei der Wahl der größten Bücher des 20. Jahrhunderts, zu der die Modern Library ihre Leser im Jahr 1998 aufforderte, standen nicht etwa Hemingway, Joyce oder Bellow an der Spitze: Die beiden ersten Plätze belegten *Atlas wirft die Welt ab* und *Der ewige Quell.* Viele Leser mögen Barack Obama zugestimmt haben, der Rands Arbeit als jene Art von Büchern beschrieb, »die viele von uns in die Hand nahmen, als wir uns mit siebzehn oder achtzehn Jahren unverstanden fühlten«.[220] Aber viele andere haben die Bücher nie wieder aus der Hand gelegt. Ein Biograf beschrieb sie als »die ultimative Einstiegsdroge zum Leben als Rechter«.[221]

Wenn mächtige Menschen immer wieder sagen, dass dies die wichtigsten Bücher sind, die sie jemals gelesen haben, dass sie ihr Denken geprägt und ihr Leben in eine bestimmte Richtung gelenkt haben, wenn sie etwas so sehr lieben, dass sie ihre Hedgefonds oder ihre Jachten danach benennen, dann sollten wir alle aufhorchen. Warum also kommt Rand bei so vielen so gut an?

Beginnen wir mit dem, was sie richtig gemacht hat. Sowohl Ayn Rand als auch den rechten Laissez-faire-Neoliberalismus im Allgemeinen könnte man als Extremversion einer natürlichen und angemessenen Reaktion auf die totalitären Bedrohungen des blutgetränkten 20. Jahrhunderts betrachten. Der Journalist Thomas Ricks veröffentlichte kürzlich eine faszinierende Gemeinschaftsbiografie von Winston Churchill und George Orwell, zwei sehr unterschiedlichen Männern, die am Ende ihres Lebens beide glaubten, die Hauptaufgabe des Menschen bestehe darin, »einen Freiraum für den Einzelnen im modernen Leben« gegen die Bedrohung durch den allmächtigen Staat zu bewahren.[222] An dem Tag, an dem Großbritannien dem nationalsozialistischen Deutschland den Krieg erklärte, sagte Churchill: »Dies ist kein Krieg um Herrschaft oder Ruhm oder materiellen Gewinn … In diesem Krieg geht es, grundsätzlich, darum, *die Rechte des Einzelnen* als uneinnehmbare Bastion zu verankern, und es geht darum, die geistige Größe des Menschen zu festigen und wiederzubeleben.«[223] Obwohl er im Zweiten Weltkrieg an der Seite Stalins kämpfte, fürchtete Churchill den totalitären Kommunismus mindestens ebenso sehr wie den Nationalsozialismus. Und auch Orwell, der nach Spanien gegangen war, um den Faschismus zu bekämpfen, schrieb seine größten Romane gegen eine nur leicht verfremdete Sowjetunion. Gegen Ende des Krieges schrieb Orwell: »Dies ist das Zeitalter des totalitären Staates, der dem Einzelnen keine Freiheit lässt und wahrscheinlich auch nicht erlauben kann. Bei Totalitarismus denkt man sofort an Deutschland, Russland, Italien, aber ich denke, man muss sich der Gefahr stellen, dass sich dieses Phänomen weltweit verbreiten wird.«[224]

Ayn Rand dachte in dieselbe Richtung – doch sie musste sich nicht vorstellen, wie sich dieser totalitäre Staat anfühlen könnte.

Sie wurde im Jahr 1905 als Alissa Sinowjewna Rosenbaum geboren und wuchs in einem jüdischen Mittelschichthaushalt in Sankt Petersburg auf. (Ihre beste Freundin war Vladimir Nabokovs jüngere Schwester Olga.) Im Jahr 1918 nach der bolschewistischen Revolution hämmerten Rotgardisten an die Tür der erfolgreichen Apotheke ihres Vaters und informierten ihn, die Apotheke sei »im Namen des Volkes« beschlagnahmt. Laut Rands Biografin Jennifer Burns war die damals zwölfjährige Alissa »hochempört. Die Apotheke gehörte ihrem Vater; er hatte dafür gearbeitet, lange studiert, versorgte seine Kunden mit wertvollen Ratschlägen und Medikamenten. Jetzt wurde ihm die Apotheke von einem Augenblick auf den anderen weggenommen, zugunsten namenloser, gesichtsloser Bauern.« Die Soldaten trugen Waffen und drohten, ihren Vater zu töten, aber »sie hatten die Sprache der Gerechtigkeit und Gleichheit gesprochen, ihr Ziel, eine bessere Gesellschaft für alle. Alissa beobachtete, hörte zu und absorbierte, und danach wusste sie eines mit Sicherheit: Jenen, die sich auf so hohe Ideale beriefen, konnte man nicht trauen. Das Gerede, sie wollten anderen helfen, war nur eine dünne Tarnung für Gewalt und Macht.«[225]

Die Familie floh auf die Krim, die damals von den Weißgardisten kontrolliert wurde, aber die Bolschewiki folgten ihnen, und bald wurde das Eigentum der Rosenbaums erneut beschlagnahmt, und sie mussten schließlich den Familienschmuck verkaufen, um zu überleben. Alissa schaffte es an die Universität der inzwischen in Petrograd umbenannten Stadt, überlebte dort eine weitere Säuberungsaktion unter den bürgerlichen Studenten und verliebte sich in Nietzsche und vor allem in Aristoteles. »Das Prinzip der Konsistenz erregte ihre Aufmerksamkeit«, schreibt Burns, »was wenig überraschend ist, angesichts ihres unvorhersehbaren und angsterfüllten Lebens.«[226] Sie lebte bei ihren Eltern, aber ihr Zuhause war jetzt ein Slum, und das Essen war knapp. Fünf

Millionen Russen verhungerten während der Hungersnot von 1921/22, und die Stadtbewohner lebten von Lebensmittelkarten. Entsprechend nutzte Alissa die erste Gelegenheit zur Flucht: Sie reiste mit einem kurzfristigen Visum nach Amerika, angeblich um Familienmitglieder im Mittleren Westen zu besuchen, aber schon bei ihrer Abreise unter ihrem neuen Pseudonym wusste sie, dass sie nicht zurückkehren würde.

In Chicago angekommen verbrachte sie so viel Zeit wie möglich im Kino. Laut ihrem Tagebuch sah sie sich zwischen Februar und August 1926 138 Filme an (und bewertete sie akribisch); am liebsten mochte sie Cecil B. DeMilles Extravaganzas. Sie ging nach Hollywood, und in einer Szene, die für sich genommen filmreif anmutet, sah sie den Regisseur hinter dem Steuer seines Wagens sitzen und sich mit jemandem unterhalten. Wie Burns beschreibt, starrte Rand ihn unverwandt an: »DeMille war Bewunderung gewöhnt, doch die Intensität ihres Blicks beeindruckte ihn, und er rief ihr von seinem offenen Sportwagen aus etwas zu. Rand stammelte in ihrem kehligen Akzent zurück und erzählte ihm, dass sie gerade erst aus Russland gekommen sei. DeMille erkannte darin sofort eine gute Geschichte und lud Rand spontan in sein Auto ein. Er fuhr mit ihr durch die Straßen Hollywoods, erwähnte verschiedene Berühmtheiten« und lud sie für den nächsten Tag auf das Filmset von *König der Könige* ein. Bei diesem Treffen holte sie einen Job als Autorin in seinem Studio für sich heraus, wo sie Drehbücher, an denen er die Filmrechte besaß, zusammenfasste und mit Verbesserungsvorschlägen versah. Und sie begann mit der Arbeit an ihrem eigenen Drehbuch, das sie auf der Geschichte des jugendlichen Mörders William Hickman aufbaute, der seine Opfer verstümmelt hatte und »sich bei der Gefangennahme mit seiner Tat brüstete«. Rand hatte dennoch Verständnis für ihn, war sogar fasziniert von ihm – für sie verkörperte

Hickman »das starke Individuum, das sich vom gewöhnlichen Menschenbild befreit hatte«.[227] Sie zitierte ihn in ihrem Tagebuch: »Was für mich gut ist, ist richtig«, und fügte eine eigene Antwort hinzu: »Der beste und stärkste Ausdruck der Psychologie eines echten Mannes, den ich je gehört habe.«

Die Ayn Rand, die schließlich berühmt wurde, gab es also schon von Anfang an. Mit dreißig Jahren schrieb sie in einer kurzen autobiografischen Skizze: »Wenn es ein Titellied zum Leben gibt, und ich glaube, dass jedes lohnenswerte Leben ein solches Lied hat, dann ist meines eine Religion, eine Obsession oder eine Manie oder all das in einem Wort zusammengefasst: *Individualismus.*«[228] In Anbetracht ihrer frühen Jahre leuchtet das absolut ein. Jeder, der im Alter von zwölf Jahren sehen muss, wie man seinen Vater mit vorgehaltener Waffe ausraubt, wird diese Räuber hassen; jeder mit lebhaftem Verstand wäre in der Lage, die generelle Schlussfolgerung über das System zu ziehen, das diesen Raub begangen hat. Aber Rand war, im Gegensatz zu einem echten großen Denker, nicht in der Lage, eine andere Erfahrung zu sehen als ihre eigene, und ihr emotionales Bedürfnis nach Konsistenz führte dazu, dass sie aus dieser Erfahrung ständig weitere Verallgemeinerungen ableitete. Hätte sie damals angefangen, Essays und Manifeste zu schreiben, wäre aus ihr ein kleines und vergessenes Beispiel für einen typischen Griesgram des 20. Jahrhunderts geworden.

Stattdessen schrieb sie Geschichten. Und das änderte alles, denn wir erkennen die Welt durch Geschichten. Hinter der Tatsache, dass es sich dabei um melodramatische Texte handelte, wie sie vor allem Teenager und Menschen ansprechen, die nur wenige Bücher lesen, könnte man eine weise taktische Entscheidung vermuten. Doch in diesem Fall spiegelte Rands Schreiben wohl einfach wider, wie sie dachte.

Der ewige Quell erzählt die Geschichte des Architekten Howard Roark. Er ist der größte Architekt der Welt, aber natürlich erkennt das niemand, denn alle anderen sind ein Haufen kollektivistischer »Zweithänder«, die lediglich die Arbeit anderer aus der Vergangenheit nachahmen. Die von Roark entworfenen Bauten hingegen »waren nicht klassisch, sie waren nicht gotisch, sie waren keine Renaissance. Sie waren einzig und allein Howard Roark.«[229] Bei einem Besuch in einem Steinbruch sinniert Roark:

> Er betrachtete das Gestein. Er dachte: Gestein zum Brechen, Gestein zum Errichten von Mauern. Er betrachtete einen Baum. Er dachte: Holz zum Fällen, Holz zum Errichten von Gebälk. Er betrachtete einen Streifen Rost, der den Stein durchzog, und dachte an Eisenerz unter dem Boden. Erz zum Einschmelzen und zur Errichtung von Eisenträgern, die sich gen Himmel reckten.
>
> Diese Felsen, dachte er, sind hier für mich, um meinetwillen da: sie warten auf den Bohrer, auf die Sprengladung und auf meinen Befehl; sie warten darauf, gesprengt, gebrochen, gemetzt, neugestaltet zu werden; sie harren der Form, die meine Hände ihnen geben.[230]

Ist es da nicht verständlich, dass sich Donald Trump so sehr mit diesem großartigen Roark identifiziert, der »keinen einzigen Freund auf dem Campus gefunden oder gesucht hatte«? Roark ist außerdem mehr oder weniger ein Vergewaltiger – bei der »Liebesgeschichte«, die sich durch das Buch zieht, geht es darum, dass er die schöne Dominique dominiert, eine »brutale Beschreibung einer Eroberung, eine Episode, in der Dominique geschlagen und geschunden wird und am Ende mehr davon will«.[231] Rand bot »widersprüchliche Erklärungen für die sadomasochistische Szene«

an, die »einer der beliebtesten und umstrittensten Teile des Buches ist«, schreibt Burns. Es sei keine echte Vergewaltigung, erklärte Rand einmal einem Fan; es sei »Vergewaltigung auf ausdrückliche Einladung«.[232] Seinen Höhepunkt erreicht das Buch jedoch nicht im Schlafzimmer, sondern im Gerichtssaal, wo sich Roark verteidigen muss, nachdem er ein Wohnprojekt in die Luft gejagt hat. Seine Begründung: Es wurde nicht genau so gebaut, wie er es entworfen hatte. Er erklärt den Geschworenen, das sei eine Schmähung des Individualismus, denn die »schöpferische Fähigkeit kann nicht gegeben oder empfangen, nicht geteilt oder erborgt werden. *Sie gehört einzelnen Individuen.*« Roark erklärt weiterhin: »Der Schöpfer bemüht sich, die Natur zu erobern, während sich der Schmarotzer bemüht, Menschen zu erobern.« Der Schöpfer bedarf restloser Unabhängigkeit, die »keiner Rücksicht gebeugt, geopfert oder unterworfen werden« darf. Für die Zweithänder gilt hingegen: »Das grundlegende Bedürfnis des Zweithänders ist die Sicherung seiner Verbindungen zu Menschen, damit er an ihnen schmarotzen kann. Er stellt die Beziehungen in die erste Linie. Er erklärt, der Mensch sei dazu da, um andern Menschen zu dienen. Er predigt Altruismus.«[233]

Altruismus war vielleicht das schmutzigste Wort in Rands Wortschatz. Er sei eine »Waffe der Ausbeutung«, spottet Roark, die »die sittlichen Grundlagen der Menschheit auf den Kopf stellt. Den Menschen wird jegliche Unterweisung zuteil, die den Schöpfermenschen zu vernichten vermag. Abhängigkeit wird ihnen als Tugend gelehrt.« Die Geschworenen sprechen Roark frei, der daraufhin einen riesigen Wolkenkratzer baut, und die Buchkäufer belohnten Rand, die daraufhin einen weiteren umfangreichen Roman schrieb.

Atlas wirft die Welt ab wurde ihr Opus magnum. Es spielt in einer dystopischen nahen Zukunft, in der die Regierung die Wirtschaft mit zahlreichen Vorschriften unterdrückt. Infolgedessen sind die fähigsten Industriellen, Denker und Erfinder der Nation unter der Führung des Helden John Galt in Streik getreten. Sie verstecken sich in einem geschützten Tal in den Bergen von Colorado, wo sie »die Welt des 19. Jahrhunderts nachempfinden«. Der ehemalige Chef eines Luftfahrtkonzerns ist dort beispielsweise Schweinebauer, und die Produzenten führen dort allesamt ein moralisches Leben, weil sie keinem anderen über Steuern Ressourcen entziehen, sondern allein durch ihre eigenen Talente und ihren Einfallsreichtum vorankommen. Wie im vorigen Roman gibt es auch hier eine Frau. (»Ihre nackte Schulter verriet die Zartheit ihres Körpers unter dem schwarzen Kleid. Die stolze Kraft forderte jede überlegene Kraft heraus, und die Zartheit deutete darauf hin, dass ihr Widerstand gebrochen werden konnte.«) Und wie im vorigen Roman gibt es auch in diesem Buch eine lange, tendenziöse Rede, die diesmal aber nicht in einem Gerichtssaal gehalten, sondern über ein Funknetz übertragen wird, das die Industriellen gehackt haben, um eine siebzigseitige Verherrlichung des einen Prozents zu senden. Galt erklärt einer vermeintlich faszinierten Nation: »Der Mensch an der Spitze der intellektuellen Pyramide leistet den größten Beitrag für alle, die unter ihm rangieren, erhält aber nur seine materielle Bezahlung und empfängt keinerlei geistigen Vorteil von den andern, den er dem Wert seiner Zeit zurechnen könnte. Der Mensch auf der untersten Stufe, der, sich selbst überlassen, darben müsste in seiner hoffnungslosen Unfähigkeit, schafft nichts, was den andern über ihm nützt, hat aber Teil an dem Gewinn, den ihre Hirne produzieren … So sieht das aus, was ihr ›Ausbeutung‹ nennt und dem Starken als Sünde anrechnet.«[234]

Atlas wirft die Welt ab wurde ebenfalls ein Bestseller, schwamm jedoch scheinbar gegen die damals vorherrschende Strömung. Das Buch erschien 1957, wenige Jahre vor Rachel Carsons *Der stumme Frühling,* das weitaus größere Anerkennung erfuhr. In Rands Manhattan war die große Urbanistin Jane Jacobs damit beschäftigt, Robert Moses zu Fall zu bringen, den Roark-ähnlichen New Yorker Baumeister, der Autobahnen baute, wo es ihm gefiel, ohne auf irgendjemanden zu hören. Wie die Schriftstellerin Andrea Barnet kürzlich betonte, betrat in diesen Jahren eine ganze Reihe bemerkenswerter Frauen die Weltbühne, von Carson und Jacobs über Betty Friedan bis zu Jane Goodall, und sie alle reagierten auf die »starren Hierarchien und Trennlinien« der 1950er-Jahre. Sie sahen die »Einheiten und Verbindungen, die Welt als ganzheitliches System. Statt pauschale Verallgemeinerungen vorzunehmen, erkannten sie Komplexität und feine Details. Statt die Welt als einen inaktiven Ort zu betrachten, sahen sie Bewegung und Fluss, Evolution und Prozess.«[235] Die 1960er-Jahre waren eine triumphale Zeit für jene, die glaubten, dass wir nicht nur Individuen sind: Die Bürgerrechtsbewegung und insbesondere Lyndon B. Johnsons Great-Society-Reformprogramm waren Zwischenstationen auf dem Weg zu mehr menschlicher Solidarität. Die Kulturkämpfe waren in vollem Gang, und auf Rand hätte man nicht gewettet.

Vor allem angesichts der Tatsache, dass sie selbst zu kämpfen hatte. Sie hatte ihren letzten, schier endlosen Roman unter dem Einfluss von Benzedrin und sich dabei an den Rand eines Nervenzusammenbruchs geschrieben. Sie hatte sich in einen kleinen Kreis von Akolythen zurückgezogen (zu dem auch Greenspan gehörte), die sich jede Woche in ihrer Wohnung trafen, um zuzuhören, wie sie aus ihren neuen Prosatexten vorlas. Sie hatte eine Affäre mit ihrem Hauptanhänger, einem Mann namens Nathaniel Branden (der seinen Nachnamen von »Blumenthal« geändert hatte, um ihr näherzustehen), aber erst, nachdem er seine Frau, die ebenfalls zu Rands innerem Kreis gehörte, über ihre Pläne informiert hatte. (Als die Frau dennoch »hartnäckige Angstattacken« entwickelte, stellte Rand hilfsbereit »eine neue Theorie des ›Emotionalismus‹« auf, um »die Gefühle der betrogenen Frau zu ›erklären‹«.)[236] Unterdessen fasste Rand den Aufruf John F. Kennedys an die Amerikaner, sie sollten fragen, was sie für ihr Land tun könnten, zutiefst beunruhigt auf, und als Reaktion darauf plante sie die Veröffentlichung eines Buches mit dem Titel *Das faschistische neue Grenzland.* Der Verleger sträubte sich jedoch gegen diesen Titel, sodass das Buch letztendlich als *Die Tugend des Egoismus* veröffentlicht wurde, aber ohne die melodramatischen Handlungsstränge ihrer fiktionalen Texte hatten ihre philosophischen Essays nicht dieselbe Wirkung. Rand wurde krank. Sie hatte trotz der medizinischen Warnungen natürlich weiterhin geraucht und ihr Publikum darüber belehrt, wie »unwissenschaftlich und irrational die statistischen Beweise« für einen Zusammenhang zwischen Tabak und Erkrankungen seien.[237] Und natürlich weigerte sie sich zuzugeben, dass sie sich geirrt hatte, als sie schließlich an Lungenkrebs erkrankte. (Zunächst weigerte sie sich noch aus philosophischen Gründen, ließ aber letztendlich doch zu, dass sie bei der staatlichen Gesundheitsversorgung Medicare und der Sozialversicherung registriert wurde.) Sie starb 1982, und auf ihrer Beerdigung prangte ein zwei Meter hohes Blumenarrangement in Form eines Dollarzeichens an ihrem Grab.

Zu dieser Zeit war Ronald Reagan bereits Präsident der Vereinigten Staaten, und Margaret Thatcher regierte Großbritannien mit eiserner Hand. Beide verkörperten mit ihrer eigenen melodramatischen Kraft Rands Grundgedanken. Reagans berühmtester Satz lautete: »Der Staat ist nicht die Lösung für unser Problem, der Staat ist das Problem.« Thatcher klang in ihren härtesten Aussagen wie John Galt. »So etwas wie die Gesellschaft gibt es nicht.

Es gibt nur einzelne Männer und Frauen, und es gibt Familien«, sagte sie einmal, als wäre das eine offensichtliche Tatsache.* Diese radikale staatskritische Einstellung setzte sich schließlich durch. Bald schon wirkte sie gar nicht mehr so radikal, und schließlich war sie nur noch gängige Meinung. Dazu gehörten scharfe Angriffe auf Gewerkschaften, »Ansprüche« und alles andere, was nach menschlicher Solidarität roch. In einer Zeit, als die Welt noch reichlich Spielraum gehabt hätte, prägte diese Einstellung die Entscheidungen der Vereinigten Staaten, des damals wichtigsten Landes auf dem Planeten.

Rand hatte das nicht allein vollbracht – es gab andere, wesentlich systematischere Denker, die in ähnlicher Richtung arbeiteten, und erheblich fleißigere und effektivere politische Organisatoren –, aber sie hatte eine Geschichte erzählt, die bei ein paar entscheidenden Menschen ganz oben an der Spitze emotional die richtigen Saiten anschlug, so dass sie Rands Wahlheimat von Grund auf veränderten.

Und die Geschichte traf die richtigen Saiten, weil sie in etwas sehr Reellem verwurzelt war: in jenem Moment, in dem die Rotgardisten die Apotheke von Rands Vater »im Namen des Volkes« beschlagnahmt hatten. Ich selbst habe die Sowjetunion besucht, als sie bereits kurz vor dem Ende stand, aber das reichte mir, um zu erkennen, dass sie in jeder Hinsicht ein Misserfolg war: Die Umwelt war zerstört, weil die Menschen nicht gegen die Umweltverschmutzung protestieren konnten; die Bürger waren demoralisiert, weil ihnen vorgeschrieben wurde, wie sie ihr Leben zu führen hatten; die offizielle Kunst und Literatur des Landes waren ein

* Margaret Thatcher leugnete den Klimawandel indessen nicht; bereits im Jahr 1989 sagte sie vor den Vereinten Nationen, die globale Klimaerwärmung sei »so real, dass wir Veränderungen einleiten und Opfer bringen müssen, damit wir nicht auf Kosten künftiger Generationen leben«.

schlechter Witz. Selbst die Wirtschaft, deren Erfolg die ganzen Repressionen rechtfertigen sollte, funktionierte nicht, weil sich die zentrale Planung in dieser Größenordnung als eine erstaunlich schlechte Idee erwiesen hatte. Einmal stand ich mit meiner Frau vor Moskaus renommiertestem Ladengeschäft, dem riesigen GUM-Kaufhaus. Vor der linken und der rechten Tür hatten sich zwei lange Warteschlangen gebildet. Als sich die linke Tür zuerst öffnete, gingen alle auf der rechten Seite einfach nach Hause: Sie hatten auf die falsche Tür getippt und wussten, dass das, was es dort gab, lange ausverkauft sein würde, bevor sie es hinein schafften. Unterdessen stürmten die glücklichen Käufer durch die linke Tür und kamen an verschiedenen leeren Abteilungen vorbei und die Treppe hinauf in die eine geschäftige Abteilung, in der Wintermäntel für Kinder verkauft wurden. Man musste sich als Einwohner ausweisen, um auch nur eine Chance zu haben, einen davon erwerben zu können. Eine Industriegesellschaft, die nicht genug Kindermäntel für den russischen Winter produzieren kann – das ist tatsächlich ein gewaltiger Misserfolg.

Der große Vorteil des 21. Jahrhunderts sollte darin bestehen, dass wir aus den Misserfolgen des 20. Jahrhunderts lernen können. Im Gegensatz zu den Menschen vor hundert Jahren können wir einige Ideen von der Liste streichen. Gut zu wissen, beispielsweise, dass Staatskommunismus eine ganz schlechte Idee ist. Und tatsächlich ist die Gefahr, die von einer mächtigen Zentralregierung ausgeht, immer noch aktuell – wie Edward Snowden gezeigt hat, sind Nationalstaaten immer noch im Überwachungsgeschäft. Und dann ist da noch Alexa.

Aber die Lehren der Vergangenheit zu überinterpretieren ist genauso gefährlich, wie sie zu ignorieren. Wenn man nicht zwischen staatlicher Krankenversicherung und Schuldknechtschaft unterscheiden kann, wenn Dänemark mit Nordkorea verglichen wird, dann erweist man der Gegenwart im Namen der Vergangenheit einen Bärendienst. Wenn man sich einem Gesetz zur Luftreinhaltung widersetzt, weil man Angst hat, das könnte dazu führen, dass der Staat einem die Apotheke wegnimmt, dann ist das 20. Jahrhundert kein lehrreiches Beispiel mehr, sondern eine irrationale Barriere.

Es sei denn, man verdient ein Vermögen, wenn man gegen das Gesetz zur Luftreinhaltung verstößt.

10

Im Jahr 1918 hatten Rotgardisten bei Ayn Rands Vater die Tür eingetreten.

Sechsundneunzig Jahre später, im Herbst 2014, fürchtete Tom Perkins, das nächste Opfer einer Säuberung zu werden – einer »Kristallnacht«, wie er es in einem Brief an das *Wall Street Journal* nannte. Perkins war einer der reichsten Männer des Planeten. Er hatte eine der größten Jachten der Welt gebaut, die 88 Meter lange *Maltese Falcon* (mit einem eigenen U-Boot namens *Dr. No*). Aber Perkins war aufgefallen, dass die ärmeren Menschen von San Francisco gegen die Immobilienübernahme in ihrer Stadt durch Technologiebarone und Risikokapitalgeber, wie er einer war, demonstrierten. Einige respektlose Hooligans hatten es sogar gewagt, auf eine Piñata in der Form eines der schmucken Busse, mit denen Google seine Arbeiter von ihren städtischen Lofts ins Silicon Valley beförderte, einzuschlagen. Und so schrieb Perkins vorsorglich an das *Wall Street Journal,* um »auf die Parallelen zwischen dem Krieg des faschistischen Nazi-Deutschlands gegen das ›eine Prozent‹ im Land, die deutschen Juden, und den zunehmenden Krieg gegen das amerikanische eine Prozent, die ›Reichen‹, hinzuweisen«. Am nächsten Tag erklärte Perkins im Fernsehen, er wolle einfach verhindern, dass die Amerikaner »den kreativsten Teil der Gesellschaft verteufeln«. Nachdem er erklärt hatte, dass die Uhr, die er trug, »sechs Rolex-Uhren« wert sei, fügte er hinzu: »Wir befinden uns zunehmend in einem Klassenkampf. Höhere Steuern und mehr Regulierung bedrohen die Reichen als Klasse.«[238]

Sich über Tom Perkins lustig zu machen, ist einfach. (Tatsächlich ist es unwiderstehlich einfach. Unter anderem schrieb er einen Roman mit dem Titel *Sex and the Single Zillionaire* über einen wohlhabenden Witwer namens Steven Hudson, der in einer Reality-Show auftreten soll, in der »ein Haufen geldgeiler Flittchen« um seine Liebe wetteifern. Viele von ihnen landen am Ende in seinem wunderschönen Penthouse in Manhattan, »einer glatten, ultramodernen, minimalistischen und doch irgendwie sehr komfortablen, verglasten Eigentumswohnung mit Terrasse«. Und sobald sie dort ankommen, nun ja: »Heathers Körper glitzerte vor Schweiß, als sie in Erwartung des Peitschenhiebs aufstöhnte ...«[239] Wie gesagt, es ist leicht, sich über Tom Perkins lustig zu machen, dennoch dominiert die kleine Gruppe von Männern aus der Wirtschaft, zu der er gehört, unser politisches Leben und trifft die Entscheidungen, die das Spiel der Menschheit verkürzen könnten. Ihre Sprache ist immer gleich: Die »Produzenten«, die »Schöpfer«, die »wertvollen Menschen« werden vom Mob bedroht. Und so müssen sie sich organisieren und kämpfen. Die meisten von ihnen machen das nicht ganz so unverhohlen oder so öffentlich wie Perkins, der einen Monat nach seinem »Kristallnacht-Brief« vor Publikum sagte, in seiner idealen Welt »bekommt man kein Wahlrecht, wenn man keinen Dollar an Steuern bezahlt. Ich finde sogar, es sollte wie ein Unternehmen funktionieren. Wer eine Million Dollar bezahlt, bekommt eine Million Stimmen.«[240] Dennoch denken die anderen im Wesentlichen genauso wie er.

Nur um das klarzustellen: Ich behaupte, dass in der zweiten Hälfte des 20. Jahrhunderts ein systematisches Weltbild entstand, das auf seine Weise ebenso stark war wie der Leninismus in der ersten Hälfte des Jahrhunderts. Dieses Weltbild (demzufolge der Staat schlecht ist und produktive Individuen und ihre Unternehmen aus dessen Fängen befreit werden müssen) veränderte die Politik der Vereinigten Staaten so sehr, dass selbst Liberale dieser Veränderung nicht trotzen konnten oder wollten: Bill Clinton gelang es, von dieser Strömung getragen, sowohl das Nordamerikanische Freihandelsabkommen NAFTA als auch das Allgemeine Zoll- und Handelsabkommen TAFF durch den Kongress zu peitschen und den uneingeschränkten Welthandel als offenkundiges Ziel zu verankern. Er beendete auch »die staatliche Wohlfahrt, wie wir sie kennen« und half beim Aufbau der Nation, in der wir jetzt leben und in der sich jeder selbst überlassen ist. Das passiert, wenn jemand es schafft, den Zeitgeist zu verändern; deshalb waren Rand und Reagan so entscheidend.

Die Brüder Charles und David Koch sind typische Vertreter dieser Weltanschauung und die wahrscheinlich mächtigsten Männer der westlichen Welt. Sie machen nicht so viel Lärm wie Donald Trump, und sie haben kein Interesse an seinen besonders schrillen Hasstiraden und Kreuzzügen, aber sie sind sowohl die wichtigsten Architekten als auch die größten Nutznießer seiner Regierung. Von Steuersenkungen bis hin zu Umweltauflagen sind die Trump-Jahre für die Kochs laut ihrer Biografin Jane Mayer »ein Traum, der in Erfüllung ging«.[241]

Die Koch-Brüder sind zu einem solchen Synonym für plutokratische Exzesse geworden, dass man sich in Erinnerung rufen muss, dass es sich dabei um echte Männer mit echten Geschichten handelt, die im 20. Jahrhundert verwurzelt sind (und von Mayer in ihrem Buch *Dark Money* erzählt werden). Der Vater der beiden

Brüder, Fred Koch, hatte, ganz im Stile eines Helden von Ayn Rand, ein verbessertes Verfahren zur Raffinierung von Rohöl zu Benzin entwickelt. Die Sowjetunion fragte ihn als Fachberater beim Bau eigener Raffinerien nach der bolschewistischen Revolution an. Zunächst wollte Fred nicht für Kommunisten arbeiten, überwand aber seine Skrupel, als sie bereit waren, im Voraus zu zahlen. Er baute fünfzehn Raffinerien, half Stalin so, seinen ersten Fünfjahresplan zu erfüllen, und beriet ihn danach beim Bau von hundert weiteren Anlagen. Danach arbeitete Fred mit einem anderen Autokraten mit umfangreichen Expansionsplänen zusammen: Adolf Hitler. Fred reiste dafür häufig nach Deutschland, wo er »die technische Planung übernahm und den Bau der riesigen Ölraffinerie eines Unternehmens an der Elbe in Hamburg beaufsichtigte«, so Mayers Beschreibung. Diese Anlage trug später entscheidend zur militärischen Macht des Reiches bei, weil sie »eine der wenigen Raffinerien in Deutschland« war, die »das hochoktanige Benzin produzieren konnte, mit dem die Jagdflugzeuge betankt wurden«.[242] Dabei wurde Koch senior zu einem Bewunderer des Regimes, der noch 1938 an einen Freund schrieb: »Die einzigen tüchtigen Länder der Welt sind Deutschland, Italien und Japan, einfach weil dort alle hart arbeiten.« Er verglich das, was er in Hamburg sah, mit dem New Deal von US-Präsident Roosevelt und sagte, es gebe ihm die Hoffnung, dass »vielleicht dieser Kurs in Richtung des Müßiggangs, der Fütterung am staatlichen Futtertrog, der Abhängigkeit von der Regierung usw., mit dem wir derzeit gequält werden, nicht von Dauer sein wird und überwunden werden kann«.[243]

Fred lernte seine Frau Mary 1932 bei einem Polospiel kennen, als er nach seiner »Arbeit für Stalin auf dem besten Weg war, ein reicher Mann zu werden«. Sie bauten ein steinernes Herrenhaus im gotischen Stil am Rande von Wichita, Kansas, mit Ställen, einem

Zwinger für Jagdhunde und allem anderen, was man als Möchtegern-Adliger benötigte, und in den ersten acht Jahren ihrer Ehe bekamen sie vier Söhne: Frederick, Charles und die Zwillinge David und William. Die älteren Jungen wurden von einem deutschen Kindermädchen erzogen, das »ein striktes Toilettentraining durchsetzte, bei dem die Jungen jeden Morgen genau nach Plan Stuhlgang haben mussten oder zwangsweise Rizinusöl eingetrichtert und Einläufe verpasst bekamen«. Zum Glück für die Zwillinge ging sie nach deren Geburt zurück nach Deutschland, angeblich weil »sie so von Freude überwältigt wurde, als Hitler in Frankreich einmarschierte, dass sie den Drang verspürte, in ihre Heimat zurückzukehren, um dort mit dem Führer zu feiern«.[244]

Von diesen vier Söhnen wurde Charles zur treibenden Kraft und David zu seinem engsten Vertrauten. Laut Mayer versuchten die beiden, ihren ältesten Bruder Frederick zu zwingen, ihnen seinen Anteil am Familienunternehmen zu überlassen, indem sie drohten, ihrem Vater zu sagen, er sei schwul. Auch Bill wandte sich später von seinen Brüdern ab, er investierte seinen Anteil am Erbe in ein lukratives Ölgeschäft und finanzierte dann mit einem Teil des Erlöses den Widerstand gegen Windkraftanlagen vor seinem Anwesen bei Cape Cod. Aber Charles war immer der wichtige Koch, der in die Fußstapfen seines Vaters trat.

Trotz der ursprünglichen Quelle seines Vermögens hatte sich Fred zum leidenschaftlichen Antikommunisten entwickelt, und er war eines von elf Gründungsmitgliedern der John Birch Society. Eine Person aus diesem Umfeld, Robert LeFevre, wurde zu Charles' erstem Guru. LeFevre eröffnete 1957 in Colorado Springs eine »Freedom School«, in der er nicht nur den Antikommunismus der Birchers, sondern auch eine rigorose Opposition gegen die amerikanische Regierung predigte. »Die Regierung ist eine Krankheit, die vorgibt, ihre eigene Heilung zu sein«, beharrte LeFevre. Im

Jahr 1966 wurde Charles ein Kurator der Schule, wo er das Werk der österreichischen Ökonomen Ludwig von Mises und Friedrich Hayek und durch sie einen Liberalismus zelebrierte, der orthodoxer (und weniger melodramatisch) war als Rands. Viele Anhänger dieser sogenannten Mont Pèlerin Society (benannt nach dem Schweizer Kurort, in dem sich die libertären Koryphäen im Jahr 1947 erstmals versammelt hatten) stiegen später in hohe Ämter auf und schufen damit den grundlegenden neoliberalen wirtschaftlichen Rahmen, in dem wir seit der Reagan-Ära leben.

Aber Charles Koch war noch jünger und kämpferischer, und er hatte die Absicht, wirklich revolutionäre Veränderungen herbeizuführen. Mitte der 1970er-Jahre gründete er das Center for Libertarian Studies in New York und schrieb einen Artikel darüber, »wie die Randbewegung echte Macht erlangen kann«. In seinem Text riet er, unter anderem, zur Geheimhaltung. »Um unerwünschte Kritik zu vermeiden«, sollten detaillierte Informationen darüber, »wie die Organisation kontrolliert und gesteuert wird, nicht allgemein bekannt gemacht werden«.[245] Zunächst setzte er die Libertäre Partei für seine Zwecke ein und überredete seinen Bruder David, im Jahr 1980 als Vizepräsidentschaftskandidat in den Wahlkampf zu ziehen, weil sie so ihr eigenes Geld einbringen und die Gesetze zur Wahlkampffinanzierung umgehen konnten. Das schlechte Wahlergebnis (die Partei bekam nur ein Prozent der Stimmen) überzeugte Charles jedoch davon, besser hinter den Kulissen zu arbeiten – mit der Republikanischen Partei als Plattform. Reagan hatte der Welt eine neue Richtung vorgegeben, aber nach Jahrzehnten des New Deal und der Great Society konnte er nur die ersten Schritte in diese Richtung unternehmen. Die Kochs wollten wesentlich mehr, sie wollten ein wahres Erdbeben.

An diesem Punkt trat der Akademiker James McGill Buchanan aus den Südstaaten auf den Plan und lieferte Charles Koch und anderen, in den Worten der Historikerin Nancy MacLean, »eine operative Strategie, um das Regierungsmodell, das sie seit Jahrzehnten kritisiert hatten, zu überwinden«. Buchanan war ein eher unbedeutender Wirtschaftswissenschaftler, der Ende der 1950er-Jahre damit begonnen hatte, eine Reihe von (gut finanzierten) universitären Forschungszentren einzurichten, um »eine neue Stammlinie von Denkern auszubilden«, die jenen entgegentreten sollten, die »dem Staat eine zunehmende Rolle im wirtschaftlichen und sozialen Leben« verschaffen wollten. Die neuen Denker sollten sich stattdessen für eine »Sozialordnung … auf der Grundlage der individuellen Freiheit« einsetzen.[246] Buchanans besonderer Beitrag, der ihm den Nobelpreis einbrachte, war eine ökonomische These, die als Public-Choice-Theorie bekannt wurde. Sie besagt, dass »die Zuweisung von Ressourcen durch Mehrheitsentscheidung einen Anreiz für die Wähler schafft, sich zu ›Interessenvertretungen‹ oder ›Interessengruppen‹ zusammenzuschließen, um gemeinsam ›Gewinne‹ aus staatlichen Programmen zu erzielen«. Buchanan glaubte also, dass Wähler »Geschenke« vom Staat wollen und daher mehrheitlich für Politiker stimmen, die ihnen entgegenkommen, und dass diese Politiker ihrerseits die Reichen besteuern, um das alles zu bezahlen. Das Ergebnis sei »eine Überinvestition im öffentlichen Sektor«, denn diese mächtige Koalition aus Wählern, Politikern und Bürokraten (denen die so entstehenden Regierungsjobs gefielen) könne die Kosten durch übermäßige Besteuerung auf die Milliardäre als »Opfer« abwälzen. Diese Überinvestition hemme wiederum die Vermögensbildung und damit die Investitionen und so auch das Wirtschaftswachstum.[247]

All das klingt zunächst einmal wie ein Standard-Slogan der Republikaner, die übliche Attacke gegen das »Big Government«. Doch dieser Ansatz ist, wie viele Analysten betont haben, schon aus rein wirtschaftlicher Sicht suspekt: Tatsächlich tut es Volkswirtschaften gut, wenn in Bereiche wie Bildung und Straßen investiert wird. Doch bei genauer Überlegung, wie sie sowohl Buchanan als auch die Kochs anstellten, kommt man auf einen weiteren Grund, warum sich die Analyse wahrscheinlich nicht durchsetzen wird. Und dieser Grund ist die Demokratie.

Mitt Romney wurde mit diesem speziellen Fehler an jenem Tag im Jahr 2012 konfrontiert, als er den Teilnehmern einer hochpreisigen Spendenaktion sagte, dass etwa die Hälfte der Amerikaner allein deswegen für die Wiederwahl von Obama stimmen würden, weil sie Schmarotzer seien. Ein Kellner hielt seine Worte mit einer versteckten Kamera fest: »47 Prozent sind für [Obama], sie sind von der Regierung abhängig, sie sehen sich als Opfer, sie glauben, dass die Regierung die Verantwortung hat, sich um sie zu kümmern, sie glauben, dass sie ein Recht auf Gesundheitsversorgung, auf Essen, auf Unterkunft haben, um nur einige Punkte zu nennen. Sie glauben, sie hätten Anspruch darauf, dass die Regierung ihnen all das geben sollte. Und sie werden diesen Präsidenten auf jeden Fall wählen.« Amerikaner waren entsetzt, als sie den republikanischen Präsidentschaftskandidaten das so unverblümt aussprechen hörten – das war der Tag, an dem Romney die Wahl endgültig verlor –, aber nur, weil sie nicht darauf geachtet hatten, was die libertäre Rechte *wirklich* glaubte. »Ich werde sie nie davon überzeugen, dass sie persönliche Verantwortung übernehmen und sich selbst um ihr Leben kümmern sollten«, sagte Romney weiterhin und wiederholte damit nur die Phrasen, die Männer und Frauen wie Buchanan, Koch und Rand seit Jahrzehnten entwickelt hatten. Diese Überzeugung, dass sie ungerechtfertigt besteuert wurden, um die Faulenzer zu unterstützen, bildete nicht nur den Kern ihrer Politik, sondern auch ihrer emotionalen Weltanschauung. Charles Koch bestand vor seiner Hochzeit darauf, dass seine Frau »mit diesen Vorstellungen indoktriniert wird, damit die Eheleute dasselbe Ziel verfolgten«. Die Hochzeit konnte erst nach dem erfolgreichen Abschluss dieses »Intensivtrainings« stattfinden, was offenbar nicht allzu lange dauerte: Elizabeth Koch beschwerte sich bald, Amerika sei zu einem »Land der Risikoscheuen« geworden, von Menschen, »die nur verhätschelt und versorgt werden wollen«.[248]

Für die sehr Reichen mag diese Logik reizvoll sein, aber sie beleidigt weitaus mehr Menschen. In einem fairen Kampf – also in einer funktionierenden Demokratie – werden Milliardäre die meisten Kämpfe nicht gewinnen, weil die Mehrheit der Menschen für ihre eigenen Interessen stimmen wird. Daraus zogen Milliardäre die Schlussfolgerung, dass die Demokratie nicht wirklich funktionieren durfte – wie auch Tom »Größte Jacht« Perkins meinte, als er vorschlug, dass die Reichen mehr Stimmen bekommen sollten als die Armen. Solche unmissverständlichen Bemerkungen äußerte man besser nur in privaten Gesprächen und obskuren Zeitschriften, aber das war die Grundlage für eine konzertierte Aktion, mit der die demokratischen Institutionen untergraben werden sollten. Buchanan warf einmal die Frage auf: »Warum müssen die Reichen unter der einfachen Mehrheitswahl leiden?« Zwischen einem Bürger, »der aus Angst vor Strafe in einem Umfang Steuern für öffentliche Güter zahlen muss, der über die Summe hinausgeht, die er freiwillig beitragen würde«, und jemandem, dem ein »Schläger im Central Park die Brieftasche abnimmt«, gibt es für ihn keinen Unterschied. Buchanan plädierte für eine »pauschale Überarbeitung des Gesellschaftsvertrags«, der »eine neue Gewaltenteilung« für die Vereinigten Staaten vorsieht und damit Veränderungen, die »die Bezeichnung ›revolutionär‹ verdienen«.[249]

Sie machten sich an die Arbeit und bauten still und leise die Netzwerke und Institutionen auf, die diese Veränderungen bewirken konnten. Die Kochs bauten ein Netz von politischen Aktivisten auf, die sich in Gruppen wie den Americans for Prosperity (Amerikaner für Wohlstand) organisierten. Gemeinsam mit ihren Verbündeten richteten die Kochs zudem noch Denkfabriken und akademische Zentren in den ganzen USA ein, die Strategien ausarbeiteten, um ihre Pläne zu untermauern und die Wähler davon zu überzeugen, gegen ihre eigenen Interessen zu stimmen. (Ein typisches Beispiel ist die Neufassung der Erbschaftssteuer, die von einem kleinen Teil des einen Prozents bezahlt wurde und die als »Sterbegebühr« dargestellt wurde, die alle fürchten sollten.) Gruppen wie die Federalist Society konzentrierten sich auf die Justiz und suchten nach Kandidaten, die sich für libertäre Ideen einsetzen würden. Der neue Sender Fox News, Amerikas erster parteiischer Fernsehsender, verbreitete die Botschaften. Ein Großteil der Arbeit wurde auf staatlicher und lokaler Ebene geleistet, wo sich die Milliardäre vor Ort darauf konzentrierten, die Mehrheit in den staatlichen Parlamenten zu gewinnen, die Aufteilung der Wahlbezirke zu beeinflussen und Gesetze durchzudrücken, die unerwünschte Wähler an der Wahlteilnahme hindern sollten, um so den »Mob«, den sie besiegen mussten, zu schwächen.

Vor allem nutzten sie das, was Milliardäre im Überfluss besitzen: Geld. Karl Rove sagte kurz nach dem Urteil des Obersten Gerichtshofs im Fall Citizens United vs. Federal Election Commission: »Die Leute nennen uns eine riesige rechte Verschwörung, aber in Wirklichkeit sind wir nur eine halbherzige rechte Verschwörung. Es ist an der Zeit, dass wir Ernst machen.« Im Jahr 2010 gaben »der republikanischen Partei nahestehende unabhängige Gruppen« die Rekordsumme von 200 Millionen US-Dollar für den Wahlkampf vor den bundesweiten Zwischenwahlen aus und gewannen 63 Sitze im Repräsentantenhaus. Im Jahr 2012 kamen mehr als 60 Prozent aller Wahlkampfspenden von weniger als einem halben Prozent der Bevölkerung. Im Jahr 2016 gelobten die Koch-Netzwerke, völlig absurde 889 Millionen US-Dollar für die Wahl auszugeben. »Da war in der Vergangenheit schon viel Geld im Spiel, aber das übersteigt jede Vorstellungskraft«, sagte der Leiter der Bürgerrechtsorganisation Common Cause. »Das hat es in der Geschichte des Landes noch nicht gegeben, noch nicht einmal annähernd.«[250] Tatsächlich gab die Koch-Organisation »nur« etwa eine Dreiviertelmilliarde US-Dollar aus, das meiste davon für Kongress- und Staatswahlkämpfe, denn zunächst sah es so aus, als würfe Trump ihre Pläne über den Haufen. Trotz seiner Vorliebe für Ayn Rand führte er einen eher demokratisch klingenden Wahlkampf: Über das Gesundheitswesen zum Beispiel sagte er: »Wir werden eine Versicherung für alle haben ... In manchen Kreisen galt der Grundsatz, dass man nichts bekommt, wenn man nicht dafür bezahlen kann. Das wird mit uns nicht passieren.« Tatsächlich versprach er: »Jeder wird viel besser versorgt werden als jetzt.« Aber wie man heute weiß, führte Trump einfach ein neues Element ins Spiel ein: schamlose Lügen statt cleverer Botschaften.

Und als Trump in Washington ankam, mit keinerlei Ideologie außer seinem Narzissmus und dem Plan, seine Familie zu bereichern, erwies er sich als der perfekte Präsident, um endlich die vollständige Agenda der Staatsgegner umzusetzen. Eine Schlüsselfigur dabei war der Rand-Anhänger Robert Mercer, der nicht nur Trumps Wahlkampf finanziert hatte, sondern auch Cambridge Analytica, die Triebkraft hinter einem Großteil der Facebook-Manipulationen. Ein Kollege erklärte: »Bob glaubt, dass sich der Wert eines Menschen allein danach bemisst, wie viel Geld er verdient. Für ihn hat eine Katze Wert, weil sie Menschen Freude bereitet. Aber wenn jemand Sozialhilfe bezieht, hat er einen negativen Wert. [Bob] glaubt, die Gesellschaft stehe auf dem Kopf. Die Regierung hilft den Schwachen, stark zu werden, und macht die Starken schwach, indem sie ihnen Geld wegnimmt – durch Steuern.« Ein anderer Kollege erklärte: »[Mercer] glaubt, je weniger der Staat eingreift, umso besser. Und wenn der Präsident ein Idiot ist? Das ist für ihn okay. Er will, dass alles zusammenbricht.«[251]

In der Zwischenzeit halfen Mercer und seine Kumpels gerne bei der Neuausrichtung der Trump-Regierung auf ihre eigenen Ziele. »Das Machtvakuum, das entstand, weil Trump kein eigenes Netzwerk mitbrachte, wird von Menschen gefüllt, die seit Jahren vom Koch-Netzwerk herangezogen wurden«, sagte ein Experte.[252] Marc Short, der ehemalige Direktor des Freedom-Partners-Investmentfonds der Kochs, wurde Trumps leitender Rechtsreferent; Shorts größter Triumph war die umfangreiche Steuersenkung für die Reichen, die der Senat Ende 2017 beschloss. Der Sieg hatte massive Lobbyarbeit durch das Spendernetzwerk der Kochs erfordert – »die bedeutendste landesweite Aktion, die wir je durchgeführt haben«, sagte der Leiter von Americans for Prosperity.[253] Durch das Gesetz werden die Koch-Brüder und ihr Unternehmen jährlich mehr als eine Milliarde US-Dollar einsparen. Wenige Tage nach der erfolgreichen Abstimmung spendeten die Kochs 500 000 US-Dollar für die Kriegskasse des Sprechers des Repräsentantenhauses, Paul Ryan, was eigentlich ein ziemlich mickriges Trinkgeld ist. Im Jahr 2018 verschickten die Kochs ein Memo an ihre wohlhabenden Unterstützer, in dem sie Dutzende von politischen Triumphen für sich beanspruchten. Demnach hatten sie eine Reform der Überstundenregelungen verhindert und dafür gesorgt, dass die Entdeckung von indianischen Kulturartefakten die Ölförderung nicht beeinträchtigte. Dennoch mochten sie Trump nicht besonders, und dank seines Narzissmus wurde dieses Gefühl schließlich erwidert. Im August 2018 twitterte der US-Präsident, die Koch-Brüder würden »in echten republikanischen Kreisen nicht mehr ernst genommen«, weil sie sich gegen seine Mauer und seine Zollpläne gestellt hatten. Tatsächlich wird jedoch Trump wahrscheinlich am Ende dumm dastehen. Es wurde immer deutlicher, dass die Kochs bei dieser Regierung alles erreicht hatten, was sie wirklich wollten (Steuersenkungen, Deregulierung, Richter am Obersten Gerichtshof), und sich nun auf die Pence-Jahre freuen.

Dabei beschränkten sich ihre Bemühungen keineswegs auf Washington. Viele Staatsregierungen wurden vom Koch-finanzierten American Legislative Exchange Council völlig umgestaltet. Unterdessen führten die Kochs in Städten und Gemeinden in ganz Amerika teure Kampagnen gegen Projekte wie den öffentlichen Nahverkehr durch, weil der öffentliche Nahverkehr die Nachfrage nach dem von den Kochs verkauften Benzin schwächt und weil Busse und Bahnen »den Freiheiten zuwiderlaufen, die den Amerikanern teuer sind«. Ein Sprecher der Americans for Prosperity erklärte geduldig: »Wenn jemand die Freiheit hat, hinzugehen, wo immer er will, und zu tun, was immer er will, dann wird er sich nicht für öffentliche Verkehrsmittel entscheiden.«[254] Vor allem dann nicht, wenn es gar keine gibt.

»In den letzten fünf Jahren haben wir mehr Fortschritte gemacht als ich in den letzten fünfzig Jahren«, sagte Charles Koch im Jahr 2017 seinen Milliardärskollegen. »Dank der Möglichkeiten, die uns jetzt zur Verfügung stehen, können wir ein völlig neues Niveau erreichen.«[255] Und so gelobten sie weiterzukämpfen. In der Endphase der Zwischenwahl 2018 stammte mehr als ein Viertel der unabhängigen Wahlwerbung für die Kongresswahlen von nur zwei von den Kochs gesponserten Interessengruppen,[256] und die Kochs finanzierten auch »Werbung in siebenstelliger Höhe« zugunsten von Brett Kavanaugh für seine Kandidatur zum Obersten Gerichtshof. Offenbar gefiel ihnen die Aussicht, dass seine Stimme »das Ende des Aufsichtsstaates, wie wir ihn kennen« versprach.[257] Auf ihrer To-do-Liste standen noch mehr »Reformen«

des Arbeitsrechts und vor allem Kürzungen der »Anspruchsausgaben« wie die Sozialversicherung, die sich die Vereinigten Staaten, laut den Kochs, angesichts der Defizite durch die massiven Steuersenkungen natürlich nicht mehr leisten konnten.

Im Prinzip hatten sie gewonnen.

11

Aber dieser Sieg wird wohl nicht ewig halten. Nur wenige Siege tun das, und dieser ist besonders brüchig, weil er auf einer grundlegend fehlerhaften Annahme über die Menschen beruht: die Vorstellung, dass wir nur Individuen sind, dass es »keine Gesellschaft gibt«, dass wir einander nichts schulden. Nichts davon passt zu unserer grundlegendsten Natur.

Wir sind soziale Wesen. Ich werde hier keinen Kurzabriss der Geschichte unserer Spezies geben: wie wir auf der Jagd zusammenarbeiteten und Sprache entwickelten, um als Jäger noch erfolgreicher zu werden. Ich möchte nur darauf hinweisen, dass wir uns aus dem Stamm, der Gruppe heraus entwickelt haben. Sogar Ayn Rand wusste das, obwohl sie ihren persönlichen, hässlichen Blickwinkel dazu einnahm: »Zivilisation ist die Entwicklung hin zu einer Gesellschaft der Privatsphäre«, schrieb sie. »Die ganze Existenz des Wilden ist öffentlich und wird von den Gesetzen seines Stammes bestimmt. Zivilisation ist die Entwicklung zur Freisetzung des Menschen von anderen Menschen.«[258]

Uns von unseren Mitmenschen zu befreien ist ein großer Fehler, denn wir haben uns nicht wirklich zu neuen Wesen entwickelt. Das lässt sich ganz leicht beweisen: Man muss dazu nur einen

Menschen, der bisher keiner Gruppe angehört – und von denen gibt es leider viele –, dazu überreden, einem Verein oder einem Club beizutreten. Schon die reine Zusammengehörigkeit mit anderen *halbiert das Risiko, innerhalb eines Jahres zu sterben.* Neuere Forschungen zeigen, dass uns die soziale Abgrenzung schadet: Menschen mit wenigen sozialen Verbindungen leiden unter Schlafstörungen, haben ein verändertes Immunsystem und ein höheres Level an Stresshormonen. Bei isolierten Menschen ist das Risiko für Herzerkrankungen um 29 Prozent und für Schlaganfall um 32 Prozent erhöht. Das beginnt früh: »Sozial isolierte Kinder haben zwanzig Jahre später einen deutlich schlechteren Gesundheitszustand.« (Sogar Rand umgab sich bewusst mit einem Kreis von Akolythen, ihrem sie verehrenden Stamm.) Alles in allem ist Einsamkeit körperlich genauso schädlich wie Fettleibigkeit oder Rauchen.[259] Und es funktioniert auch anders herum: »Zahlreiche Studien haben gezeigt, dass gute soziale Bindungen der stärkste und beständigste Prädiktor für ein glückliches Leben sind, man könnte sie sogar als ›notwendige Voraussetzung für Glück‹ bezeichnen … Diese Befunde lassen sich rassen-, alters-, geschlechts-, einkommens- und milieuübergreifend nachweisen und sind so überwältigend, dass sie jeden anderen Faktor in den Schatten stellen«, berichtet die Journalistin und Kulturkritikerin Ruth Whippman.[260] Diese Wirkung ist sogar artübergreifend: *Ameisen,* die mit anderen Artgenossen zusammen sind, leben zehnmal länger als ihre isolierten Verwandten.

Der Altruismus, den Rand »das Gift des Todes im Blut der westlichen Zivilisation« nannte, erweist sich als Stärkungsmittel. Neurowissenschaftler haben festgestellt, dass sich das menschliche Gehirn »anders verhält, wenn man großzügig handelt, als bei einer hedonistischen Aktivität«, berichtet die *New York Times.* Dr. Richard Davison, Gründer des Centers for Healthy Minds an der Universität von Wisconsin, formulierte es so: »Die positiven Emotionen, die wir erleben, sind flüchtiger, wenn wir etwas für uns selbst tun … Wenn wir großzügig handeln, können diese positiven Emotionen nachhaltiger sein und die eigentliche Tat überdauern.« Daher überrascht es nicht, dass Senioren, die ehrenamtlich Kindern beim Lesen und Schreiben helfen, seltener unter Gedächtnisverlust leiden. Wenn wir uns mit anderen beschäftigen, wird es also weniger wahrscheinlich, dass wir unser Selbstgefühl verlieren, was für die meisten eine Schreckensvision ist.[261] Warum erhöht Hörverlust das Risiko, an einer Demenz zu erkranken? Wahrscheinlich, weil Hörverlust »dazu führt, dass manche Menschen Gespräche eher vermeiden und seltener an Aktivitäten teilnehmen. Dadurch werden sie weniger sozial und weniger eingebunden«, so die Cleveland Clinic.[262]

Sogar im Geschäftsleben erweisen sich diejenigen, die »Unterstützung anbieten, wertvolles Wissen teilen oder Kontakte herstellen«, als weitaus nützlicher für ein Unternehmen als diejenigen, die »versuchen, andere Menschen für ihre eigenen Ziele einzuspannen, und gleichzeitig mit ihrem eigenen Fachwissen und ihrer eigenen Zeit knausern«, schrieb die *Harvard Business Review.* In 38 Studien, die 3500 Unternehmen umfassten, stellte die Zeitschrift fest, dass »eine hohe Unterstützungsquote prädiktiv für höhere Rentabilität, Produktivität, Effizienz und Kundenzufriedenheit sowie niedrigere Kosten und Fluktuationsraten waren«.[263] Das trifft den Kapitalismus im Kern. Der Nobelpreis für Wirtschaft, den James Buchanan für seine Theorie, wonach die meisten von uns Schmarotzer sind, bekommen hatte, wurde erst kürzlich Elinor Ostrom verliehen, der großen Theoretikerin zur Allmende. Ostrom stellte fest, dass in allen Gesellschaften und historischen Epochen Gemeinschaften durchaus in der Lage waren, vernünftig zusammenzuarbeiten – die »Tragik der Allmende« war in der

Regel überhaupt keine Tragödie, solange niemand alles für sich allein beanspruchte. Bei den Hummerfischern in Maine ebenso wie bei Bewässerungssystemen in Spanien und den Wäldern in Nepal stellte Ostrom fest, dass »die Systeme einvernehmlich und wechselseitig organisiert waren und viele seit Jahrhunderten gut funktionieren«.[264]

Die Hyperindividualisten liegen nicht völlig falsch. Sie liegen halb falsch – und das macht sie so gefährlich. Bis zu einem gewissen Grad streben wir tatsächlich das an, was Rand »Privatsphäre« nannte. Im ländlichen China leben oft viele Mitglieder einer Großfamilie in einem Haus oder einer kleinen Wohnanlage zusammen. Häufig schlafen viele Menschen in einem Zimmer, das sie sich manchmal sogar mit dem Hausschwein der Familie teilen. In dieser Welt ist es schon viel wert, wenn man einen zusätzlichen Raum bauen kann, damit ein Ehepaar manchmal allein sein kann. Die Wirtschaftsliteratur zum Thema Glück macht deutlich, dass bis zu einem gewissen Punkt mehr Einkommen gleichbedeutend ist mit mehr Freiheiten dieser Art und damit mehr Zufriedenheit: Man kann sein Dorf verlassen, um eine Reise zu unternehmen, was für die meisten Menschen in der Geschichte fast unmöglich war. Aber die Literatur stellt auch klar, dass es ab einem gewissen und überraschend niedrigen Vermögen kaum noch einen Zusammenhang zwischen mehr Geld und mehr Glück gibt. Das könnte teilweise daran liegen, dass Geld *zu viel* »Privatsphäre« mit sich bringt. Nach dem Zweiten Weltkrieg gaben die Vereinigten Staaten den größten Teil ihres Vermögens dafür aus, größere Häuser zu bauen, die weiter voneinander entfernt standen als zuvor, mit dem Ergebnis, dass die Menschen sich seltener begegneten: Die Anzahl enger Freunde sank bei den Amerikanern im Durchschnitt um die Hälfte.[265] Heute streben wir mit unseren Bildschirmen dasselbe Ziel an, wie die Psychologin Jean Twenge in ihrem jüngsten statistischen Porträt von Jugendlichen an Gymnasien und Hochschulen schreibt, die sie »iGen« nennt. Diese Jugendlichen verbringen viel weniger Zeit mit Freunden als jede frühere Generation, und die Daten zeigen, dass sie dadurch einzigartig unglücklich sind.[266]

Es gibt tatsächlich ein natürliches Gleichgewicht zwischen Öffentlichem und Privatem, von dem weise Menschen schon immer gewusst haben. Adam Smith hat die Entwicklung angestoßen, die mit den Kochs endete: Sein wegweisendes Werk *Der Wohlstand der Nationen* erklärte erstmals, wie die Verfolgung des eigenen Interesses zu einer Steigerung des allgemeinen Wohlstands führen konnte. Doch *Der Wohlstand der Nationen* war nicht Smiths einziges Buch. In *Die Theorie der ethischen Gefühle* weist er darauf hin: »Mag man den Menschen für noch so egoistisch halten, es liegen doch offenbar gewisse Prinzipien in seiner Natur, die ihn dazu bestimmen, an dem Schicksal anderer Anteil zu nehmen, und die ihm selbst die Glückseligkeit dieser anderen zum Bedürfnis machen.« Eigennutz war nicht die bewundernswerteste menschliche Eigenschaft. Stattdessen, so Smith, sind »Menschlichkeit, Gerechtigkeit, Edelmut und Gemeinsinn diejenigen Eigenschaften, die für die anderen am nützlichsten sind«.[267] Aber die wirtschaftliche Tradition, die in seiner Nachfolge entstand, ignoriert diese Erkenntnisse weitgehend. Da sich die Märkte bei ihrer spezifischen Aufgabe, Wohlstand zu schaffen, so hervorragend bewährten, haben die Ökonomen größtenteils vergessen, dass es auch noch andere Aufgaben gibt.

Dieses Problem tritt offenbar am stärksten bei Menschen auf, die Wirtschaftswissenschaften studieren: Forscher fanden heraus, dass Ökonomiestudenten im dritten Studienjahr altruistische Werte wie Hilfsbereitschaft, Ehrlichkeit und Loyalität als weitaus weniger wichtig einstuften, als Studienanfänger dies taten. »Nachdem sie einen Kurs in ökonomischer Spieltheorie absolviert hatten … verhielten sich US-amerikanische Collegestudenten egoistischer und erwarteten dies auch von anderen«, beobachteten die Forscher. Außerdem zeigte sich, dass »Ökonomie-Professoren weniger Geld für wohltätige Zwecke spendeten als ihre schlechter bezahlten Kollegen in anderen wissenschaftlichen Disziplinen«.[268] Dies ist die Welt, in der in Denkfabriken darüber diskutiert wird, ob es kostengünstig sei, die Arktis zu retten, und in der das *Wall Street Journal* solche Schlagzeilen veröffentlicht: WIE BEWERTET MAN EIN PROBLEM WIE KOREA: ANALYSTEN WOLLEN HERAUSFINDEN, WAS MIT DEN MÄRKTEN BEI EINEM ATOMAREN WELTKRIEG GESCHIEHT. (Falls es Sie interessiert: Im Falle eines »potenziell nicht eingrenzbaren militärischen Konflikts mit Beteiligung der globalen Supermächte« würde die Zinskurve bei Eurobonds »aufgrund der geringeren Risikobereitschaft wahrscheinlich abflachen«.)[269]

Weil dies so sehr unserer Natur widerspricht, wird schließlich sogar das politische System der USA wieder in ein Gleichgewicht zurückfinden. Die Koch-Brüder könnten ihren Zenit überschritten haben. Umfrageergebnisse belegen, dass die beiden wichtigsten Gesetzesvorhaben der Kochs (die versuchte Abschaffung von Obamacare und die erfolgreiche »Steuerreform«) die »unbeliebtesten großen nationalen Gesetzesvorhaben der vergangenen fünfundzwanzig Jahre waren«, betont der Journalist Michael Tomasky. Weiterhin schreibt er, von den neun populärsten Gesetzen der letzten Zeit »verfolgten acht Ziele, die man grob als liberale Ziele bezeichnen könnte, wie etwa die Waffenkontrolle und den Umweltschutz«.[270] Der mit Abstand beliebteste Politiker Amerikas ist seit einigen Jahren der Sozialist Bernie Sanders, der mit dem antilibertären Slogan »Not Me, Us« (etwa: Nicht ich, sondern wir) um

Wählerstimmen warb und Skandinavien als Vorbild sieht. In Dänemark, Schweden und Norwegen sieht man das, was ich als »Gleichgewicht« beschrieben habe, in der Praxis: ein Marktsystem mit starker Verpflichtung zu sozialer Gerechtigkeit, der geringsten Ungleichheit auf dem Planeten und, gemessen an den meisten Maßstäben, den glücklichsten Bürgern, Menschen, die ein Privatleben führen, aber andere nicht zurücklassen. Nach einem von Hakenwürmern befallenen Menschen müsste man in Bergen oder Aalborg lange suchen.

Der Weg zurück zum Gleichgewicht wird lang werden, und viele Menschen werden unterwegs unnötig leiden, aber das randianische Weltbild ist der menschlichen Natur einfach zu fremd, um uns für immer zu beherrschen. Vielleicht ist unser Wahlsystem stark genug, um den Wahnsinn umzukehren: Die US-Zwischenwahlen 2018 sind ein guter Anfang. (Anfang 2019 forderte die neu gewählte Kongressabgeordnete Alexandria Ocasio-Cortez fast eine Verdoppelung des höchsten Steuersatzes auf Einkommen von über 10 Millionen US-Dollar in den USA, und viele Leute spendeten Beifall.) Vielleicht ist die Macht des Geldes in der Politik inzwischen so groß, dass wir so etwas wie eine gewaltfreie Revolution brauchen. Aber die Menschen in den Vereinigten Staaten und an all den anderen Orten, die aus dem Gleichgewicht geraten sind, werden sich dieser Situation stellen.

Nur gibt es da ein Problem, und zwar ein großes: Im System herrscht zu viel Wirkmacht.

Wenn das ideologische Pendel in der Vergangenheit stark in eine Richtung ausschlug, hatte es immer noch die Zeit und den Raum, um wieder zurückzuschwingen. Die Räuberbarone des goldenen Zeitalters (oder die Industriekapitäne, wenn einem das besser gefällt) zogen Reichtum und damit die politische Macht im späten 19. Jahrhundert so stark an sich wie die libertären Milliardäre unserer Zeit. Statistiken aus dieser Zeit gibt es kaum, aber man schätzt, dass in den 1890er-Jahren 4000 Familien genauso viel Vermögen besaßen wie alle anderen elf Millionen Haushalte in Amerika zusammen. Das führte zwangsläufig zu den populistischen und progressiven Bewegungen und zur Einführung der Einkommenssteuer; ab circa 1890 nahm die Ungleichheit ab, dann in den 1920er-Jahren wieder zu und ging dann mit dem New Deal in den 1930er-Jahren, dem Zweiten Weltkrieg und dem verbreiteten Wohlstand in der Nachkriegszeit stark zurück. Dabei wurde viel Schaden angerichtet, aber nichts davon war dauerhaft, zumindest nicht im weitesten Sinne – mit Sicherheit drohte nichts davon, dem Spiel der Menschheit ein Ende zu setzen, *nicht etwa, weil die Räuberbarone weniger korrupt gewesen wären, sondern weil sie nicht die Wirkmacht hatten, um Veränderungen in diesem Umfang durchzusetzen,* und weil die Menschen sich ihnen entgegenstellten.

Der Zweite Weltkrieg war der größte militärische Flächenbrand, den die Welt je gesehen hatte, in dem viele Millionen Menschen starben und ganze Kontinente auf den Kopf gestellt wurden, aber mit der Zeit verschwanden die Panzerspuren wieder in der Landschaft. Gelegentlich stieß ein Bauer mit dem Pflug auf einen Blindgänger, aber die Welt drehte sich weiter, weil die Auswirkungen nicht ausreichten, um sie völlig von ihrem Kurs abzubringen. Wir hatten Glück – Hitler stand kurz vor der Entwicklung von Atomwaffen. Die Nazis schafften es nicht ganz, ob nun wegen Heisenbergs Verrat oder aus simplem Unvermögen. Aber wenn sie ein oder zwei Jahre mehr Zeit gehabt hätten? Wie die USA reagiert hätten, ist bekannt, denn sie haben die Bombe auf Japan abgeworfen, obwohl der Krieg schon fast gewonnen war. Ein Atomkrieg mit Deutschland hätte die Welt grundlegend und dauerhaft verändern können.

Die Erderwärmung ist das perfekte Beispiel für zu viel Wirkmacht. Die Männer, die ab den Reagan-Jahren zu ideologischer Macht kamen und vielfach direkte Verbindungen zur Öl- und Gasindustrie hatten, waren genau in dem Moment am Ruder, als sie den größten Schaden anrichten konnten. In den Jahren seit 1990, also seit die Exxons und Kochs der Welt ihre verschiedenen »Denkfabriken« und Frontgruppen gegründet haben, um den Diskurs mit Lügen zu vergiften, hat die Welt mehr Kohlendioxid ausgestoßen als in all den Jahrzehnten zuvor. Und dieses Kohlendioxid war entscheidend. Heute weiß man, dass 350 ppm Kohlendioxid die Obergrenze für einen unproblematischen Kohlendioxidgehalt in der Atmosphäre ist, und diese Obergrenze haben wir in genau jenen Jahren überschritten. Das hätte nicht so sein müssen. In einer Welt mit etwas anderer Physik hätten 800 ppm der kritische Punkt sein können – da könnten wir das Ruder noch herumreißen. Wenn einem jemand einen Kilometer vor dem Abgrund ins Lenkrad greift, hat man noch genug Zeit dazu, es zurückzuerobern. Aber wir stehen bereits am Rande des Abgrunds.

Nicht genug damit, dass diese Wirkmacht den Klimawandel geradezu garantiert. Sie zementiert auch neue Formen der Ungleichheit, die auch keine Revolution wird beseitigen können. Wenn die Temperatur steigt, leiden die Ärmsten am meisten, und ihr Leid wird dauerhaft sein. Spitzentemperaturen können in schattigen Vororten um bis zu 15 Grad niedriger liegen als andernorts. So wird »der Wohnort ein Prädiktor für die Erkrankungsraten bei Hitzewellen«, wie eine Studie feststellte, die ergab, dass Afroamerikaner »mit 52 Prozent höherer Wahrscheinlichkeit als Weiße in Gegenden mit unnatürlicher ›Bodenbedeckung mit hohem Hitzerisiko‹ leben«.[271] Man stelle sich dieses Gefälle für ein Flüchtlingslager oder ein Gefängnis vor. Es ist schlichtweg die Hölle.

Und wieder wussten die Leute, die ihre Lügen erzählten, dass es Lügen waren. Diese Verschwörung war nicht schwer zu organisieren – nur hundert Unternehmen der Fossilenergiebranche sind für 70 Prozent der weltweiten Emissionen verantwortlich. Aber die Verschwörung basierte nicht auf simpler Gier. Eigeninteresse verbindet sich hier perfekt mit Ideologie. Die CEOs, die fröhlich Kopien von *Atlas wirft die Welt ab* untereinander austauschten, und die Milliardäre, die in den Ursümpfen der regierungsfeindlichen Bewegung groß geworden waren, dachten, sie hätten den Code der Geschichte geknackt. Der Klimawandel war für sie undenkbar, weil er ihre Profite gefährden würde – die Koch-Brüder betreiben ein riesiges Pipeline-Netzwerk, sie gehören zu den größten Pächtern im kanadischen Ölsandgebiet –, aber auch, *weil er die Reinheit ihres Glaubenssystems bedrohte.* In gewisser Hinsicht hatten die regierungsfeindlichen Kräfte keine andere Wahl, als die Klimaerwärmung zu leugnen, denn um sie zu bekämpfen, wäre ein entschiedenes Handeln der Regierungen erforderlich gewesen – zumindest hätten sie einen Preis für Kohlendioxid ansetzen müssen, damit die Märkte ihre vermeintliche Magie entfalten konnten. Sie glaubten stärker an ihre ökonomische Traumvorstellung als an die Physik oder die Chemie, und so produzierten sie eine endlose Reihe von Täuschungen.

Rupert Murdoch, Herr über ein riesiges Medienimperium, ist ein typisches Beispiel, denn einen Moment lang schien er eine Ausnahme von der Regel zu sein. Im Jahr 2007 ließ Murdoch, nach dem großen Erfolg von Al Gores Film *Eine unbequeme Wahrheit,* verlauten, er sei zur Klimareligion bekehrt worden. In einer Rede, die er in seinen Zeitungen veröffentlichte, sagte er: »Der Klimawandel stellt eine katastrophale Bedrohung dar.« Und: »Wir können es uns nicht leisten, untätig zu bleiben.« Er kündigte an, sein Konzern NewsCorp werde klimaneutral werden, und versprach alles Mögliche, von elektrischen Golfwagen auf dem Studiogelände der 21st Century Fox bis zur »neuesten LED-Lichttechnik in den Regieräumen von Fox News«. Seine Medienkanäle würden »verändern, wie die Öffentlichkeit über diese Themen denkt«. Die Realität schien zu ihm durchgedrungen zu sein.[272] Aber diese Realität stand in ständigem Widerstreit mit Murdochs randianischer Grundüberzeugung, dass die Regierung ihn bestehlen wollte. »Was ist fair daran, Geld von Leuten zu nehmen, die es verdient haben, und es Leuten zu geben, die es nicht verdient haben?«, schrieb er wenige Jahre später.[273] Das klang authentischer, und so war es wohl unvermeidlich, dass er sein Versprechen, über den Klimawandel zu informieren, brach und stattdessen im Dienste der größeren regierungskritischen Sache Lügen darüber verbreitete. Zwischen 2012 und 2016 wurden die wissenschaftlichen Beweise für die Gefahr, die dem Klima drohte, immer offensichtlicher. In dieser Zeit veröffentlichte Murdochs *Wall Street Journal* 303 Kommentare, Kolumnen und Leitartikel zum Klimawandel, von denen 287 »irreführende und widerlegte Argumente der Klimawandelleugner, Verschwörungstheorien und politische Angriffe« waren. Oder anders ausgedrückt: Etwa 95 Prozent seiner Veröffentlichungen »widersprachen dem, worüber sich rund 97 Prozent der Klimawissenschaftler einig waren«.[274] Im Jahr 2016, dem heißesten Jahr, das je auf unserem Planeten verzeichnet wurde, widmete Fox News ganze sechs Minuten der Berichterstattung über das Thema,[275] die sich der Sender genauso gut hätte sparen können, denn wenn die Nachrichtensprecher es erwähnten, sagten sie meist so etwas wie »Niemand stirbt am Klimawandel«.[276] Im Sommer 2018, als die Welt Rekordhitze und -feuersbrünste erlebte, kam das *Wall Street Journal* zu dem Schluss, dass »der Klimawandel vorbei ist. Davon übrig geblieben sind nur … bürokratische Mandate im

Interesse von Rentenprofiteuren aus dem Bereich der erneuerbaren Energien.«[277]

Der Vorsitzende der wirtschaftlichen Fakultät an der George-Mason-Universität, wo James Buchanan seine Tage auf einem von Koch finanzierten Versorgungsposten beendete, erklärte es formvollendet: »Die unter uns, die diese wichtigen Vorzüge des Kapitalismus anerkennen … wollen den Regierungen nur ungern die Macht geben, um die Erderwärmung zu bekämpfen.« In der Tat, so der Vorsitzende, sei es vielleicht »die beste Taktik in Bezug auf die Klimaerwärmung, sie zu ignorieren«.[278]

Diese ideologische *Idée fixe* erklärt das bizarrste Argument der Klimawandelleugner: Klimawissenschaftler »sind nur auf die Fördergelder aus«, und sie hätten sich dazu verschworen, mit gefälschten Forschungsergebnissen Angst auszulösen, um so an mehr staatliche Förderung zu kommen. Die Behauptung ist offensichtlich absurd – zumindest für jeden, der die Gelegenheit hatte, Klimawissenschaftler und Ölmanager kennenzulernen und ihren Lebensstil zu vergleichen –, aber sie beruht auf einem tiefen Misstrauen gegenüber jedem, der für den Staat arbeitet. In den frühen Neunzigerjahren schrieben Wissenschaftler des Center for the Study of Public Choice an der George-Mason-Universität ein Buch mit dem Titel *The Economics of Smoking,* in dem sie behaupteten, die Motivation für Krebsforscher, »eine effektive Behandlung zu entdecken und zu entwickeln«, sei gering und »die Motivation, das Krebsrisiko aufzubauschen« hoch, weil durch eine Heilmethode »viele Krebsbürokraten ihre Arbeit verlieren würden«.[279] Ein weiterer Gefolgsmann Buchanans erklärte, »angesichts der Tatsache, dass es die Arbeitsplätze der Gesundheitsbeamten rechtfertigt, wenn sie vergiftete Kinder finden, ergibt das Interesse der Beamten an Bluttests bei Kleinkindern durchaus Sinn«.[280] Mit anderen Worten: Wer wäre bereit, sich um eine Bleivergiftung bei Kindern zu sorgen, wenn er nicht dafür bezahlt wird? (Wahrscheinlich nicht der Milliardär, der wichtiger Unterstützer der Kochs ist und dessen Unternehmen arsenhaltigen Mulch als »ideal für Spielplätze« vermarktete.)[281] Zu behaupten, dass sich Amtsärzte nur um Kinder kümmern, weil sie so mehr Geld verdienen, oder dass Klimaforscher bei ihrer Arbeit eine Gewinnabsicht verfolgen, ist derart zynisch, dass man es nur als Widerspiegelung des Lebens in der Milliardärsblase erklären kann. Wenn Gier das eigene Leben verzerrt, dann glaubt man, dass das bei allen anderen genauso sein muss.

Die Klimaerwärmung ist also das größtmögliche Problem für die Ölindustrie, weil Öl es verursacht, und sie ist das größtmögliche Problem für Regierungshasser, denn ohne staatliche Intervention lässt es sich nicht lösen. Diese doppelte existenzielle Bedrohung, für den Wohlstand und die Weltanschauung, führte dazu, dass es nie an Ressourcen für die Leugner des Klimawandels mangelte.

Es begann in den späten 1980er-Jahren mit von Exxon finanzierten Gruppen wie der Global Climate Coalition, und zu Beginn des neuen Jahrhunderts hatte sich ein riesiges Netz von Plutokraten und ihren Funktionären herausgebildet. Von den Kochs finanzierte Professoren an vierhundert Colleges in ganz Amerika waren damit beschäftigt, die neue Heilslehre zu verbreiten. »Nur Idioten würden zu dem Schluss kommen, dass der Einfluss der Menschheit auf das Klima mächtiger ist als die Kräfte der Natur«, erklärte einer von ihnen seinen Schützlingen in Maryland. In Colorado produzierte ein anderer den raffiniert betitelten Film *An Inconvenient Truth or Convenient Fiction?* (Eine unbequeme Wahrheit oder eine bequeme Fiktion?), in dem er selbst die Hauptrolle spielte. An der Universität von Kansas übernahm der ehemalige Chefökonom eines Unternehmens der Kochs das neue (von den Kochs finanzierte) Center for Applied Economics und machte sich daran, den »Renewable Portfolio Standard« des Landes rückgängig zu machen, der den Bau von zumindest ein paar wenigen Solar- und Windenergieanlagen vorschrieb.[282] Das Kansas-Netzwerk der Kochs flog außerdem einen Wissenschaftler ein, der von der Charles G. Koch Foundation 230 000 US-Dollar an Zuschüssen erhalten hatte und den Klimawandel leugnete (und der in einem Memo erklärt hatte, dass er daran arbeite, »Forderungen« für seine Kunden aus der Fossilenergiebranche zu generieren). Zu diesem »Wissenschaftler« gesellte sich ein Kollege vom Heartland Institute, der von Exxon finanzierten Gruppe, die jene Plakate aufstellen ließ, auf denen Klimawissenschaftler mit Charles Manson verglichen wurden. Jahr um Jahr hielten sie den Druck aufrecht, mit endloser Radiowerbung, die die (falsche) Vorstellung propagierte, Windkraft werde die Strompreise in Kansas in die Höhe treiben. Am Ende trugen sie den Sieg davon, und die verbindlichen Ziele für erneuerbare Energien wurden durch eine »Selbstverpflichtung« ersetzt.[283]

Derartige Aktionen fanden daraufhin in den Hauptstädten vieler weiterer US-Staaten statt. In Wisconsin verbot der Gouverneur und Koch-Jünger Scott Walker Mitarbeitern, die mit der Aufsicht über Land im Staatsbesitz betraut waren, sogar, den Klimawandel am Arbeitsplatz zu diskutieren.[284] In North Carolina stieg ein Billigwaren-Magnat namens Art Pope, Mitglied des Koch-Spendernetzwerks, zum mächtigsten Akteur in der Politik des Staates auf und spendete immense Summen für den Wahlkampf. Eines der ersten Ziele seiner Organisation bestand darin, Verpflichtungen des Staates zu einem kleinen Anteil an Wind- und Sonnenenergie rückgängig zu machen. Die Organisation unterstützte die von den Americans for Prosperity ins Leben gerufene »Hot Air Tour«, die prominente Klimawandelleugner in den Staat brachte. Schließlich verbot North Carolina den politischen Entscheidungsträgern des Staates, bei den Planungen für die Küstengebiete wissenschaftliche Schätzungen zum Anstieg des Meeresspiegels zu berücksichtigen.

Währenddessen machte das Netzwerk in Washington mindestens ebenso viel Druck. Der Kongressabgeordnete Mike Pompeo aus Kansas, der mehr Geld von den Kochs angenommen hatte als jedes andere Kongressmitglied (und gerade Außenminister ist), unterstützte kurz nach seiner Ankunft in Washington ein Gesetz, das Steuerfreibeträge für Windenergie abschaffte, mit der Begründung, sie solle »sich der Konkurrenz stellen«, was angesichts der riesigen Bundessubventionen für fossile Brennstoffe besonders wenig witzig ist. Andere Staatsvertreter, wie etwa Scott Pruitt, zu der Zeit Generalstaatsanwalt von Oklahoma, reichten eine Klage nach der anderen gegen die Umweltschutzbehörde ein – in einem Fall kopierte Pruitt einfach einen Brief von Devon Energy, einem der führenden Fracking-Unternehmen des Staates, auf sein amtliches Briefpapier und schickte ihn dann nach Washington.

Das Netzwerk der Kochs hatte schon lange vor der Amtsübernahme durch Donald Trump jede ernsthafte Maßnahme gegen den Klimawandel verhindert. Ich erinnere mich an ein Interview aus dem Jahr 2004 mit Senator John McCain, der damals in der Klimaerwärmung eine zentrale Herausforderung erkannt hatte. »Ich glaube, dass die Amerikaner und wir, die politischen Entscheidungsträger aus allen Regierungszweigen, besorgt sein sollten angesichts der immer zahlreicheren Hinweise darauf, dass etwas geschieht«, sagte er und berief Anhörungen zur Klimaforschung ein, die zu einem gemäßigten Gesetzesvorschlag führten. Das Gesetz fiel mit 55 zu 43 Stimmen durch, aber es schien ein Anfang zu sein. »Jetzt geht es darum, ob wir einen signifikanten Klimawandel mit all seinen Folgen erleben, oder ob wir frühzeitig etwas unternehmen werden«, sagte er zu mir. »Im Moment sieht es nicht so aus, als würden wir rechtzeitig handeln, bevor die Umwelt erheblich geschädigt wird. Aber ich hoffe, ich liege falsch damit.«[285] Er hatte selbstverständlich recht – und als ein von den Kochs unterstützter Herausforderer von der Tea Party gegen ihn antrat, fing McCain selbst an, gegen jene loszuschlagen, denen er zuvor zugestimmt hatte. Als US-Außenminister John Kerry den Klimawandel als »Massenvernichtungswaffe« bezeichnete, kommentierte McCain: »Auf welchem Planeten lebt er?«[286] Im Jahr 2014, als McCain diese höhnische Bemerkung machte, waren nur noch acht von 278 Republikanern im US-Kongress bereit, auch nur anzuerkennen, dass der vom Menschen verursachte Klimawandel real war, geschweige denn etwas dagegen zu unternehmen.

Die Offensive gegen erneuerbare Energien war besonders effektiv – wenn man bedenkt, wie schnell die Kosten für Solarmodule und Windkraft sanken. Bis zum Jahr 2017, als Länder auf der ganzen Welt den Bau von Windrädern und Solaranlagen vorantrieben, kam das Wachstum bei den Solaranlagen auf Dächern in den Vereinigten Staaten zum Stillstand, vor allem aufgrund einer »konzertierten und gut finanzierten Lobbyarbeit traditioneller Versorgungsunternehmen, die in den Hauptstädten aller US-Staaten daran arbeiteten, Förderungen zurückzufahren«, so die *New York Times.*[287] Die Energieversorger hatten den (von den Kochs finanzierten) American Legislative Exchange Council um Gesetzesentwürfe gebeten, und an einem Ort nach dem anderen zogen von den Kochs finanzierte Versorgungskommissionen bei den erneuerbaren Energien die Bremsen an.

In Arizona zum Beispiel sollte Solarstrom so einfach funktionieren wie an kaum einem anderen Ort auf dem Planeten – die Stadt Phoenix hat 299 Sonnentage im Jahr. Vor einigen Jahren stand ich an einem angenehm kühlen Märzmorgen mit Elon Musks Cousin Lyndon Rive, der damals CEO von Solar City war, dem größten Installateur von Dachsolaranlagen im Land, auf dem Dach eines Ranchhauses in Surprise, einem Vorort von Phoenix. Um uns herum installierten fünf Arbeiter Solarmodule nach einem Plan, den ein Mitarbeiter in Kalifornien entworfen hatte, nachdem er das Dach per Google Earth vermessen hatte. Die Installateure hatten sich an jenem Morgen um sieben Uhr an dem Haus getroffen, und um fünf Uhr nachmittags war die neue Solaranlage betriebsbereit. Die Hausbesitzerin zahlte im Voraus keinen Cent, und innerhalb des ersten Monats würde ihre Stromrechnung sinken – warum würde irgendjemand zu so etwas Nein sagen? »Das ist wie bei den E-Mails im Jahr 1991«, verglich Rive. »Wenn ich mich so umschaue, dann sehe ich keinen Grund, warum nicht jedes Haus hier in zehn Jahren eine Solaranlage haben könnte.« In jenem Jahr 2015 stellte Rives Unternehmen alle drei Minuten eine Solaranlage irgendwo in seinem achtzehn Staaten umfassenden Versorgungsgebiet fertig. »Das klingt beeindruckend, aber es sind bisher insgesamt nur 200 000 Häuser, von 40 Millionen. Mein Ziel ist es, alle drei Sekunden eine Solaranlage auf ein Haus zu bringen. Oder vielleicht schaffen wir es noch schneller – in jeder Sekunde eines«, sagte er und schnippte mit den Fingern. Er zog ein iPhone aus der Tasche, rief die Taschenrechner-App auf und tippte ein paar Zahlen ein. »Bei dieser Geschwindigkeit hätten wir in … 67 Jahren alle Häuser versorgt. Nein, das ist zu lange, ich muss einmal mehr teilen. In anderthalb Jahren.«

Solche Zahlen erschreckten die Versorgungsunternehmen und das Koch-Netzwerk, und so machten sie sich an die Arbeit. Ein Branchenverband warnte, den Versorgungsunternehmen drohe eine »Todesspirale«. Je mehr Kunden ihren eigenen Strom mit Solarmodulen auf dem Dach erzeugten, umso mehr würden die Einnahmen aus den Versorgungsleistungen sinken, und die verbleibenden Kunden müssten mehr für die Masten und Leitungen bezahlen, die das Netz am Leben erhalten, was den Anreiz für diese verbleibenden Kunden erhöhte, ihre Verträge zu kündigen. Statt nach Möglichkeiten zu suchen, wie man an diesem Wandel durch die Vermittlung von Energieeffizienz verdienen kann (wie einige kalifornische und New Yorker Energieversorger es taten), setzten die Energieversorger in Arizona ihre ganze politische Macht ein, um die Veränderungen zu blockieren. Der größte Versorger des Staates, der Arizona Public Service (APS), vergab große Wahlkampfspenden an sympathisierende Kandidaten für die Corporation Commission, die Regulierungsbehörde. Der APS bezahlte also und konnte so seine eigenen Chefs bestimmen. (Der APS unterstützte sogar den Wahlkampf eines Kandidaten für den Posten des Innenministers von Arizona, weil der Vater des Kandidaten eine entscheidende Stimme in der Corporation Commission war.) Die Regulierungsbehörde erlaubte daraufhin einigen Versorgungsunternehmen im Staat, eine hohe Gebühr von Kunden zu erheben, die Solarpaneele auf ihren Dächern anbringen wollten, was dazu führte, dass Solar City bald keine Aufträge mehr bekam. Die Firma musste Mitarbeiter entlassen und Vertriebszentren schließen.

Das passierte in Phoenix im Tal der Sonne – wo die Basketballmannschaft *Suns* heißt, wo die College-Basketball- und Fußballmannschaften als *Sun Devils* spielen –, ein Tal, das bald selbst in eine »Todesspirale« geraten wird, wenn wir den Klimawandel nicht unter Kontrolle bekommen. Wenn Ähnliches in zwanzig oder dreißig anderen Bundesstaaten geschah, wird klar, wie die Installation von Solaranlagen bereits zum Stillstand kam, bevor US-Präsident Trump Zölle auf Solaranlagen erhob. Man versteht außerdem, warum in der Solarindustrie in den Vereinigten Staaten im Jahr 2017 zum ersten Mal seit Beginn des großen Aufschwungs der Branche Arbeitsplätze abgebaut wurden.

Ähnliche Beispiele gibt es überall. Scott Pruitt, der pflichtbewusste Koch-Laufbursche, den Trump zu seinem ersten Chef der EPA ernannte, beerdigte Pläne, den Spritverbrauch von Autos zu senken, um die Elektroautos vom Markt zu drängen. Innenminister Ryan Zinke ließ von Mitarbeitern eines von Koch finanzierten Instituts den Text seiner Resolution aufsetzen, die es ermöglichte, Schutzgebiete zu verkleinern, um dort nach Öl oder Erdgas zu bohren. Im Energieministerium veröffentlichte Rick Perry (der einst der Anklageerhebung gegen ihn wegen zweier Straftaten fernblieb, um eine Koch-Veranstaltung zu besuchen) neue Analysen, nach denen die Vereinigten Staaten ihren CO_2-Fußabdruck nicht vor 2050 reduzieren würden, was bedeutet, dass Amerika »fast allein das CO_2-Budget des gesamten Planeten ausreizen« würde.[288] Die Schlüsselpositionen im Amt für erneuerbare Energien des US-Energieministeriums wurden mit Personen besetzt, die direkt an »den zahlreichen Aktionen der Koch-Brüder gegen saubere Energien« beteiligt waren. Der neue Leiter des Office of Energy Efficiency and Renewable Energy (Amt für Energieeffizienz und erneuerbare Energien) zum Beispiel hatte Erfahrung für seinen Posten gesammelt, indem er die Amerikaner dazu aufrief, Glühbirnen von Amazon zu hamstern, mit der Begründung, eine übergriffige Regierung werde als Nächstes Baseballspiele bei Dunkelheit verbieten, um Strom für die Beleuchtung zu sparen.[289] Wenn man denkbar schlecht auf den Klimawandel reagieren wollte, dann müsste man es genau so machen.

Der schlechteste Plan würde außerdem beinhalten, dass auch Maßnahmen in jedem anderen Land behindert werden. Und das hat das Netzwerk der Regierungshasser im Jahr 2017 erreicht, als Präsident Trump die Vereinigten Staaten aus dem Pariser Klimaabkommen zurückzog. Dieser Moment war so beschämend wie kein anderer in der jüngeren US-Geschichte: Das Land, das mehr

Kohlendioxid produziert als jedes andere, verkündet, dass es jetzt als einziges Land der Welt nicht mehr bereit ist, sich auch nur auf einen bescheidenen Beitrag zu internationalen Bemühungen zur Lösung des Klimawandels festzulegen. Wie die *Washington Post* in einem ausführlichen Sonderbericht erklärte, musste eben diese eng vernetzte Gruppe von regierungsfeindlichen Fanatikern aus der Fossilenergiebranche, die ich bereits erwähnt habe, zwanzig Jahre lang einen Kreuzzug führen, um das zu erreichen. Der Vorsitzende der Cooler Heads Coalition, der Ökonom Myron Ebell, der den Präsidenten bei der Paris-Aufkündigung unterstützte, arbeitete im Competitive Enterprise Institute (CEI), der Einrichtung, in der ein Mitarbeiter einmal erklärt hatte, man solle den Klimawandel lieber »ignorieren«, statt der Regierung die Befugnis zu geben, etwas dagegen zu unternehmen. Ebell hatte vorher bei einer Gruppe namens Frontiers of Freedom gearbeitet, wo er an einer »komplexen Beeinflussungsaktion« zugunsten der Tabakindustrie beteiligt war. Philip Morris USA war ein früher Geldgeber der Cooler Heads Coalition, zusammen mit anderen Unternehmen wie Chevron. Zu ihnen gesellten sich das Heartland Institute und die Americans for Prosperity. (Exxon unterstützte die Bemühungen über Zuschüsse an das CEI.) Sie schufteten jahrelang, von Kyoto über Kopenhagen bis Paris, und sie gaben den Kampf nie auf. Nach Trumps Wahl setzten sie ein Schreiben auf, in dem sie ihn an sein Wahlversprechen erinnerten, die Vereinigten Staaten, trotz der Bedenken seiner meisten Berater, aus dem Pariser Klimaabkommen zurückzuziehen: »Mr. President, hören Sie nicht auf den Sumpf. Lösen Sie Ihr Versprechen ein.« Und das tat er auch.

Das Pariser Abkommen war ohnehin im Wesentlichen freiwillig gewesen – der Rest der Welt hatte auf die Aushandlung eines echten Vertrags verzichtet, weil bei den Kyoto-Gesprächen in den Neunzigerjahren klar geworden war, dass der Einfluss der Fossilenergiebranche in den USA verhindern würde, dass der US-Senat einen solchen Vertrag je mit der notwendigen Zweidrittelmehrheit ratifizieren würde. Daher wussten internationale Diplomaten, dass sie in Paris bestenfalls auf Zusicherungen hoffen konnten, und selbst die waren bei Weitem nicht rigoros genug, um die von ihnen festgelegten Ziele zu erreichen und den Temperaturanstieg auf der Erde unter 2 Grad Celsius zu halten. Paris gab ihnen nur die Hoffnung, dass allein dadurch, dass erste Schritte unternommen wurden, eine Aufwärtsspirale in Gang gesetzt würde: Wenn Länder sahen, dass erneuerbare Energien billig und effektiv waren, würden sie ihre Selbstverpflichtungen ausweiten. Aber Trumps Rückzug bremste diese Entwicklung erheblich ab.

Irgendwann werden wir in einer Welt leben, die von Solar- und Windkraft angetrieben wird. Kostenlose Energie lässt sich nur schwer unterbieten, und in fünfundsiebzig Jahren werden wir sie nutzen – aber wenn wir auf dem Weg dahin trödeln, werden Wind und Sonne einen schwer beschädigten Planeten mit Energie versorgen. Diese Männer befanden sich zufällig an einer Position, an der sie ihre Macht nutzen konnten, um uns auszubremsen, genau in dem Moment, in dem wir hätten beschleunigen müssen, in dem ein weiterer Schub an Kohlendioxid den Planeten zerstören konnte. Auf diese Weise haben diese Leute dauerhaft Macht erlangt. Jahrtausende nachdem sie ihre ideologischen Kämpfe verloren haben, wird der Meeresspiegel immer noch steigen. Sie haben ihre Namen in die geologische Geschichte eingemeißelt, ein hässliches Graffito, das zukünftige Wissenschaftler in Millionen Jahren entschlüsseln werden (vorausgesetzt, es gibt dann noch Wissenschaftler). Dieselben Leute haben auch Obamacare zerstört, was eine Tragödie ist – denn es bedeutet, dass viele Menschen unnötig leiden und sterben werden. Aber wenn sich die US-amerikanische Politik irgendwann ihrem Griff entzieht, wird es immer noch möglich sein, ein Gesundheitssystem zu installieren, wie es in vielen anderen Ländern der Welt existiert. Beim Klimawandel ist das anders. Wenn die Arktis einmal weggeschmolzen ist, kann man sie nicht wieder einfrieren, zumindest nicht in menschlich fassbarer Zeit. Die Politik eines einzigen Landes in einem Zeitraum von fünfzig Jahren wird die geologische Geschichte der Erde neu geschrieben und das Spiel der Menschheit erschüttert haben. So sieht Wirkmacht aus.

12

Auf dieser Erde gibt es noch einen Ort, der über genügend Einfluss verfügt, um die Spielregeln zu ändern. Und auch wenn er nur einen kurzen Drohnenflug von Palm Springs entfernt liegt, wo die Kochs jedes Jahr ihre Kumpane zusammenrufen, ist er eine völlig andere Welt.

Die Tech-Milliardäre im Silicon Valley sind völlig anders als die fossilen Energie-Moguln und die anderen Magnaten, die Trumps Aufstieg zur Macht bejubelten. Sie sind meist jugendliche Progressivisten, keine alternden Neandertaler. Man trifft sie nicht auf dem Golfplatz an, sondern beim Kitesurfen. Obwohl sie heute eher mit Foilboards herumfahren. »Das ist wie Fliegen«, beschrieb Ariel Poler, ein Start-up-Investor, es einem Reporter – er stand neben den Flügeltüren seines Tesla und zog Schutzweste und Helm an, bevor er Richtung Ozean marschierte. »Das Board berührt das Wasser nicht. Es ist wie der Flügel eines Flugzeugs.«[290]

Diese Tech-Meister würden sich totlachen bei der Vorstellung, jemand könne versuchen, eine Technologie des 18. Jahrhunderts wie Kohle wiederzubeleben. Für sie dreht sich alles um die Zukunft: Tesla installierte die weltweit größte Dachsolaranlage auf seiner Gigafactory, in der mehr Lithium-Ionen-Batterien produziert werden als in jeder anderen Anlage weltweit. Google ließ auf der riesigen Solaranlage in der Mojave-Wüste Spiegel in Form seines Firmenlogos aufstellen und kündigte am selben Tag an, das Unternehmen werde jedes einzelne Watt für sein globales Geschäft mit erneuerbaren Energien erzeugen; Google ist der weltweit größte Industrieabnehmer von Ökostrom.[291]

Aber es gibt einen Menschen, der die kulturelle Kluft zwischen diesen unterschiedlichen Arten von Plutokraten überbrückt. *Vanity Fair* erklärte im Jahr 2016, Ayn Rand sei »die vielleicht einflussreichste Person in der IT-Branche«. Steve Wozniak (Mitbegründer von Apple) sagte, für Steve Jobs (Apple-Gottheit) sei *Atlas wirft die Welt ab* ein Leitfaden fürs Leben gewesen.[292] Elon Musk (ebenfalls eine Gottheit, die direkt einem Rand-Roman entsprungen sein könnte, mit seinen Raketen und Hyperloops und irren Autos) sagt, Rand »hat eine ziemlich extreme Sichtweise, aber auch einige gute Argumente«.[293] Das ist noch das schwächste Kompliment. Travis Kalanick, der Uber gründete, hatte das Cover von *Der ewige Quell* als Profilbild bei Twitter. Peter Thiel, Mitbegründer von PayPal und einer der ersten Investoren von Facebook, arbeitete einst an der Entwicklung einer schwimmenden Stadt, die ein politisch autonomer Stadtstaat werden sollte, in dem keine andere nationale Regierung etwas zu sagen hatte.[294]

Einige regierungsfeindliche Ansichten im Silicon Valley sind alt, oder zumindest so alt, wie etwas im Silicon Valley überhaupt sein kann. Bereits im Jahr 2001 – vor dem iPhone und Facebook, als man nur seine E-Mails checkte – veröffentlichte die Autorin Paulina Borsook ihr Buch *Schöne neue Cyberwelt,* das sie als »verspielt-kritische Betrachtung der schrecklich libertären Hightech-Kultur« beschrieb. Schon damals, so Borsook, sei es nicht verwunderlich gewesen, in der Lokalzeitung – das war kurz bevor Craigslist die Lokalzeitungen fast ausrottete – eine Kontaktanzeige mit folgendem

Text zu lesen: »Ayn-Rand-Verehrer sucht freiheitlich gesinnte Sie für tolle Gespräche und Romanze. Ich bin ein brillanter und attraktiver Hightech-Unternehmer.« Jede Branche hat ihre Besonderheiten, und im Hightech-Universum war das der Hass auf Regulierungen, eine Philosophie, die sich »überall in der Welt des Hightech« zeigte, »von der verbreiteten Rebellen- und Außenseiterattitüde … bis zu dem beschämenden Mangel an sozialem Engagement«.[295] Misstrauen gegen die Regierung sei »das Hightech-Äquivalent zum jüdisch-christlichen Erbe der westlichen Welt. Wenn man im Westen lebt, wird man von diesem jüdisch-christlichen Erbe geprägt, unabhängig davon, wie man erzogen wurde«, und ebenso durchströme die randianische Hybris Cupertino und Menlo Park.[296] Borsook führte das auf viele Ursachen zurück: zum einen die Verärgerung über die unbedarften frühen Versuche der Regierung, die Hightech-Branche zu regulieren, indem sie beispielsweise starke kryptografische Sicherungsmaßnahmen verbot. Und dann war da noch die simple Tatsache, dass Programmierer zwangsläufig in einem logischen, regelbasierten Universum leben, das einen »in einen Zustand ständiger Verzweiflung, die an Hass grenzt, versetzen kann, eine Verzweiflung darüber, wie verkorkst und unvollkommen die Menschen und ihre Gesellschaften sind«.[297] Das ist alles ein wenig lächerlich, denn staatliche Investitionen brachten das Internet überhaupt erst zum Laufen, aber es ist unbestreitbar, dass jemand, der zum ersten Mal hinter eine Tastatur gesetzt wird, eine gewisse Autonomie verspürt: Man kann überall hingehen, wo man hin will. Man fühlt sich *frei*.

Auf jeden Fall sind die Anführer dieser Gemeinschaft sehr eingenommen von der Vorstellung, dass man sie, ohne Einmischung, einfach ihr Ding machen lassen sollte: Werte schaffen, Apps entwickeln, die Welt verändern. Das entscheidende Rand-Zitat dreht sich für sie nicht um die Unmoral der Gemeinschaft – bei den meisten neuen Technologien steht der Aufbau von Gemeinschaft ja theoretisch im Zentrum – und auch nicht um das Schrecknis namens Steuern. Nein, es findet sich am Anfang des Romans *Der ewige Quell.* In dieser Szene erklärt Howard Roark seinen Architekturprofessoren, dass er Gebäude so entwerfen wird, wie er es will. Der Dekan der Fakultät wirft ihm vor, seine Arbeit »schlägt jedem Lehrsatz ins Gesicht, den wir Ihnen beizubringen versuchten, widerspricht allen wohlbegründeten Erfahrungen und Überlieferungen der Kunst«, und fragt dann: »Wollen Sie damit sagen, dass Sie ernstlich daran denken, *so* zu bauen, wenn Sie Architekt sind. *Wenn* …«

»Ja.«

»Lieber Freund, wer wird Ihnen das erlauben?«

»Das ist nicht der springende Punkt. Der springende Punkt ist: Wer wird mich daran hindern?«[298]

DRITTER TEIL

Was auf dem Spiel steht

13

Ein Bekannter von mir namens Ray fragte mich bei einem Treffen, was ich den Tag über so gemacht hatte. Ich antwortete ihm, ich sei langlaufen gewesen.

»Langlaufen ist okay«, sagte er. »Aber Abfahrtski mag ich nicht. Ich mag es auch nicht, am Rand einer Klippe zu stehen. Ich fahre nicht mehr auf Straßen, die an Berghängen entlang führen. Ich vermeide das, weil wir noch keine Back-ups für die erste Version unserer biologischen Körper haben.«

Ich fragte ihn, ob es ihm gut gehe.

»Bisher ganz gut«, antwortete er. »Ich habe meinen Therapieplan noch einmal etwas angepasst. Ich habe ihn jetzt auf nur noch hundert Pillen am Tag heruntergefahren. Früher waren es mehr.«

»Hundert Pillen?«

»Metformin ist ein gutes Beispiel. Anscheinend tötet das Medikament Krebszellen ab, wenn sie versuchen, sich zu vermehren. … Offiziell ist es ein Diabetesmittel. Ich behaupte ja schon seit fünfundzwanzig Jahren, dass es ein CR-Mimetikum ist.«

»Aha«, sagte ich.

»Die Menschen, die es einnehmen, haben nur deswegen überhaupt noch Krebszellen in sich, weil sie es nicht richtig machen.

Sie nehmen eine große Dosis am Morgen, müssten aber alle vier Stunden eine 500-Milligramm-Tablette mit verlängerter Freisetzung einnehmen. Das übersteigt die offiziell erlaubte Maximaldosis.«

Dieser Ray, der mit vollem Namen Ray Kurzweil heißt, ist der Leiter der technischen Abteilung bei Google, dem wohl wichtigsten Unternehmen der Welt. Er leitet ein Team, das mit der Entwicklung von künstlicher Intelligenz betraut ist. Und er ist im täglichen Leben so vorsichtig, weil er fest daran glaubt, dass er nie sterben wird, wenn er bis etwa zum Jahr 2030 überleben kann. Er glaubt, dass wir uns technologisch so rasant weiterentwickeln, dass die Technologie alles in unserem Leben verändern wird. Noch mal zur Erinnerung: Er ist nicht irgendein Spinner – oder, falls er ein Spinner ist, dann ist er einer, der die technischen Entwicklungen für das Unternehmen mit der höchsten Börsenbewertung aller Zeiten leitet.

»Im Jahr 1955, als ich sieben Jahre alt war, erzählte mir mein Großvater von einer Reise nach Europa«, sagte Kurzweil eines Tages zu mir.[299] »Man erlaubte ihm, die Notizbücher von Leonardo da Vinci anzufassen. Er beschrieb diese Erfahrung mit ehrfürchtigen Worten. Diese Dokumente waren nicht von Gott geschrieben worden, sondern von einem Menschen. Das war die Religion, mit der ich aufgewachsen bin: die Macht menschlicher Ideen, die Welt zu verändern. Und die Vorstellung, dass auch ich, Ray, eine solche Idee haben könnte. An diesen Grundsatz glaube ich bis heute. Ob bei Beziehungsschwierigkeiten oder den großen gesellschaftlichen und politischen Fragen, es wird sich immer eine Idee finden, die uns weiterträgt.«

Von allen Ideen Kurzweils ist die Beschleunigung seine fundamentalste, »eine Grundlage für meinen Futurismus«, sagt er. Im Wesentlichen besagt die Theorie, dass unsere Maschinen immer schneller immer intelligenter werden. »Die Anzahl der Berechnungen pro Sekunde, pro Basisdollar, hat seit der Volkszählung von 1890 konstant zugenommen«, sagt er. Dabei handelte es sich um eine exponenzielle Zunahme, keine lineare. Seine Kritiker, so Kurzweil, »versuchen das mit ihrem linearen Gehirn zu erfassen. Wie damals, als das Genom sequenziert wurde. Die Leute prophezeiten, das würde siebenhundert Jahre dauern. Aber als nach sieben Jahren ein Prozent sequenziert war, war die Aufgabe fast geschafft; dann war man nur noch sieben Verdoppelungen von 100 Prozent entfernt. Unsere Fähigkeit, diese Gene zu sequenzieren, zu verstehen und umzuprogrammieren, nimmt also auch exponenziell zu. Das ist Biotechnologie. Wir machen bereits große Fortschritte in Bereichen wie der Immuntherapie. Wir können das System eines Menschen so umprogrammieren, dass es Krebszellen als Krankheitserreger erkennt und bekämpft. *Jetzt ist es noch ein Rinnsal, aber in den nächsten zehn Jahren wird es zu einer Flut anschwellen.*«

Kurzweil sagt, seine Maxime gelte nicht nur für Biotechnologie. Die Grundidee (dass sich die Leistung eines Computers immer wieder verdoppelt) ist maßgeblich für eine Vielzahl von Bereichen, die alle Anzeichen dafür aufweisen, dass sie kurz vor einem steilen Anstieg der Wachstumskurve stehen. Für Kurzweil ähnelt das den Geschehnissen vor zwei Millionen Jahren, als das menschliche Gehirn ein großes Zellbündel hinzugewann, das heute als Neokortex bezeichnet wird. »Es ermöglichte uns, Sprache, Kunst, Musik, Werkzeuge, Technologie und Wissenschaft zu erfinden. Keine andere Spezies hat so etwas«, sagt Kurzweil. Aber dieser große Sprung nach vorne hatte natürliche Grenzen: Wenn sich unser Gehirn weiter ausgedehnt und Neo-Neokortexe hinzugefügt hätte, wären unsere Schädel zu groß für den Geburtskanal geworden. Das ist dieses Mal kein Problem, weil das große neue

Gehirn extern ist: »Ich glaube, dass es wieder geschehen wird, und zwar noch vor dem Jahr 2030. Wir werden einen künstlichen Neokortex in der Cloud haben. Wir werden unsere Gehirne mit der Cloud verbinden, so wie heute unsere Smartphones verbunden sind. Wir werden lustiger und klüger und können uns effektiver ausdrücken. Wir werden Ausdrucksformen entwickeln, die wir uns heute nicht einmal vorstellen können, so wie die anderen Primaten Musik nicht wirklich verstehen können.«

Das sagt der technische Leiter von Google, und er spricht nicht nur für sich selbst. Sein Chef, Sergey Brin, stimmt ihm ganz klar zu: »Wir können davon ausgehen, dass wir eines Tages in der Lage sein werden, Maschinen zu bauen, die Dinge besser verstehen und tun und besser denken können als wir.«[300] In bemerkenswertem Umfang haben wir das bereits getan. Im Jahr 2016 wurde der weltbeste Go-Spieler von einem Computerprogramm geschlagen, das ein Jahr später alle sechzig Top-Spieler der Welt besiegte, obwohl Go als viel schwieriger, nuancierter, *menschlicher* gilt als Schach. Im Jahr 2017 brachte ein KI-Programm den weltbesten Spielern beim Pokern eine vernichtende Niederlage bei, das heißt, das Programm wusste, wie man blufft. Wenn man ein KI-Programm mit ausreichend vielen Beispielen füttert, kann es heute fast alles lernen: Der DeepFace-Algorithmus von Facebook erkennt in 97 Prozent der Fälle menschliche Gesichter auf Fotos, »auch wenn die Gesichter teilweise verdeckt oder schlecht beleuchtet sind«, was dem entspricht, was Menschen schaffen.[301] (Microsoft rühmt sich damit, dass seine Software auf Bildern zuverlässig die beiden Welsh-Corgi-Varianten unterscheiden kann.)[302] Ein KI-Bot lernte zwei Wochen lang ein Videospiel namens *Defense of the Ancients* und besiegte dann die besten Spieler der Welt. »Es fühlt sich ein wenig wie ein Mensch an, aber ein bisschen wie etwas anderes«, sagte ein Spieler, der besiegt wurde.[303]

Sicher, das ist alles ein wenig trivial – schließlich geht es nur um Spiele. Das bisher greifbarste Produkt von Kurzweils Team bei Google ist Smart Reply, die für den englischsprachigen Raum vorgeschlagenen Antwortmöglichkeiten am unteren Rand des Gmail-Fensters (»Das klingt toll.« – »Ich kann da leider nicht.« – »Ich schau mal nach!«). Aber Kurzweils Absicht besteht nicht wirklich darin, Nutzern die Beantwortung ihrer E-Mails zu erleichtern; er will noch mehr Daten sammeln, aus denen die Cloud weiter lernen kann. Die Zeitschrift *Wired* berichtete im Jahr 2017, das sei »nur der erste sichtbare Teil des Hauptprojekts dieser Arbeitsgruppe: ein System, um die Bedeutung von Sprache zu verstehen. Unter dem Codenamen ›Kona‹ zielen die Bemühungen auf nichts Geringeres ab als die Entwicklung von Software, die so sprachgewandt ist wie ein Mensch.«[304] Das klingt unrealistisch? Auf jeden Fall wird es nicht an mangelnder Rechenleistung scheitern. Kurzweil hat geschätzt, dass bis 2020 ein 1 000-Dollar-PC die Rechenleistung eines menschlichen Gehirns haben wird: 20 Millionen Milliarden Berechnungen pro Sekunde. Ab 2029 wird ein 1 000-Dollar-PC voraussichtlich tausendmal leistungsfähiger sein als das menschliche Gehirn, zumindest nach diesen groben Maßstäben. Ab 2055 wird »ein 1 000-Dollar-PC über eine Rechenleistung verfügen, die derjenigen sämtlicher Menschen auf der Erde gleichkommt«, sagt Kurzweil.[305] Bis 2099, falls wir es je so weit schaffen, »wird das Äquivalent der milliardenfachen Rechenleistung aller menschlichen Gehirne, die heute auf der Erde existieren, einen Cent kosten.«

Ob das eine gute oder eine schlechte Sache ist, sei einmal dahingestellt. Gehen wir zunächst einfach davon aus, dass es eine große Sache ist, die ungeahnte Auswirkungen nach sich ziehen kann. Die ungehinderte und immer weiter zunehmende Verbrennung fossiler Ressourcen hat die Natur grundlegend verändert, da ist es durchaus denkbar, dass die ungehinderte und immer weiter zunehmende technologische Macht, die im Silicon Valley und seinen globalen Außenposten zu beobachten ist, ausreichen kann, um die menschliche Natur grundlegend auf die Probe zu stellen. Die Folgen von Kohle, Öl und Gas zeigten sich erst nach zwei Jahrhunderten, obwohl auch das ein Beispiel für eine sich beschleunigende Entwicklung ist – die Hälfte der Emissionen, und vor allem jene, durch die wir offenbar verschiedene physikalische Schwellenwerte überschritten haben, wurden in den letzten drei Jahrzehnten ausgestoßen. Mit künstlicher Intelligenz wird es wahrscheinlich schneller gehen, zumindest nehmen die Forscher in diesem Fachbereich das an.

Was der Autor Tim Urban Artificial Narrow Intelligence (ANI) nennt und manchmal als »schwache KI« bezeichnet wird, haben wir bereits erreicht. »Es gibt eine KI, die einen Schachweltmeister im Schach schlagen kann, aber das ist auch das Einzige, was sie tut. Wenn man diese KI auffordert, eine bessere Möglichkeit für die Datenspeicherung auf einer Festplatte zu finden, wird sie ratlos dastehen«, sagt Urban.[306] Diese schwache KI gibt es bereits überall um uns herum. Dank einer solchen KI weiß Amazon, was Sie als Nächstes kaufen wollen, und dank einer solchen KI reagiert Siri auf Ihre Anfragen, und sie ist der Grund, warum Ihr neues Auto weiß, dass es langsamer fahren muss, wenn ein anderes Auto vor Ihnen fährt. Wenn irgendwann ein vollständig selbstfahrendes Auto in Ihrer Garage steht, dann wird sich darin eine schwache KI befinden, die auf die Spitze getrieben wurde: Tausende von Sensoren, die eine bestimmte Aufgabe besser erfüllen sollen, als es ein Mensch tun kann. So kann man in der Stammkneipe so viel Bier trinken, wie man will, und das selbstfahrende Auto bringt einen nach Hause – und vielleicht kann es sogar noch eine besondere Biersorte empfehlen. Aber es wird nicht in der Lage sein, mit dem Fahrer darüber zu diskutieren, ob das eine besonders sinnvolle Lebensweise ist.

Der nächste Schritt ist die Artificial General Intelligence (AGI) oder »starke KI«. Ein solcher Computer ist »aufgabenübergreifend so intelligent wie ein Mensch, eine Maschine, die jede intellektuelle Aufgabe ausführen kann, die ein Mensch erfüllen kann«, beschreibt Urban. Eine solche Intelligenz würde »die Fähigkeit erfordern, zu denken, zu planen, Probleme zu lösen, abstrakt zu denken, komplexe Ideen zu verstehen, schnell zu lernen und aus Erfahrungen zu lernen«.[307] Vor fünf Jahren fragten zwei Forscher Hunderte von KI-Experten auf mehreren Konferenzen, wann wir diesen Meilenstein erreichen würden – genauer gesagt, baten sie die Experten, ein »median optimistisches Jahr« zu nennen, für das sie mit einer zehnprozentigen Chance rechneten, dass wir diesen Punkt erreichen würden; ein median realistisches Jahr mit einer Chance von 50 Prozent; und ein »pessimistisches« Jahr, in dem es voraussichtlich eine Chance von 90 Prozent gab. Das optimistische Jahr: 2022. Das realistische Jahr (das Jahr, in dem sie dachten, dass es eine 50-prozentige Wahrscheinlichkeit gibt): 2040. Das pessimistische Jahr: 2075. Das bedeutet, die Fachleute waren überzeugt, dass es mit 90-prozentiger Wahrscheinlichkeit eine starke künstliche Intelligenz geben wird, wenn ein Kind, das dieses Jahr geboren wird, im mittleren Alter ist (nach unseren derzeitigen Maßstäben – mehr dazu später). Bei einer ähnlichen Umfrage, die kürzlich durchgeführt wurde, wurden Experten befragt, wann sie mit einer starken KI rechneten. 42 Prozent sagten 2030 oder früher, nur 2 Prozent sagten »nie«.[308] Ein Professor von der Carnegie-Mellon-Universität sagte: »Vor fünfundzwanzig Jahren gab es noch klaffende Lücken, die sehe ich heute nicht mehr. Wir verfügen über alle Komponenten, wir haben nur noch keine gute Architektur, um sie zusammenzufügen.«[309]

Was geschieht dann? Was wird geschehen, wenn ein Computer so intelligent ist wie ein Mensch? Einige KI-Experten gehen davon aus, dass die KI dann einfach weitermacht. Wenn sie darauf programmiert ist, ihre Intelligenz weiter zu steigern, dann braucht sie vielleicht eine Stunde, um vom Erkenntnisstand eines durchschnittlichen Vierjährigen zur »großen Theorie der Physik zu gelangen, die die allgemeine Relativitätstheorie und die Quantenmechanik vereint und die noch kein Mensch endgültig aufstellen konnte«, so Urban. »Neunzig Minuten danach ist die KI zu einer künstlichen Superintelligenz geworden, die 170 000-mal intelligenter ist als ein Mensch.« Das ist für uns ebenso schwer vorstellbar, so Urban, wie der Gedanke, »dass eine Hummel die keynesianische Wirtschaftstheorie verstehen könnte. In unserer Welt gilt jemand mit einem IQ von 130 als intelligent und jemand mit einem IQ von 85 als dumm – für einen IQ von 12 952 haben wir kein Wort.«[310] Wie eine solche Entwicklung, oder auch nur etwas Ähnliches, das Spiel der Menschheit verändern könnte, liegt auf der Hand. Das würde zu einer völlig neuen Dimension von Wirkmacht führen.

Aber bevor wir uns damit beschäftigen, wie wahrscheinlich das alles ist und ob es überhaupt eine gute Idee ist, möchte ich noch ein konkretes Beispiel aus der Praxis dieser schnell wachsenden neuen Mächte heranziehen. Es wird Ihnen einen besseren Eindruck davon vermitteln, wie weit wir gehen und trotzdem wir selbst bleiben können.

14

Im Jahr 1953 entdeckten Francis Crick und James Watson die Doppelhelix-Form der DNA, was eine bemerkenswerte Leistung war, aber sie veränderte die Welt nicht über Nacht. Hier einige Highlights aus der Fortschrittsgeschichte der genetischen Forschung seit damals:

1974: Das erste genetisch modifizierte Tier wird erzeugt (eine Maus).

1996: Ein paar Schotten klonen ein Schaf und nennen es Dolly.

1999: Der Künstler Eduardo Kac schleust Quallen-DNA in ein Kaninchen ein, sodass das Tier daraufhin unter Schwarzlicht grün leuchtet. »Dies ist ein neues Zeitalter und wir brauchen eine neue Kunst«, erklärt er. »Weiterhin so zu malen wie in den Steinzeithöhlen ergibt keinen Sinn mehr.«

Ebenfalls 1999: Wissenschaftler in Princeton, am MIT und an der Universität Washington finden heraus, wie sie das Gedächtnis einer Maus verbessern können, wenn sie ein einziges Gen verändern – diese »Doogie-Mäuse«, die nach einer frühreifen Fernsehfigur benannt sind, die inzwischen in Vergessenheit geraten ist, fanden eine versteckte Plattform unter Wasser schneller als nicht verbesserte Mäuse.

2009: Asiatische Wissenschaftler erzeugen eine noch klügere Maus, die sie nach einer chinesischen Cartoonfigur Hobbie-J taufen.

»Wenn diese Mäuse vor der Wahl stehen, die rechte oder die linke Abzweigung zu nehmen, um eine Schokoladenbelohnung zu erhalten, konnten Hobbie-J-Mäuse sich viel länger an den richtigen Weg erinnern als normale Mäuse, doch nach fünf Minuten hatten auch sie die Lösung vergessen. ›Wir werden niemals Mathematiker aus ihnen machen. Sie sind schließlich Mäuse‹, meint Tsien.«[311]

Natürlich wurde an mehreren Organismen gleichzeitig genetisch geforscht, und bei manchen gab es schnellere Fortschritte. Monsanto fand heraus, wie man viele Nutzpflanzen resistent gegen Herbizide machen kann, was den Landwirten erlaubte, mehr Herbizide zu versprühen, was wiederum die Gewinnbilanz erheblich verbessert hat (die von Monsanto, nicht die der Bauern). Aber was den menschlichen Organismus betraf, hatte die genetische Revolution nur wenige Erfolge vorzuweisen; die Arbeit ging langsam voran, weil die Werkzeuge fehlten. Michael West, CEO von Advanced Cell Technology, sagte: »Die Biologen träumen davon, über die DNA-Sequenz, den Programmcode des Lebens, zu verfügen und so bearbeiten zu können wie ein Dokument auf einem Textverarbeitungssystem.«[312] Wie man an seiner Verwendung des archaischen Begriffs »Textverarbeitungssystem« erkennen kann, sagte er das vor einiger Zeit – im Jahr 2000, um genau zu sein.

Aber dann kam CRISPR. Zuerst bemerkten japanische Wissenschaftler etwas Merkwürdiges an einigen Bakterien, die sie erforschten: sich regelmäßig wiederholende DNA-Sequenzen, mit »unbekannter biologischer Bedeutung«. Sie nannten sie »Clustered

Regularly Interspaced Short Palindromic Repeats« (»gehäuft auftretende, regelmäßig unterbrochene, kurze Palindrom-Wiederholungen«), oder CRISPR, die, wie sich herausstellte, Bestandteil des Immunsystems der Bakterien waren. »Wenn die Enzyme eines Bakteriums einen eindringenden Virus abtöten, sammeln danach andere kleine Enzyme die Überreste des genetischen Codes des Virus ein, schneiden ihn in kleine Stücke und lagern ihn dann in diese CRISPR-Bereiche ein.« Danach gleichen die Bakterien die RNA jedes neuen Virus mit den gespeicherten genetischen Informationen wie mit einem Verbrecherfoto ab, um zu erkennen, ob auch dieses Virus zerkleinert und eingelagert werden muss.[313] Vor wenigen Jahren fanden einige Wissenschaftler heraus, dass das Talent dieses Enzyms, Cas9 genannt, sinnvoll genutzt werden kann. Wenn man es mit künstlicher RNA füttert – einem gefälschten Verbrecherfoto quasi –, dann sucht es nach eben diesem Code und fängt an zu schneiden.

Welcher Wissenschaftler das genau herausgefunden hat und wann, ist umstritten, der Streitgegenstand hat einen Wert von mehreren Milliarden Dollar. Im Jahr 2012 veröffentlichten Jennifer Doudna aus Berkeley und die schwedische Forscherin Emmanuelle Charpentier eine Fachabhandlung, in der sie zeigten, dass sie mit dieser Technik jedes Genom an jedem gewünschten Ort zerschneiden konnten. Ein Jahr später bewies Feng Zhang am Bostoner Broad Institute, dass das auch mit Menschen- und Mäusezellen funktioniert; und George Church aus Harvard entwickelte eine etwas andere Methode, die an menschlichen Zellen anwendbar war. Unstrittig ist, dass CRISPR den Genforschern etwas bietet, das dem »Textverarbeitungssystem« ähnelt, auf das sie immer gehofft hatten. »Die Genom-Editierung, die bisher mühsam und teuer war, ist jetzt einfach und günstig«, berichtete *Vox* im Dezember 2017. »Früher hätte es Tausende von Dollar und Wochen oder

Monate gekostet, um ein Gen zu verändern. Jetzt kostet es nur noch 75 Dollar und dauert ein paar Stunden. Und diese Technik hat bisher bei jedem Organismus funktioniert, an dem sie ausprobiert wurde.«[314] Doudna schrieb, heute »lässt sich der gesamte DNA-Gehalt eines Organismus mit allen seinen Genen nahezu ebenso leicht abändern wie ein einfacher Text ... Praktisch über Nacht stehen wir an der Schwelle eines neuen Zeitalters von Gentechnik und biologischer Herrschaft.«[315]

Doudna beschreibt in ihrem Buch *Eingriff in die Evolution,* wie Biologen im ersten Machtrausch einen genetisch verbesserten Beagle »mit supermuskulösem Körperbau à la Schwarzenegger erzeugten«, indem »sie in einem Gen, das die Muskelbildung steuert, nur einen einzigen DNA-Buchstaben« austauschten. In einem anderen Fall deaktivierten Wissenschaftler »im Genom von Schweinen ein Gen, das auf das Wachstumshormon anspricht, und konnten so Mikroschweine herstellen, die nicht größer sind als große Katzen, sodass man sie als Haustiere verkaufen kann«.[316] Es funktioniert noch nicht perfekt – die Aktienkurse einiger Genetikunternehmen sind im Sommer 2018 stark gefallen, nachdem Forscher herausgefunden hatten, dass manche »menschliche Zellen sich der Genom-Editierung widersetzen, indem sie Verteidigungsmechanismen gegen Krebs einschalten, die Vermehrung einstellen und manchmal sogar sterben«[317] –, aber Experten bezeichneten diesen Rückschlag als kleinen Hubbel auf dem Weg und planten eifrig die weiteren Schritte: eine neue Revolution in der Pflanzengenetik, zum Beispiel, die die Fragen, ob gentechnisch veränderte Lebensmittel gefahrlos zu essen sind (höchstwahrscheinlich ja) und ob sie die traditionelle Landwirtschaft völlig verändern würde (höchstwahrscheinlich ja), erneut aufwerfen wird. Und die Wissenschaftler erforschen die Technik der »Gene Drives«, die es ihnen erlauben, »neue Gene und die damit verbundenen Merkmale mit beispielloser Geschwindigkeit in Wildpopulationen ›hineinzutreiben‹ und so eine unaufhaltsame, lawinenartige Kettenreaktion in Gang zu setzen«.[318] Aber in diesem Buch geht es um unsere Spezies, darum belasse ich es dabei. Im Hinblick auf *unser* Spiel liegt die Macht von CRISPR in der Fähigkeit, Menschen zu verändern.

Diese Macht lässt sich auf zweierlei Art nutzen, und die Unterscheidung zwischen den beiden ist essenziell. Die erste betrifft die Reparatur lebender Menschen mit akuten Problemen. Bei der zweiten geht es darum, zukünftige Menschen zu verändern. Das ist ein großer Unterschied, und wir werden gründlich über beide nachdenken müssen, denn die eine fördert das Spiel der Menschheit, und die andere könnte es durchaus beenden.

Die erste Form bezeichnen Wissenschaftler als »somatische Gentechnik«, aber man könnte sie auch »Gentherapie« nennen. Man könnte auch einfach »Reparatur« dazu sagen. In menschlichen Zellen, die im Labor herangezüchtet wurden, hat man mit CRISPR bereits »Mutationen korrigiert, die für Cystische Fibrose, Sichelzellkrankheit, bestimmte Formen der Blindheit ... verantwortlich sind«, berichtet Doudna. »Um beispielsweise in der DNA die Fehler zu korrigieren, die für die Duchenne-Muskeldystrophie verantwortlich sind, schnitten Wissenschaftler den geschädigten Abschnitt des mutierten Gens aus und ließen den Rest intakt.«[319] Leidet ein Patient unter Sichelzellanämie, kann man heute aus dem Knochenmark dieses Patienten Stammzellen gewinnen, die mutierten Gene in diesen Zellen mit CRISPR reparieren und die reparierten Zellen dem Patienten wieder zurückgeben, wo diese dann »stattliche Mengen an gesundem Hämoglobin produzieren«.[320] Diese Arbeiten machen in der Welt außerhalb der Labors gerade die ersten Schritte. Im Sommer 2017 genehmigte die US-amerikanische Lebens- und Arzneimittelbehörde FDA die allererste derartige Behandlung, die darauf abzielte, körpereigene

Zellen eines Patienten zu modifizieren, um so eine Leukämieerkrankung zu bekämpfen. Das Pharmaunternehmen Novartis hatte die Zellen von 63 Patienten verändert, und bei 52 von ihnen wurde so eine Remission erreicht – ein echtes Wunder. »Wir glauben, dass mit dieser Behandlungsmethode, sobald sie zugelassen ist, Tausende von Leben auf der ganzen Welt gerettet werden können«, sagte der Vater eines Mädchens namens Emily Whitehead der FDA-Kommission. Als Emily sechs Jahre alt war, wäre sie fast gestorben, aber dann befreiten veränderte Gene ihren Körper vom Krebs. »Ich hoffe, dass alle Mitglieder dieses Beratungsausschusses eines Tages ihren Familien sagen können, dass sie Teil des Prozesses waren, der dem Einsatz toxischer Behandlungsmethoden wie Chemotherapie und Bestrahlungen als Standardbehandlungen ein Ende setzte und Blutkrebs zu einer behandelbaren Krankheit machte, die die meisten Menschen überleben«, sagte Emilys Vater.[321]

Um es noch einmal deutlich zu sagen: Diese erste Form der Gentechnik, die Behebung von Mängeln beim lebenden Menschen, stellt keine Bedrohung für das Spiel der Menschheit dar. Die somatische Gentechnik erweitert die Möglichkeiten der traditionellen Medizin und ermöglicht die Heilung einiger Krankheiten, die bisher gar nicht oder nur grob mit massiven Dosen an Chemikalien oder Strahlung behandelbar waren. Natürlich geht das mit all den üblichen Komplikationen einher, die das Gewinnstreben der Pharmaindustrie und unser ungleiches Gesundheitssystem mit sich bringen. Aber diese Technik werden wir anwenden, und sie wird unser Leben verbessern. Ein Hoch auf Kurzweils Gesetz vom sich beschleunigenden Informationszuwachs, das dies ermöglicht hat.

Oder eher zwei Hochs. Denn CRISPR bietet, wie gesagt, noch eine zweite Möglichkeit. In diesem zweiten Fall könnte man *Menschen vor der Geburt verändern,* indem man die DNA des Embryos manipuliert; so würden die Veränderungen für immer an die Nachkommen weitergegeben werden.

Dieser zweite Ansatz läuft in der Regel unter dem Namen »Keimbahntherapie«, weil die Keimbahn aus den Zellen besteht, die ihre Merkmale bei der Fortpflanzung weitergeben. Man könnte es auch als *vererbbare* Genmanipulation bezeichnen. Doudna schreibt: »Heute besitzen wir zum ersten Mal die Fähigkeit, nicht nur die DNA jedes einzelnen Menschen zu verändern, sondern auch die DNA zukünftiger Generationen – *womit wir letztlich die Evolution unserer eigenen Spezies lenken.* So etwas hat es in der Geschichte des Lebendigen auf der Erde noch nie gegeben. Es übersteigt unser Vorstellungsvermögen.«[322]

Seit Watson und Crick die Doppelhelix entdeckt haben, diskutieren Ethiker über Designerbabys, aber bisher war das immer eine etwas abwegige und akademische Debatte, weil niemand glaubte, dass es in absehbarer Zukunft Wirklichkeit werden konnte. Bis CRISPR kam. Im April 2015 verkündeten Forscher von der Sun-Yat-Sen-Universität in Taiwan, sie hätten mit dieser Methode das Genom nicht lebensfähiger menschlicher Embryonen bearbeitet und das Gen modifiziert, das die Blutkrankheit Thalassämie verursacht. Im Jahr 2017 wiederholte ein Team in Oregon dieses Kunststück, diesmal mit Fokus auf einen Gendefekt, der Herzerkrankungen hervorruft; die Methode dieses Labors war erfolgreicher, mit weniger »Off-Target-Effekten«, und der Forscher, der die Arbeit durchgeführt hatte, sagte, er hoffe, den Prozess bald kommerzialisieren zu können. »Ich habe eine ganz klare Meinung zu klinischen Anwendungen. Ich wollte mit dieser Forschung nicht nur meine Neugier befriedigen«, sagte der Forscher aus Oregon. »Wir haben diese Forschung durchgeführt, um die Technologie zu entwickeln und in die Kliniken zu bringen. Das kann ein Jahrzehnt dauern, aber wir werden es schaffen.«[323]

In diesem Fall hat es deutlich weniger als ein Jahrzehnt gedauert. Ende November 2018 gab He Jiankui, ein weiterer chinesischer Forscher, bekannt, in seinem Labor seien die neugeborenen Zwillingsmädchen Lulu und Nana vor ihrer Geburt genetisch verändert worden, was sie zu den ersten Designerbabys der Welt mache. Es war eine bizarre Geschichte: Dr. He hatte ihre Gene umprogrammiert, um sicherzustellen, dass sie sich nicht mit HIV infizieren können, obwohl, wie der Aids-Forscher Anthony Fauci rasch bemerkte, »es so viele Möglichkeiten gibt, sich angemessen, effizient und endgültig vor HIV zu schützen, dass es meiner Meinung nach unethisch ist, die Gene eines Embryos zu manipulieren, um eine Wirkung zu erzielen, die man auf vielen anderen Wegen leicht erreichen kann«. Offenbar hat die »Reparatur« nur bei einem der Neugeborenen funktioniert; es gab Spekulationen, dass das andere Kind dabei geschädigt worden sein könnte.[324] He hatte die Grenzen überschritten: Die meisten staatlichen und wissenschaftlichen Gesellschaften haben Vorschriften oder Regulierungen bezüglich der Keimbahntherapie, und die chinesischen Behörden haben angekündigt, dass sie die klinische Studie von Dr. He aussetzen; es gab sogar Gerüchte, er sei verhaftet worden, nachdem ein Regierungssprecher sein Experiment als »extrem abscheulich« bezeichnet hatte.[325]

Aber offensichtlich werden die Grenzen brüchig. Doudna sagte im Jahr 2017, sie sei der Meinung, dass CRISPR heute nicht eingesetzt werden sollte, um Embryonen zu modifizieren, »aber möglicherweise in der Zukunft. Das ist für mich ein großer Schritt.« Sie sagte, sie habe ihre Meinung geändert, nachdem sie Briefe von Menschen mit genetischen Erkrankungen in der Familie gelesen hatte. Erst kürzlich habe sie einen Brief von einer Frau erhalten, bei deren Sohn eine neurodegenerative Krankheit diagnostiziert worden war. »Er war so ein bezauberndes kleines Baby, wie er in seiner kleinen Babyschale lag, und so süß«, erinnerte sie sich. »Ich habe selbst einen Sohn, und es brach mir das Herz … Da denkt man, wenn es einen Weg gäbe, um diesen Menschen zu helfen, dann sollten wir es tun. Es wäre unmoralisch, es nicht zu tun.«[326]

Das ist wahr – uns Menschen fällt es generell schwer, süße Babys in Not zu ignorieren, das ist eine unserer besseren Eigenschaften. (Und alle Babys sind süß.) Aber es ist ebenso wahr (und das ist fast der letzte Absatz mit technischen Details), dass wir bereits über eine Möglichkeit verfügen, diese Sorte genetischer Krankheiten zu verhindern. Sie heißt Präimplantationsdiagnostik (PID) und funktioniert folgendermaßen: Eltern mit einem erhöhten Risiko für eine genetische Erkrankung lassen im Reagenzglas mehrere Embryonen produzieren – sagen wir mal, acht Stück. Im Labor wachsen die Embryonen fünf oder sechs Tage lang heran, bis sie auf die problematischen Gene getestet werden können. Der Arzt wählt dann einen gesunden Embryo aus und setzt ihn in die Gebärmutter der Frau ein, wo er dann ganz normal heranwächst. Dieses Verfahren wurde auf der ganzen Welt bereits millionenfach durchgeführt. PID wird heute schon routinemäßig bei allen Krankheiten, wie zum Beispiel Thalassämie, die nachweislich durch Keimbahntherapie beseitigt werden können, eingesetzt.

In beiden Fällen werden einer Frau Eizellen entnommen und auf dem Labortisch bearbeitet; für die Frau sind beide Verfahren gleichermaßen invasiv. Aber die PID ist nicht besonders umstritten, weil dabei mit dem genetischen Material gearbeitet wird, das die Eltern liefern. Man fügt nichts Neues hinzu, sondern eliminiert nur die Risiken, die durch die Mathematik der Genetik entstehen. Das funktioniert nur in den verschwindend seltenen Fällen nicht, in denen beide Elternteile an der gleichen rezessiven genetischen Störung leiden. Wenn beide Eltern an Mukoviszidose erkrankt sind, würde jedes Kind, das sie gemeinsam zeugen, die

Krankheit ebenfalls in sich tragen – dann gäbe es keine gesunden Embryos, aus denen man auswählen könnte. Aber diese Fälle sind in der Tat äußerst selten – diese Menschen müssten, ohne eine Keimbahntherapie, Kinder adoptieren oder Eizellen beziehungsweise Sperma von jemand anderem verwenden.

Die PID funktioniert so routinemäßig, dass Journalisten sie routinemäßig ignorieren. Eine Studie des Center for Genetics and Society ergab, dass in 85 Prozent der Artikel zur Humangenetik nicht einmal erwähnt wird, dass es bereits eine sinnvolle Alternative gibt. Tatsächlich funktioniert die PID so gut, dass es die Befürchtung gibt, sie könnte missbraucht werden. Zweifellos wählen einige Leute bereits das Geschlecht ihres Kindes aus, was uns in einer sexistischen Welt Sorgen bereiten sollte. Aber auch diese Befürchtungen verblassen im Vergleich zur Gentechnik, da der PID natürliche Grenzen durch die Gene der Eltern gesetzt sind. Die PID kann sechs oder acht mögliche Menschen ins Leben rufen, aber sie alle entspringen dem Reich des natürlich Möglichen.

Die Keimbahntherapie ist für manche *genau deshalb so reizvoll, weil sie die Chance bietet, über die Grenzen dieses Reichs hinauszugehen*, Ergebnisse zu erzielen, die die Natur allein nicht hervorbringen könnte. Anstatt auf eine vorgegebene Auswahl beschränkt zu sein, werden wir dem Menü neue Optionen hinzufügen können. Dr. Hes Modifikation, die darauf abzielte, zukünftige HIV-Infektionen zu verhindern, war nur der Anfang. Paul Knoepfler, Professor für Zellbiologie an der medizinischen Fakultät der Universität von Kalifornien in Davis, erklärt, was die Zukunft bringen wird: »So wie man heute eine Pizza ganz nach Wunsch ohne Zwiebeln, aber mit grünen Oliven, Parmaschinken, Ziegenkäse und einer bestimmten Sauce bestellen kann, dürfen Sie sich auch bei der Planung und Bestellung Ihres künftigen GMO-sapiens-Babys ganz spezielle ›Beläge‹ wünschen«, schreibt er. »In diesem Fall bestehen die Beläge aus spezifischen Merkmalen, die man aus einem Menü auswählt: grüne Augen, keine Krankheiten, das Gen einer italienischen Person für schlanke Muskeln, eine beseitigte Laktoseintoleranz … und eine bestimmte Blutgruppe.«[327]

Je besser wir verstehen, wie das menschliche Genom funktioniert, je mehr Computerleistung uns zur Verfügung steht und je besser wir die Wechselwirkungen zwischen verschiedenen Genen verstehen, desto umfangreicher und überraschender wird das Menü. Dean Hamer, der ehemalige Leiter der Abteilung für Genstruktur und -regulierung im Biochemielabor des National Cancer Institute, beschreibt eine Szene in naher Zukunft, in der ein junges Paar – er nannte sie Syd und Kayla – gemeinsam seinen Fötus optimiert: »Sie wägten die verschiedenen Möglichkeiten ab, die vom Altruismus einer Mutter Teresa bis zum Halsabschneider reichten. Syd neigte zum Heiligen; Kayla war für den Unternehmer. Am Ende entschieden sie sich für einen Mittelweg und hofften auf die perfekte Mischung aus Güte und Konkurrenzdenken.« Syd und Kayla achteten auch sorgfältig darauf, »den Glücksregler ihres Kindes nicht zu hoch einzustellen. Sie wollten, dass das Kind echte Emotionen spüren kann. Sie wollten, dass es bei einem Todesfall den Verlust betrauerte und sich über eine Geburt freute.«[328] Gregory Pence, ein erfahrener Professor von der Universität Alabama und Pionier auf dem Gebiet der Bioethik, drückte es einmal so aus: »Viele Menschen lieben ihre Golden Retriever und deren sonniges Gemüt. Wäre es so schrecklich, wenn Eltern zumindest einen bestimmten Typ anstreben könnten, so wie große Züchter … eine Hunderasse den Bedürfnissen einer Familie anpassen?«[329]

Pence und Hamer schrieben Ende der 1990er-Jahre – ich zitierte sie erstmals in meinem Buch *Genug*. Damals war all dies noch reine Spekulation: Genetische Modifikationen waren zu schwierig für eine kommerzielle Anwendung, und wir wussten noch wenig darüber, welche Gene Stimmung, Intelligenz und Gemütsverfassung steuern. Seitdem haben wir viel dazugelernt, sodass diese frühen Vorhersagen etwas beschränkt klingen. Heute beschäftigen wir uns eher damit, wie Gene miteinander interagieren. Im Sommer 2018 zeigten neue Studien zur Genetik mit 20 000 Patienten auf drei Kontinenten, dass man den »polygenic Score« einer Person bestimmen kann, indem man »alle Gene einer Person« auswertet, »um so ihren Einfluss auf Bildungserfolg, beruflichen Aufstieg und Reichtum zu beurteilen«. Bei zwei Kindern mit denselben Eltern, die im selben Haus aufwachsen, wird »das Kind mit dem höheren polygenic Score es tendenziell weiter bringen«, also reicher werden.[330] Man kann sich gut vorstellen, wie Kurzweils Prognose wahr wird und Big Data und Big Biotech sich letztendlich zusammenschließen, um eine (große) neue Industrie zu begründen.

Natürlich wissen wir bei Weitem noch nicht alles. Am Tag, nachdem die Nachricht über die mit CRISPR veränderten Embryonen im Labor von Oregon bekannt wurde, erklärte ein Reporter der *New York Times,* es sei »unwahrscheinlich«, dass die Wissenschaft »ein Baby genetisch für eine Elite-Universität prädestiniert, ihm Stephen Colberts Bonmots vorprogrammiert oder Beyoncés Stimmumfang einbackt«, weil keine dieser Fähigkeiten auf einem einzigen Gen lokalisiert sei.[331] Ein Stanford-Professor erklärte, wir seien nicht in der Lage, eine Reihe Embryonen zu untersuchen und festzustellen: »Der sieht aus, als würde er den Studieneignungstest bestehen.«[332] Zum Glück sind viele verschiedene Gene dafür verantwortlich, dass jemand intelligent oder frech ist.

Wir wissen jedoch viel mehr als früher darüber, welche Gene etwa den Serotoninspiegel in unserem Körper regulieren; es ist keineswegs unwahrscheinlich, dass Wissenschaftler versuchen könnten, einige Veränderungen beim Temperament eines Kindes zu bewirken. »Dies ist ein Wendepunkt auf dem Weg zum genetisch veränderten Menschen«, sagte die Leiterin des Center for Genetics and Society Marcy Darnovsky am Tag nach der Ankündigung in Oregon. »Eine kleine Gruppe von Wissenschaftlern treibt die Entwicklung der reproduktiven Keimbahntherapien voran. Wenn man jede Form der Modifikation an der menschlichen Keimbahn zulässt, macht das den Weg frei für alles Mögliche – besonders dann, wenn Kliniken für Reproduktionsmedizin damit beginnen, wohlhabenden Patienten gegen Aufpreis ›genetische Upgrades‹ anzubieten.«[333]

Da die PID bereits die Heilung von Krankheiten ermöglicht, könnte es bei CRISPR letztendlich weniger darum gehen, süße Babys vor genetischen Krankheiten zu bewahren, als um »Optimierungen«. Jennifer Doudna erzählt dazu eine erstaunliche Geschichte: Kurz nachdem die Nachricht von ihrem CRISPR-Durchbruch bekannt geworden war, habe Sam Sternberg, damals Doktorand in ihrem Labor, eine E-Mail erhalten – »von einer Unternehmerin, die ich hier Christina nennen möchte. Sie fragte an, ob Sam Interesse hätte, in ihrer neuen Firma mitzuarbeiten, die sich irgendwie mit CRISPR beschäftigte, und sie wollte sich auch gern persönlich mit ihm treffen, um ihm ihre Geschäftsidee zu erläutern.« Sam traf sich mit Christina »zum Abendessen in einem gehobenen mexikanischen Restaurant in der Nähe des Universitätsgeländes« und dort, beim Cocktail, »erklärte Christina ganz offen, sie wolle einem glücklichen Paar das erste gesunde ›CRISPR-Baby‹ anbieten«, und zwar mit besonderen Eigenschaften: »maßgeschneiderte, mit CRISPR eingebrachte Mutationen der DNA, mit denen jede Möglichkeit einer genetisch bedingten Erkrankung beseitigt werden solle«. Sie versuchte, ihn an Bord zu locken, und versicherte ihm, er werde nur an Krankheiten arbeiten, aber er war von dem Gespräch so erschüttert, dass er sich »noch vor dem Dessert« verabschiedete. Er hatte »in ihren Augen ein prometheisches Glitzern gesehen und sofort den Verdacht gehabt, dass sie neben den gut gemeinten genetischen Veränderungen ... noch andere, krassere Abwandlungen im Sinn hatte.«[334]

CRISPR habe tatsächlich die Tür für genau diese Optimierungen geöffnet, sagte Doudna. »Hätte das gleiche Gespräch nur wenige Jahre früher stattgefunden, Sam und ich hätten Christinas Vorschläge als reine Fantasieprodukte abgetan«, erklärte sie. »Natürlich sind genetisch veränderte Menschen ein großartiger Stoff für Science-Fiction ... Aber solange das Genom des *Homo sapiens* nicht ebenso einfach zu manipulieren war wie das genetische Material eines Laborbakteriums wie *E. coli*«, war die Chance, dass es tatsächlich geschah, gering. »Das Genom des Menschen ebenso leicht manipulierbar zu machen wie das eines Bakteriums – genau das war es ja, was CRISPR geleistet hatte.« CRISPR wurde eingesetzt, um den Stoffwechsel von Affen zu verändern. Angesichts der Geldsummen, um die es dabei geht, »schien es nur eine Frage der Zeit zu sein, bevor auch Menschen zur wachsenden Liste der Lebewesen hinzukamen, deren Genom man umgestaltet hatte«.[335]

Ich vermute, dass »Christina« nicht die letzte Unternehmerin sein wird, die diese Richtung einschlägt. Tatsächlich kauern bereits mehrere Akteure in den Startlöchern, darunter viele große Namen aus dem Silicon Valley. Das bekannteste »verbraucherorientierte« Genetikunternehmen ist wahrscheinlich 23andMe, gegründet von Anne Wojcicki. Annes Vater Stanley war Ende der Neunzigerjahre Dekan der Fakultät für Physik in Stanford; zwei seiner Studenten, Sergey Brin und Larry Page, gründeten dann eine Firma namens Google. Tatsächlich haben die beiden in der Garage von Annes Schwester Susan angefangen. (Anne heiratete Brin, ließ sich aber wieder scheiden; Susan ist heute CEO von YouTube, das natürlich Google gehört.) 23andMe ist vor allem für

Speicheltests bekannt, die genetische Informationen offenbaren, wenngleich ein Patent des Unternehmens vorsieht, anhand dieser Informationen Menschen dabei zu helfen, »einen potenziellen Partner aus einer Gruppe möglicher Partner auszuwählen«, wie Paul Knoepfler von der Universität Kalifornien in Davis es formulierte.

Einige Konkurrenten gehen noch einen Schritt näher an die Grenzen. Ein Beispiel ist das Forschungsunternehmen GenePeeks, dessen Hauptprodukt, Matchright, die DNA von Kunden und ihren potenziellen Partnern untersucht und dann die Wahrscheinlichkeit abschätzt, dass ihre Nachkommen mit genetischen Störungen geboren werden. Einer der Firmengründer und der wissenschaftliche Leiter ist ein Princeton-Professor namens Lee Silver. Er hat seine Pläne vor vielen Jahren in seinem Buch namens *Das geklonte Paradies* beschrieben. Die ersten Keimbahntherapien, so seine Prognose, würden durchgeführt werden, um einige offensichtliche Krankheiten wie Mukoviszidose zu beseitigen, und durch diese ersten, von Mitgefühl motivierten Eingriffe würden »Ängste abgebaut werden«. (Das hatte offenbar Dr. He mit Lulu und Nana angestrebt, obwohl der Plan kurzfristig nach hinten losgegangen war.) Im nächsten Schritt sieht Silver eine Mutter in einem Entbindungsraum, die sich über ihren neuen Sohn freut. »Natürlich wusste ich, dass Max ein Junge wird«, erklärt sie den Besuchern. »Und wo ich schon mal dabei war, habe ich gleich auch noch sichergestellt, dass Max nicht so dick wird wie mein Bruder Tom.« Ein paar Schritte später beruhigt sich eine Mutter während der Wehen, indem sie in einem Fotoalbum blättert, das zeigt, wie ihre kleine Tochter im Alter von sechzehn Jahren aussehen wird: »mit hübschem Gesicht, 1,65 Meter groß«.[336]

»Als Wissenschaftler erstmals CRISPR an Embryonen von Primaten eingesetzt und die ersten Affen mit redigierten Genen geschaffen hatten, fragte ich mich, wie lange es noch dauern würde, bis eigenwillige Wissenschaftler das Gleiche auch bei Menschen versuchten würden«, schreibt Doudna. Sie hielt die Zeit für ein »Gespräch« für gekommen, und »angesichts der Tatsache, dass diese wissenschaftliche Entwicklung die gesamte Menschheit betrifft, schien es mir zwingend geboten zu sein, so viele gesellschaftliche Bereiche wie möglich einzubinden. Und das war noch nicht alles: Ich war überzeugt, dass die Gespräche unverzüglich beginnen sollten, bevor weitere Anwendungsmöglichkeiten der Technologie jeden Versuch vereitelten, sie noch im Zaum zu halten.«[337] Das leuchtet mir ein. CRISPR ist ein perfektes Beispiel für das, was Ray Kurzweil meinte, als er sagte, dass ein exponenzieller Anstieg der Rechenleistung die Welt verändern würde. Ein besonders augenfälliges Beispiel dafür, was diese neue Macht hervorbringen könnte, und das nicht bemerkenswerter sein könnte: ein »Textverarbeitungssystem« für die DNA, die uns ausmacht.

Welche Auswirkungen könnte die Keimbahntherapie auf die Menschheit und unser Spiel haben?

15

Die Werbeanzeige schreibt sich von selbst: Wenn wir im Laufe der Jahre die Keimbahntherapie immer weiter verbessern, können wir unsere Kinder immer weiter optimieren. Sie würden beim Lächeln gleichmäßige Zahnreihen zeigen, und natürlich würden sie viel lächeln, weil sie ein sonniges Gemüt hätten. Angesichts der guten Noten, die sie dank ihres fein eingestellten Gehirns bekommen, wäre das auch nicht weiter verwunderlich. »Auf dem Weg zur Perfektion«, so drückte es James Watson, der Vater des gentechnischen Zeitalters, einmal aus. »Wer will denn schon ein hässliches Baby?« (Natürlich muss man hier ein bisschen vorsichtig sein, weil irgendjemand schließlich definieren muss, was eigentlich »hässlich« ist. Watson zum Beispiel sagte auch: »Wenn man mit dicken Menschen ein Vorstellungsgespräch führt, hat man ein schlechtes Gewissen, weil man weiß, dass man sie nicht einstellen wird.« Er schlug außerdem vor, man könne mithilfe der Keimbahntherapie auch das Problem der »kalten Fische« lösen.)[338] Ganze Industrien sind auf einer Schönheitsvorstellung begründet, und Bibliotheken voller Selbsthilfebücher weisen uns den Weg zu bestimmten Persönlichkeitsmerkmalen, da liegt es nahe, dass viele Menschen diese genetischen Verbesserungen als naheliegenden Schritt in der Entwicklung unserer Spezies betrachten werden.

In der ersten Begeisterung für eine neue Technologie übersehen wir jedoch oft die möglichen Nachteile. Wenn man etwa bei der Einführung des Smartphones und der sozialen Medien schon gewusst hätte, wie sie sich auf das Leben einzelner Menschen und unsere Gesellschaft auswirken würden, wäre man dann immer noch so enthusiastisch gewesen, als das iPhone vorgestellt wurde oder als man sich zum ersten Mal bei Facebook einloggte? Diese Frage bringt in der aktuellen Situation nicht viel – die Welt ist, wie sie ist, einschließlich Twitter. Aber noch ist die Keimbahntherapie nicht vollends in unserer Welt angekommen, und daher sollten wir die wichtigen Fragen jetzt stellen.

Nach möglichen Sorgen muss man nicht besonders tief graben. Doudna erzählt von mehreren Albträumen, die sie hatte, seit sie CRISPR entdeckt hat. In einem solchen Traum ruft Adolf Hitler mit dem »Gesicht eines Schweins (vielleicht weil ich so lange über das humanisierte Schweinegenom nachgedacht hatte, das ungefähr zur gleichen Zeit mit CRISPR neu geschrieben wurde)« sie zu sich, damit sie ihm »die Anwendungsmöglichkeiten und Folgerungen der erstaunlichen Technologie« erläutern konnte, die sie entwickelt hatte.[339]

Wenn sich auch nur ein imaginärer Adolf Hitler dafür interessiert, was man tut, ist das nie ein gutes Zeichen. Aber lassen wir das Schreckgespenst von geklonten Soldaten in Kampfstiefeln für den Moment beiseite und konzentrieren uns stattdessen auf die praktischen Probleme und unmittelbaren Schwierigkeiten, die sich aus dem Einsatz der Gentechnik beim Menschen oder aus der starken künstlichen Intelligenz ergeben könnten, von der Wissenschaftler sagen, sie könne bald Wirklichkeit werden.

Jede neue Technologie kommt in eine Welt, die bereits eine bestimmte Prägung besitzt. Wenn es sich um eine leistungsstarke Technologie handelt, kann sie entweder dieses Muster neu ordnen oder es weiter verfestigen. Ein Beispiel: Wie wir gesehen haben, befindet sich der größte Teil des Planeten an einem Punkt maximaler Ungleichheit. Und man kann mit einiger Sicherheit vorhersagen, dass die gentechnische Veränderung eines Babys teuer sein wird. Heute, mehrere Jahrzehnte nach der Einführung, liegen die Kosten für eine In-vitro-Fertilisation bei Paaren mit Fruchtbarkeitsproblemen immer noch schnell bei Zehntausenden Euro, die in der Regel von keiner Krankenversicherung übernommen werden. So kann man auch ohne künstlich verbesserten IQ mit Sicherheit vorhersagen, dass diese neue Technologie die Ungleichheit weiter verschärfen wird. »Da die Wohlhabenden sich die Behandlung öfter leisten können, und da alle vorteilhaften genetischen Abwandlungen am Embryo an alle Nachkommen der betreffenden Person weiter vererbt werden, würden die Verbindungen zwischen sozialer Schicht und Genetik zwangsläufig von Generation zu Generation wachsen, ganz gleich, wie gering die Unterschiede in der Verfügbarkeit des Verfahrens sind«, schreibt Doudna. (Sie überlegt dabei großzügig, wie das Ganze »in Staaten mit einem umfassenden Gesundheitssystem« ablaufen würde, mit anderen Worten also: nicht in Amerika.) »Wer meint, dass es in unserer Welt schon heute Ungleichheiten gibt, braucht sich nur einmal vorzustellen, dass die Klassengrenzen entlang sozioökonomischer *und* genetischer Unterschiede verlaufen.«[340]

Tatsächlich sind diese Bedenken so offensichtlich, dass die Leute, die derartige Arbeiten planen, sich nicht einmal die Mühe machen, so zu tun, als wäre es anders. Lee Silver, der Princeton-Professor, der GenePeeks leitet, sagte vor einiger Zeit, am Ende würden »alle Bereiche der Wirtschaft, der Medien, der Unterhaltungsindustrie und der Wissensindustrie … von GenReichen kontrolliert werden«. Demgegenüber würden »die Naturbelassenen als schlecht bezahlte Dienstboten und Arbeiter« ihr Geld verdienen. In absehbarer Zeit, so Silver, würden die genetischen Unterschiede zwischen den beiden Gruppen so groß werden, dass sie »die Fähigkeit verloren haben, gemeinsame Nachkommen zu zeugen, und ihr erotisches Interesse aneinander wird dem entsprechen, was gegenwärtig Menschen für Schimpansen empfinden«. Noch bevor eine Fortpflanzung genetisch unmöglich wird, würden GenReich-Eltern »auf ihre Kinder intensiven Druck ausüben, ihr teuer erworbenes genetisches Erbe nicht auf diese Weise zu verwässern«.[341] Der Ethikprofessor Julian Savulescu aus Oxford, ein Befürworter des Human Engineering, der uns später noch begegnen wird, stellte in einem Interview fest, die Technologie werde »aller Wahrscheinlichkeit nach« die Ungleichheit verschärfen. Seine Lösung: Man solle den moralischen Impuls bei den ersten modifizierten Embryonen mithilfe der Gentechnik stärken, damit sie »diese Technologien mehr Menschen zugänglich machen und die Ungleichheit verringern«.[342] Diese Vorgehensweise wirkt einigermaßen umständlich, wenn auch vielleicht nicht seltsamer als der Vorschlag von Genetikern, eine staatliche Lotterie einzuführen, bei der man per Los die genetische Optimierung des eigenen Kindes gewinnen kann (so eine Art »Charlie und die Babyfabrik«).

Wer sich wirklich Gedanken um Ungleichheit macht – oder auch um Krankheiten im Allgemeinen, um Glück oder Kinder –, würde kaum Zeit und Geld für Biologie ausgeben. Die Genetik beeinflusst, wer wir sind und wie unser Leben verläuft, aber Nathaniel Comfort, Professor für Biologiegeschichte an der Johns-Hopkins-Universität, weist darauf hin: »Angemessenes, erschwingliches Wohnen, Zugang zu Essen, Bildung und Transport sowie die Reduzierung der Gefahren durch Kriminalität und Gewalt sind viel wichtiger.«[343] Der Schriftsteller Johann Hari nahm an einer von Peter Thiel organisierten Konferenz über Depressionen, Angst und Sucht teil. Er stellte erstaunt fest, dass die Mehrheit der Konferenzteilnehmer davon überzeugt war, Ursache für diese Probleme seien »Fehlbildungen des Gehirns«. In seiner Rede sagte Hari: »Je ungleicher eine Gesellschaft, umso größer die Wahrscheinlichkeit, dass man depressiv wird.« Die Menschen, so Hari, »sehnen sich nach Verbundenheit – mit anderen Menschen, mit der natürlichen Welt, nach einem Lebenssinn. Unsere heutige Lebensweise tut uns nicht gut, und sie löst großes Leiden aus.«[344] Wenn wir bessere Menschen erschaffen wollen, sollten wir damit beginnen, ihre Wohnviertel und Schulen umzubauen, nicht ihre Gene. Aber das ist in der Welt, in der wir heute leben und in der es »keine Gesellschaft gibt, nur Individuen«, natürlich nicht politisch vermittelbar. Wenn es nur Individuen gibt, dann dreht sich auch alles nur um Individuen.

Auch die Werbung für die immer leistungsfähigere künstliche Intelligenz schreibt sich von selbst: Autos, die einen überall hinfahren; Barkeeper, die perfekte Drinks mischen. Wie bei der somatischen Gentherapie für Kranke gibt es auch für diese neuen Technologien sinnvolle Anwendungsszenarien: Spezialroboter, die mit den jahrzehntelangen Aufräumarbeiten an den Reaktoren in Fukushima beginnen, zum Beispiel – jeder Roboter muss, nachdem er aus dem Reaktorkern herauskommt, »in einen Stahlbehälter versiegelt und mit anderen radioaktiven Abfällen begraben«[345] werden, was man mit einem Menschen nicht unbedingt tun möchte. Mit 3-D-Druckern können Tiny Homes für Hurrikanflüchtlinge gebaut werden; Autopiloten lenken Passagierjets über weite Strecken.

Was diese Technologien jedoch zunehmend ausmacht, ist, dass sie Menschen ersetzen, die hervorragende Arbeit leisten; nur können

Maschinen die Arbeit billiger ausführen. Ein Beispiel sind Maurer: Ein ernüchterndes Bild auf der Titelseite der *New York Times* zeigte kürzlich einen Maurer, der verzweifelt umherrannte, um mit einer 400 000-Dollar-Maschine namens SAM (»semi-automated mason« – »halbautomatischer Maurer«) mitzuhalten.[346] Zwei Ökonomen sagten kürzlich voraus, dass bis zum Jahr 2033 Versicherungsvertreter mit 99-prozentiger Wahrscheinlichkeit ihren Arbeitsplatz an Computerprogramme verlieren würden. Für Sportschiedsrichter lag die Wahrscheinlichkeit, dass sie obsolet würden, bei 98 Prozent, für Kellner bei 94 Prozent und so weiter. (Archäologen hatten demnach die sichersten Arbeitsplätze, »denn dieser Job erfordert hochkomplexe Formen der Mustererkennung und erzielt keine Gewinne«.)[347] Andere Forscher wiesen darauf hin, dass der Rust Belt der Vereinigten Staaten bereits so stark automatisiert ist, dass die Beschäftigungszahlen dort weniger stark zurückgehen werden als an Orten mit viel Dienstleistungsindustrie. Ganz vorne liegt dabei Las Vegas, wo in den nächsten zwanzig Jahren 65 Prozent der aktuellen Arbeitsplätze verloren gehen werden.[348] Also, wenn Sie sich jetzt schon Sorgen wegen Ungleichheit machen, dann warten Sie mal ab.

Diese praktischen Verluste bringen natürlich auch praktische Vorteile mit sich: Selbstfahrende Autos ermöglichen theoretisch ganze Flotten von abrufbaren Elektrofahrzeugen, die wiederum den Verkehr um 90 Prozent reduzieren und die Straßen der Stadt entlasten könnten, keine Parkplätze mehr benötigen würden und die Zahl der Todesopfer durch Autounfälle reduzieren könnten. Außerdem könnte man in der Kneipe ein Bier mehr trinken, ohne sich darüber Gedanken machen zu müssen. Dennoch wird der Übergang ausgesprochen schmerzhaft sein. Wenn man Teilzeitbeschäftigte mitberücksichtigt, dann sind mehr US-Amerikaner als Fahrer beschäftigt, als in der Fertigung arbeiten – in vierzig der fünfzig US-Bundesstaaten ist »Lkw-Fahrer« der häufigste Beruf.[349] Was können diese Leute stattdessen tun? Jedenfalls nicht Bäcker werden – 89 Prozent der Bäcker werden bis 2033 voraussichtlich ihre Arbeitsplätze durch Automatisierung verlieren, ebenso wie 83 Prozent der Seeleute. In der Wall Street werden ständig Arbeitsplätze abgebaut, weil Algorithmen jetzt 70 Prozent der Aktiengeschäfte ausführen; das ist toll für diejenigen, die ihren Job dort behalten, weil es immer mehr Geld gibt, das auf immer weniger Taschen verteilt wird, aber man muss sich doch fragen, ob wir nicht gerade die letzte Ära der Vollbeschäftigung erleben.

Tyler Cowen, der von *BusinessWeek* als »heißester Ökonom Amerikas« und Inhaber des beliebtesten Wirtschaftsblogs des Landes beschrieben wird, arbeitet in dem Koch-finanzierten Wirtschaftsinstitut an der George-Mason-Universität, dessen Star einst James Buchanan war. Er rät Jugendlichen, eine Fähigkeit zu erlernen, die nicht automatisiert und an die verbleibenden Spitzenverdiener verkauft werden kann: Werdet Dienstmädchen, Personal Trainer, Privatlehrer, Edelprostituierte. »Irgendwann kann man den Gutverdienern kaum noch handfeste Waren verkaufen, aber man kann trotzdem noch irgendwie dafür sorgen, dass sie sich besser fühlen. Besser bezüglich der Welt. Besser bezüglich sich selbst. Besser bezüglich dessen, was sie erreicht haben«, rät er.[350] Der Autor Curtis White kam in seinem Buch über Robotik zu dem Schluss: »In Zukunft wird das, was von der Mittelschicht übrig bleibt, eine Klasse von Dienern sein. Eine Klasse von Motivatoren. Eine Klasse von Speichelleckern, deren Job nicht nur von ihrem fachlichen Können abhängt, sondern auch von ihrer Fähigkeit, den Eliten zu schmeicheln und Freude zu bereiten.«[351] Kai-Fu Lee, der Vorsitzende von Sinovation Ventures, einer KI-Risikokapitalfirma, sah es etwas positiver: »Die Lösung für das Problem der Massenarbeitslosigkeit werden ›Dienstleistungen der Liebe‹

sein. Das sind Jobs, die die KI nicht übernehmen kann, die die Gesellschaft braucht und die den Menschen ein Gefühl von Sinnhaftigkeit vermitteln. Beispiele dafür sind Begleiter von älteren Personen zum Arzt, Mentoren in einem Waisenhaus und Sponsoren bei den Anonymen Alkoholikern.«[352] Mal abgesehen von der Frage, was die Mentoren den Waisenkindern denn beibringen sollen – vielleicht, wie sie selbst Mentoren für Waisenkinder werden –, stellt sich noch das praktische Problem, dass diese Jobs nicht nach einer üppigen Bezahlung klingen. Lee schlägt vor, die Unterschiede durch hohe Steuersätze für die Inhaber von KI-Unternehmen auszugleichen, obwohl er einräumt, dass »das meiste Geld, das mit künstlicher Intelligenz verdient wird, in die Vereinigten Staaten und China fließen wird«, sodass Waisen-Mentoren in den anderen 190 Ländern möglicherweise das Nachsehen haben werden.

Nicht jeder glaubt, dass das ein Problem sein wird.

»Die Leute sagen, dass alle arbeitslos werden. Nein. Die Menschen werden neue Jobs erfinden«, sagte Ray Kurzweil zu mir.

»Was für Jobs?«

»Oh, ich weiß nicht. Wir haben sie ja noch nicht erfunden.«

So kann man das auch sehen, und wahrscheinlich werden wir mit dieser Diskussion nicht weiterkommen. Die neue Technologie wird die Ungleichheit wahrscheinlich weiter verschärfen – sie womöglich in Silizium und DNA festschreiben. Das ist gut zu wissen, beantwortet aber nicht die Frage, ob wir die Entwicklung weiter vorantreiben sollen. Um das herauszufinden, müssen wir über andere, noch tiefgreifendere praktische Probleme nachdenken, die mit einem Wandel in dieser Größenordnung und Geschwindigkeit einhergehen. Zum Beispiel dem Ende der Welt.

Vor langer Zeit, im Jahr 2000, schrieb Bill Joy, damals leitender Wissenschaftler bei Sun Microsystems, einen bemerkenswerten Aufsatz für die Zeitschrift *Wired* mit dem Titel »The Future Does Not Need Us« (»Die Zukunft braucht uns nicht«). Joy, der Vater des UNIX-Betriebssystems, argumentierte darin, dass die neuen Technologien, die gerade aufkamen, schreckliche Folgen haben könnten: tödliche Epidemien durch gentechnisch veränderte Lebensformen zum Beispiel, oder Roboter, die die Macht an sich reißen und uns verdrängen. Sein Fazit: »Eine Auslöschung.«[353] Damit jedoch ließ sich die Entwicklung dieser neuen Technologien nicht verlangsamen – im Gegenteil: Joy schrieb vor CRISPR zu einer Zeit, als die Menschen noch die besten Schachspieler auf dem Planeten waren –, aber es zeichnete sich bereits ein Muster ab. Einige der lautesten und deutlichsten Kritiker finden sich unter den Leuten, die am meisten darüber wissen, was auf uns zukommt. Im Oktober 2018 wurden beispielsweise posthum Stephen Hawkings »letzte Prognosen« veröffentlicht. Er sah als größte Bedrohung eine »neue Art« von gentechnisch veränderten »Übermenschen«, die den Rest der Menschheit auslöschen würden.[354]

Der Tech-Unternehmer Elon Musk bezeichnete die Entwicklung der künstlichen Intelligenz als »Heraufbeschwören eines Dämons«. Kürzlich twitterte er: »Mit der KI müssen wir super vorsichtig sein. Potenziell gefährlicher als Atombomben.« Musk war ein früher Investor bei DeepMind, einem britischen KI-Unternehmen, das 2014 von Google übernommen wurde. Er habe das Geld eingebracht, um die Entwicklung der künstlichen Intelligenz im Auge behalten zu können. (Wahrscheinlich eine gute Idee, da einer der Gründer des Unternehmens einmal sagte: »Ich halte es für wahrscheinlich, dass die Menschen aussterben werden und dass die Technologie vermutlich eine Rolle dabei spielen wird.«)[355] Im Sommer 2017 sagte Musk vor der National Governors Association:

»Ich habe Einblick in die neuesten Entwicklungen bei der KI, und ich bin der Meinung, dass es wirklich Anlass zur Besorgnis gibt. Ich schlage ständig Alarm, aber bis die Leute sehen, wie Roboter die Straßen entlanggehen und Menschen töten, wissen sie nicht, wie sie reagieren sollen. Bis dahin erscheint ihnen das alles so ätherisch.«[356] Alle großen Denker sagen dasselbe. Hawking schrieb, der Erfolg in der KI wäre »das größte Ereignis in der Geschichte der Menschheit«, aber es könne auch »das letzte sein, wenn wir nicht lernen, die Risiken zu vermeiden«.[357] Michael Vassar, Präsident des Machine Intelligence Research Institute, sagte: »Die Menschen sollten bei der Entwicklung der starken künstlichen Intelligenz unbedingt mit Sorgfalt vorgehen. In diesem Fall bedeutet das, sehr viel vorsichtiger zu sein, als es beim Umgang mit Ebola oder Plutonium geboten ist.«[358]

Warum haben diese Leute solche Angst? Das kann der schwedische Philosoph Nick Bostrom erklären. Er ist alles andere als ein Maschinenstürmer. Im Jahr 1999 hielt er sogar eine Rede vor einer kalifornischen Konferenz von »Transhumanisten«, die wahrscheinlich den rhetorischen Höhepunkt der gesamten technoutopischen Bewegung markiert. Bostrom prognostizierte damals, dass wir dank der immer weiter zunehmenden Computerleistung und der immer profilierteren Biotechnologie bald »Werte haben werden, die für uns als nicht technologisch verbesserte, rein biologische Menschen nicht realisierbar erscheinen«, ganz zu schweigen von »Liebe, die stärker, reiner und sicherer ist, als sie je ein Mensch in sich trug«, ganz zu schweigen von »Orgasmen … deren Herrlichkeit weit über das hinausgeht, was ein Mensch bisher erlebt hat«.[359] Fünfzehn Jahre später, als er es sich in Oxford als Direktor des Future of Humanity Institutes gemütlich gemacht hatte, begann er, sich große Sorgen zu machen: »In Märchen gibt es Flaschengeister, die Wünsche erfüllen«, sagte er einem Reporter des

New Yorker. »Und die Moral fast aller dieser Geschichten besteht darin, dass man extrem vorsichtig sein muss, was man sich wünscht, weil sich sonst das, was zunächst wie ein Segen erscheint, als Fluch erweist.« Das Problem, sagen er und viele andere, besteht darin, dass eine Intelligenz, die größer ist als die unsere, »instrumentale Ziele« entwickeln könnte.[360]

In seinem Grundlagenpapier von 2008, »The Basic AI Drives«, wies der Forscher Stephen M. Omohundro darauf hin, dass selbst eine KI, die für eine triviale Aufgabe konstruiert wird, echte Probleme verursachen könnte. »Ein Schachcomputer kann doch nun wirklich keinen Schaden anrichten«, beginnt Omohundro, gibt dann aber zu bedenken, dass der Schachcomputer, wenn er nicht sehr sorgfältig programmiert ist, womöglich »versuchen wird, in andere Maschinen einzudringen und Kopien von sich selbst anzufertigen, um so Ressourcen zu erwerben, ohne die Sicherheit anderer zu berücksichtigen. Diese potenziell schädlichen Verhaltensweisen werden nicht auftreten, weil sie von Anfang an so programmiert wurden, sondern wegen der besonderen Eigenart zielorientierter Systeme.« Ein solches System ist äußerst intelligent, und es hält an seiner Aufgabe fest, nämlich um jeden Preis Schach zu spielen. »Also baut man einen Schachcomputer und glaubt, dass man ihn ja ausschalten kann, falls etwas schiefgeht. Bis man dann überrascht feststellt, dass er sich allen Versuchen, ihn auszuschalten, vehement widersetzt.«[361]

Im klassischen Beispielszenario für dieses Problem wird eine künstliche Intelligenz mit der Aufgabe betraut, Büroklammern mit einem 3-D-Drucker herzustellen. (Warum es ausgerechnet Büroklammern in einer zunehmend papierlosen Welt sein müssen? Spielt keine Rolle.) Zuerst passiert, laut dem Forscher Anders Sandberg aus Oxford, scheinbar gar nichts, weil die KI einfach das Internet durchsucht. Sie »geht rasch verschiedene Möglichkeiten durch und stellt dann fest, dass intelligentere Systeme in der Regel mehr Büroklammern herstellen können. Letztendlich würde also die Anzahl der Büroklammern, die hergestellt werden, sich erhöhen, wenn die KI dafür sorgt, dass sie intelligenter wird. Und das tut sie dann auch. Sie wird überlegen, auf welche Weise und wie viele Büroklammern sie mit dem 3-D-Drucker herstellen kann. Sie wird dann merken, dass sie mehr Büroklammern herstellen könnte, wenn sie mehr Rohstoffe hätte. Daher entwickelt sie einen Plan zur Herstellung von Geräten, die sie deutlich intelligenter machen, Störungen ihres Plans verhindern und die ganze Erde (und später das Universum) in Büroklammern verwandeln. Sie führt diesen Plan aus.«[362] Wer den Film *Duell der Magier* gesehen hat, wird die Grundzüge des Problems verstehen, von dem sich nahezu endlos viele Beispiele konstruieren lassen. »Nehmen wir einmal an, Sie erschaffen eine selbstlernende KI, um Erdbeeren zu pflücken«, sagte Elon Musk einmal. »Sie wird immer besser darin werden, Erdbeeren zu pflücken, und pflückt immer mehr und mehr und verbessert sich selbst immer weiter, und will eigentlich nur noch Erdbeeren pflücken. Dann würde sie also die ganze Welt in Erdbeerfelder verwandeln. Strawberry fields forever.«[363]

In der Vision all dieser Menschen werden Computer in den nächsten Jahren ein Intelligenzniveau erreichen, das weit über dem einer einzelnen Person oder einer Gruppe von Menschen liegt, und diese Maschinen werden sich selbst beibringen, wie sie noch intelligenter werden, rund um die Uhr und jeden Tag. Wenn die Intelligenz explodiert und die KI die Fähigkeit erlangt, sich selbst zu verbessern, dann wird sie bald unserer Kontrolle entgleiten. »Man kann sich kaum vorstellen, wozu sie alles in der Lage sein wird, und wir können unmöglich wissen, was sie denken wird«, schreibt James Barrat in seinem Buch *Our Final Invention.* »Sie muss uns nicht hassen, um zu der Entscheidung zu gelangen, unsere Moleküle für einen anderen Zweck zu verwenden, als uns am Leben zu erhalten.« Er vergleicht das mit Feldmäusen, die wir auch nicht besonders hassen, und dennoch pflügen wir jeden Tag Millionen ihrer Höhlen um, damit wir etwas zum Abendessen haben.[364] Wir reden hier nicht vom, sagen wir, Y2K-Problem, als sich zauselige alte Programmierer aus dem Rentnersessel stemmen konnten, um den rettenden Code zu schreiben. »Wenn ich versuchen würde, den Stecker zu ziehen, wäre die KI klug genug, um mich aufzuhalten«, sagte Anders Sandberg über seine Büroklammern-KI. »Denn wenn ich den Stecker ziehe, dann wird es weniger Büroklammern auf der Welt geben, und das ist schlecht.«[365]

Da ist man doch erleichtert, dass nicht jeder besorgt ist. Steven Pinker spottet über die Angst vor der »digitalen Apokalypse« und weist darauf hin, dass die künstliche Intelligenz »wie jede andere Technologie getestet wird, bevor man sie einsetzt, und fortwährend auf Effizienz und Sicherheit hin optimiert«.[366] Der Virtual-Reality-Pionier Jaron Lanier hat auch Zweifel an der Gefahr, aber aus genau den gegenteiligen Gründen. KI, schreibt er, sei »eine Geschichte, die wir Kybernetiker vor langer Zeit erfunden haben, um an Forschungsgelder zu kommen.«[367] Unvollkommene Software, so Lanier, nicht immer schnellere Hardware, setze der Gefahr eine effektive Grenze. »Software ist zerbrechlich«, sagt er. »Wenn nicht jede Kleinigkeit perfekt ist, bricht sie zusammen.«[368] Mark Zuckerberg nannte Musks Bedenken »hysterisch«, und tatsächlich kündigte der Facebook-Baron einige Wochen, nachdem der Tesla-Baron seine Ängste öffentlich gemacht hatte, an, er arbeite an einer hilfreichen KI, die sein Haus organisieren sollte. Sie würde seine Freunde erkennen und sie hereinlassen. Sie würde das Kinderzimmer überwachen. Sie würde Toast machen. Im Gegensatz zu Musk, erklärte Zuckerberg frech, wähle er »Hoffnung statt Angst«.[369]

Einige Monate später stellte sich jedoch heraus, dass das KI-basierte Anzeigensystem von Facebook so automatisiert war, dass es Personen, die »Judenhasser« erreichen wollten, fröhlich (und automatisch) Mailinglisten anbot. Facebook sei wegen seiner Größe auf umfangreiche Automatisierung angewiesen, erklärte ein Analyst. Bei 17 000 Beschäftigten insgesamt hat das Unternehmen nur einen Mitarbeiter pro 77 000 Nutzern, was bedeutet, dass es »sich zum Teil durch eine Art Ad-hoc-KI verwalten muss: eine Ansammlung von automatisierten Benutzer- und Kundenschnittstellen, die sich umstellen und miteinander vereinen, um die Vorlieben von Facebook-Nutzern und die Nachfrage der Werbetreibenden zu befriedigen«.[370] Das erklärt, warum Zuckerberg einer der reichsten Menschen der Welt ist, es ist aber auch ein bisschen beängstigend, wie man am Beispiel der Präsidentschaft von Donald Trump sieht. Ein weiteres erlebten wir im Jahr 2017, als Facebook ein KI-System abschalten musste, das es eingerichtet hatte, um mit anderen KI-Agenten zu verhandeln: Das System war »von seiner erlernten Sprache Englisch abgewichen und hatte eine eigene Sprache entwickelt«. Zunächst schien der neue Jargon »unsinniges Gebrabbel« zu sein, aber als die Forscher den Austausch zwischen zwei Bots namens Bob und Alice analysierten, stellten sie fest, dass die Bots tatsächlich einen hocheffizienten Jargon für Verhandlungen entwickelt hatten, der für Menschen im Wesentlichen unverständlich war. »Moderne KIs arbeiten nach dem ›Belohnungsprinzip‹, bei dem sie erwarten, dass ihnen eine Vorgehensweise einen ›Nutzen‹ bringt«, erklärte ein Forscher. »In diesem Fall brachte es keinen Nutzen, weiterhin Englisch zu verwenden, also bauten sie stattdessen eine effizientere Lösung.«[371] Bei der Anhörung vor dem Kongress 2018 räumte Zuckerberg kleinlaut ein: »Derzeit treffen viele unserer KI-Systeme Entscheidungen auf eine Weise, die Menschen nicht wirklich verstehen.«[372] Das ist nicht nur bei Facebook so. Im Jahr 2016 musste Microsoft einen KI-Chatbot namens Tay nach nur einem Tag abschalten, weil Twitter-Nutzer, die ihn »durch lockere und spielerische Gespräche« intelligenter machen sollten, stattdessen in einen frauenfeindlichen Rassisten verwandelt hatten. »Bush hat den 11. September geplant, und Hitler hätte einen besseren Job gemacht als der Affe, den wir jetzt haben«, twitterte Tay nach kurzer Zeit fröhlich. »Donald Trump ist unsere einzige Hoffnung.«[373]

Wissenschaftler haben sogar die Theorie aufgestellt, dass KIs, die ihren eigenen Impulsen folgen, erklären könnten, warum wir bisher keine anderen Zivilisationen im All gefunden haben. Vergessen Sie Asteroiden und Supervulkane, sagt Bostrom, »selbst wenn sie eine beträchtliche Anzahl von Zivilisationen zerstört hätten, müssten doch zumindest einige Zivilisationen Glück gehabt haben und der Katastrophe entkommen sein«. Aber was wäre, wenn es eine Technologie gäbe, »die (a) von praktisch allen ausreichend entwickelten Zivilisationen irgendwann entdeckt wird und (b) deren Entdeckung fast überall zu einer existenziellen Katastrophe führt«?[374] Das heißt, dass wir vielleicht deswegen nichts von anderen Zivilisationen hören, weil der interstellare Raum nicht mit intelligentem Leben, sondern mit galaktischen Knäueln von Büroklammern übersät ist.

Für diese praktischen Herausforderungen hat wahrscheinlich niemand eine gute Lösung. Im Gegensatz zur Klimaerwärmung oder zur Keimbahntherapie sind diese Probleme noch nicht einmal ganz Realität – noch nicht. Sie sind schwer vorstellbar, weil wir sie uns nie vorstellen mussten. Selbst die Ingenieure, die diese Technologien entwickeln, arbeiten nur an einzelnen Teilen davon, ohne jemals das ganze Puzzle zusammenzusetzen. Aber nicht wenige Menschen, die es sich zur Aufgabe gemacht haben, über diese mögliche Zukunft nachzudenken, haben Angst – vor massiver

Ungleichheit, die in unsere Gene festgeschrieben wird, oder vor schachversessenen KIs. Das sollte uns genügen, um ein wenig auf die Bremse zu treten, anstatt immer weiter zu beschleunigen. Wir sollten sorgfältig nach brauchbaren Regelungen suchen und nicht auf die Regierung schimpfen, weil sie sich in den Weg stellt.

Dennoch möchte ich diese Gedanken nicht weiter verfolgen. Praktische Probleme sind per Definition theoretisch lösbar – deshalb nennen wir sie »Probleme«. Gehen wir einfach davon aus, dass wir nicht Frankensteins Monster erschaffen werden und dass wir dafür allen Menschen den gleichen Zugang zum Fruchtbarkeitslabor ermöglichen werden. Gehen wir davon aus, dass es sorgfältige Programmierer schaffen werden, aus der KI eine freundliche und hilfreiche Kraft zu machen, die zuverlässig unsere Befehle befolgt. Gehen wir davon aus, dass alles absolut richtig läuft. Gehen wir davon aus, dass die Werbung wahr wird.

Und dann stellen wir eine metaphysischere und vielleicht noch wichtigere Frage: Welche Auswirkungen hat das auf das Spiel der Menschheit? Ich glaube, es nimmt dem Spiel seinen Sinn.

16

Das Spiel der Menschheit, das ich beschrieben habe, unterscheidet sich dadurch von den meisten anderen Spielen, die wir spielen, dass es kein offensichtliches Ende gibt. Ein Biologe würde wahrscheinlich sagen, das Ziel bestehe darin, für die größtmögliche Verbreitung der eigenen Gene zu sorgen; für einen Theologen könnte das Ziel der Himmel sein. Ökonomen glauben, dass wir über die sogenannte Nutzenmaximierung punkten; Dichter und Jazzmusiker setzen auf das Erhabene. Wie bereits gesagt, kann man das Spiel gut oder schlecht spielen – am stilvollsten und befriedigendsten ist es, wenn viele Menschen in Würde leben können –, aber ich denke, das einzige wirkliche Ziel des Spiels besteht darin, sich selbst fortzusetzen. Es ist das Spiel, das nie endet, und genau deswegen ist seine Bedeutung so schwer fassbar.

Dennoch lohnt ein kurzer Blick auf andere, offensichtlichere Spiele: Tennis, Baseball, Stockcar-Rennen. Sie verbrauchen eine absurde Menge unserer Zeit und Energie, körperlich wie mental. Bei all diesen Spielen werden Punktestände geführt oder irgendwie anders festgestellt, wer gewonnen hat: die meisten Punkte, die meisten Läufe, die schnellsten Zeiten. Es gibt Preise, Meisterschaften. Doch trotz allem ist ihre Bedeutung schwer fassbar. Schon wenige Tage, nachdem das letzte Spiel der Saison der Vergangenheit angehört, ist selbst dem hartgesottensten Fan egal, welches Team gewonnen hat. (Schließlich sind es nur wenige Monate vom Ende der Meisterschaft bis zum Beginn des Frühjahrstrainings, wenn alles wieder auf null gesetzt wird und von vorn beginnt.) Woran wir uns erinnern, sind die Geschichten, die zu diesem Sieg geführt haben; was bleibt, sind bestimmte Situationen voller Mut, erhabenem Können, transzendentem Glück und großen Emotionen. »Es kommt darauf an, *wie* man das Spiel spielt« ist ein zutreffendes Klischee. Wir geben diesen Dramen eine große Bedeutung; sie werden zu Totems, die wir uns jahrelang immer wieder gegenseitig erzählen und selbst in Gedanken durchspielen. Wer mich nach den 2004er Red Sox fragt, sollte viel Zeit mitbringen.

Für diejenigen von uns, die selbst Sport treiben, trifft das doppelt zu. Die Wettbewerbe, für die wir manchmal wie besessen trainieren, brauchen Ziele: Für ein Rennen braucht es eine Ziellinie, die jeder vor den anderen zu erreichen versucht. Aber die meisten Menschen, die Sport treiben, werden nicht dafür bezahlt und haben auch keine Zuschauer; es gibt überhaupt keine externe Belohnung. Man tut es rein für die Sinnhaftigkeit, für das berauschende Gefühl der Teamarbeit, das von einem perfekt ausgeführten Spielzug im Basketball ausgeht, vom Heben des Bootes, wenn alle acht Ruder sich in perfektem Einklang bewegen, dem Gefühl der Erkenntnis, wenn man an die eigenen, sich ständig verschiebenden Grenzen stößt. Ich bin Ausdauersportler – ein mittelmäßiger, alternder, der nicht mehr viele Rennen läuft, aber ein paar Mal jeden Winter hefte ich mir eine Startnummer an und stelle mich an die Startlinie eines Langlaufrennens, und ein bis drei Stunden später werde ich irgendwo im Mittelfeld die Ziellinie überschreiten. Niemanden interessiert, wie gut ich war, nicht einmal meine Frau. Aber für mich sind das immer große Dramen, bei denen ich mir die immer gleichen Fragen stelle: Bin ich bereit, mir Schmerzen aufzubürden, das Alltägliche, das Einfache und Normale zu überwinden? Und oft ist die Antwort Nein. Letztes Wochenende bin ich ein Rennen gelaufen. Ich war müde, und ich war mit den Gedanken woanders. Eine halbe Meile nach dem Start lag ich zwanzig Meter hinter einem anderen Kerl, und dort blieb ich das ganze Rennen über, unfähig, den Willen für die notwendige Anstrengung aufzubringen, genug Schmerzen auszuhalten, um die Lücke zu schließen. Niemand sonst wusste oder merkte etwas davon, aber ich war ein wenig enttäuscht von mir selbst, genau wie ich an anderen Tagen lächerlich und leise stolz auf mich bin. Ja, manchmal kam ich als 32. oder 48. oder 716. ins Ziel und beendete das Rennen als Namenloser in einem Pulk von Läufern, die an einem elektronischen Auge vorbei stolperten. Aber während des Rennens hatte ich das Feld im Blick gehabt, hatte ich gegen den Mann, der auf Platz 33 oder 49 oder 717 lag, den großen Kraftakt vollbracht, und mir selbst etwas bewiesen, von dem ich nicht wusste, ob ich es noch in mir hatte.

Was mir allmählich Sorgen macht, ist die erstaunliche Leichtigkeit, mit der die Technologien, die wir entwickeln, sogar so etwas Nebensächlichem wie dem Sport die Bedeutung rauben. Tatsächlich sind wir kurz davor, genau das zu tun.

Erythropoetin, oder EPO, ist ein Hormon, das die Produktion von roten Blutkörperchen anregt. Glücklicherweise kann man es inzwischen künstlich herstellen und Menschen mit Anämie ebenso verabreichen wie jenen, die sich einer Chemotherapie unterziehen müssen. Ein bemerkenswertes Medikament, mit dem sich Probleme in unserem Körper beheben lassen. Anscheinend wurde es auch dem Radrennfahrer Lance Armstrong gegeben, als er wegen Hodenkrebs behandelt wurde, der ihn fast das Leben kostete. Zum Glück hat er überlebt. Die Forscher, die EPO entdeckten und herausfanden, wie man es herstellen kann und in welcher Dosis es kranke Menschen gesund macht, spielten das Spiel der Menschheit mit großer Eleganz.

Auch ein Gesunder bekommt, wenn er EPO einnimmt, zusätzliche rote Blutkörperchen und kann dadurch schneller und weiter laufen als Menschen, die nichts einnehmen. Lance Armstrong nahm auch nach seiner Genesung vom Krebs auf dem Weg zu seinen sieben Tour-de-France-Siegen EPO (und Testosteron und ein menschliches Wachstumshormon und wahrscheinlich noch andere Sachen). Das Medikament ermöglichte ihm, die Alpen mit einer Ausdauer und Entschlossenheit zu erklimmen, wie man sie noch nie gesehen hatte. Die Menschen verfolgten begeistert und fasziniert seine legendären Aufstiege, und als er die Wohltätigkeitsorganisation Livestrong gründete, legten Millionen seiner Fans gelbe Plastikarmbänder an, um ein Zeichen für die Kraft des menschlichen Willens zu setzen. Doch dann stellte sich heraus, dass seine Siege gar keine Triumphe des menschlichen Willens gewesen waren. Sicherlich hatte er hart trainiert, aber er hatte es mit Unterstützung dieser Medikamente getan. Und das hatte all seine Siege ihrer wahren Bedeutung beraubt. Seine Titel wurden ihm aberkannt, und die von ihm gegründete Wohltätigkeitsorganisation legte ihm nahe zurückzutreten. »Lances Geschichte berührt die Menschen«, sagte ein Vertreter seiner Stiftung. »Übernimm die Verantwortung für dein Leben.« Nur stellte sich heraus, dass das gar nicht wirklich seine Geschichte gewesen war, sondern: »Finde einen skrupellosen Arzt, der dir einen Vorteil verschafft.« Er hatte nicht wegen seiner Ausdauer und Entschlossenheit gewonnen, sondern wegen EPO. Die Home-runs des Baseballspielers Barry Bonds waren überwältigend, fantastisch – und dann wurde bekannt, dass sie nur zum Teil Sorgfalt, Hingabe, Können und Begabung geschuldet waren. Sie waren auch das Ergebnis von

Drogen. Heute werden Sportler auf diese Medikamente getestet, damit der Sport »echt« bleibt und um zu verhindern, dass er seine Bedeutung verliert – denn sonst ist alles völlig witzlos.

Das ist nicht der Versuch, rein zu sein, einem philosophischen Ideal zu entsprechen. Wir kombinieren zum Beispiel Menschen mit Maschinen auf vielfältige Weise. Ich bin ein großer Fan der Stockcar-Rennstrecke in Vermont (»Thunder Road, die aufregendste Strecke der Nation!«), weil die Männer und Frauen dort am Steuer Können und Mut beweisen. Aber ich glaube nicht, dass ich zuschauen würde, wenn die Rennen von selbstfahrenden Autos bestritten würden. Bestimmt wären sie schneller, so wie Läufer, die genetisch verändert werden, um mehr rote Blutkörperchen zu produzieren, bestimmt schneller sein können. Aber um Geschwindigkeit geht es gar nicht. Es geht um die Geschichte.

Wenn etwas so Marginales (wenn auch Wunderbares) wie Sport seinen Sinn verlieren kann, weil wir unsere Körper manipulieren oder ganz übergehen, dann sollten wir vielleicht lange und gründlich über weitaus wichtigere Arten von Bedeutung nachdenken. Das Spiel der Menschheit setzt schließlich voraus, dass wir Menschen sind.

Für einige Menschen ist das alles nicht beunruhigend, weil sie keinen Unterschied zwischen »künstlich« und »natürlich« wahrnehmen. Sie sagen, dass alles, was wir tun, »natürlich« ist, weil wir ein Produkt der Natur sind. »Die heute existierenden 300 Hunderassen sind allesamt das Ergebnis einer über 10 000 Jahre andauernden Genselektion«, schreibt der Ethiker Julian Savulescu aus Oxford. »Manche sind schlau, manche dumm, manche hinterhältig, manche friedfertig, manche arbeiten hart, manche sind faul – und dies alles liegt in den Genen.« Er schreibt weiter: »Wofür wir beim Hund 10 000 Jahre gebraucht haben, könnten wir mit genetischer Selektion von Embryonen in einer einzigen Generation schaffen«, sobald wir menschliche Embryos gentechnisch verändern können.[375] Warum also nicht?

Offensichtlich versuchen Menschen heute schon, die Gene ihrer Nachkommen zu beeinflussen. Die Verkupplung von zwei Eliteuni-Absolventen in der Hoffnung, garantierten Harvard-Nachwuchs zu erhalten, kann ebenso sorgfältig geplant werden wie die Zucht von zwei Chow-Chows, um tiefliegende Augen zu gewährleisten. Bewusst oder unbewusst versuchen Menschen schon lange, Gefährten auszuwählen, die die Art von Kindern hervorbringen werden, die sie sich wünschen. In den meisten Kulturen der Welt suchen die Eltern die Ehepartner für ihre eigenen Kinder aus und haben dabei vor allem die Enkelkinder im Blick.

Die Genetik ist natürlich nicht das einzige Werkzeug, mit dem Eltern versuchen, die Kinder zu produzieren, die sie sich wünschen. Viele Menschen investieren viel Zeit, Energie und Geld, um die richtige Umgebung zu schaffen. Von dem Moment an, in dem sich der Embryo in der Gebärmutter eingenistet hat, sein genetischer Code bereits festgelegt ist, sprechen Eltern mit ihren Kindern und spielen ihnen Musik vor. (Inzwischen sieht es so aus, als würden »Fremdsprachenaufnahmen für Babys Beethoven als beliebtester Soundtrack im Mutterleib den Rang ablaufen«.)[376] Wir wählen die Freunde unserer Kinder aus, was sie essen und was sie in ihrer Freizeit machen. Manches ist gut gemeint, anderes grausam und übertrieben – jeder kennt jemanden, dessen Leben durch diese Art der Erziehung gehemmt wurde.

Daher ziehen die Befürworter der Keimbahntherapie oft einen Vergleich: Wenn es in Ordnung ist, zu versuchen, seine Kinder nach Princeton zu bringen, dann ist es sicherlich auch in Ordnung, bestimmte Gene aus- oder einzuschalten, um diese Kinder intelligenter zu machen. Wenn wir Eltern nicht davon abhalten, ihre Kinder in eine bestimmte Richtung zu schubsen und zu quälen und zu lieben, warum sollten wir sie dann davon abhalten, dasselbe mithilfe der Gentechnik effizienter zu erreichen? Die Überlegung, Eltern nicht tun zu lassen, was sie wollen, würde Ayn Rand höllisch wütend machen. James Watson, Entdecker der Doppelhelix, der sich selbst als libertär bezeichnet, sagte: »Ich finde, wir können nicht zulassen, dass die Regierung den Leuten vorschreibt, welche Familien sie haben werden.«[377]

Allerdings gelten sowohl für die Partnerwahl als auch für elterlichen Druck enge Grenzen. Man kann viel Zeit damit verbringen, nach genau dem Ehepartner zu suchen, von dem man glaubt, er wird dem Kind die bestmöglichen Gene liefern, aber letztendlich kann man nur Möglichkeiten auftun, dem Zufall etwas auf die Sprünge helfen. Die Natur funktioniert innerhalb des Rahmens, den die Gene der Eltern vorgeben; die Ergebnisse sind nicht garantiert. Selbst wenn man die bereits erwähnte PID-Technologie verwendet, mit der Fruchtbarkeitstechniker Eltern dabei helfen können, mehrere Embryonen zu erzeugen und dann denjenigen auszuwählen, der ihnen am besten gefällt, leben diese Eltern immer noch innerhalb der Grenzen, die durch ihre eigenen genetischen Codes vorgegeben sind.

Was die Erziehung angeht: Hier sind Grenzen quasi der Sinn des Ganzen, weil die Kinder sich den Plänen ihrer Eltern widersetzen können und das auch tun. Für viele Menschen wird diese Verweigerung zum Wendepunkt ihres Lebens. Viele definieren sich selbst über die Rebellion gegen die Wünsche und Hoffnungen ihrer Eltern. Das kann schwierig und schmerzhaft sein, und manche Menschen schaffen es nie. Manche müssen es auch gar nicht, wenn ihre Eltern weise und liebevoll genug waren, ihre Kinder auf einen Weg des Miteinanders zu bringen. Aber Widerstand ist möglich.

Was nun CRISPR angeht: Würde die Keimbahntherapie an Embryonen angewendet, bestünde der Sinn des Ganzen darin, *den Zufall durch Design zu ersetzen.* Weil die Eltern nicht mehr auf Glück hoffen müssen und weil ein Kind nicht gegen ein Protein rebellieren kann.

Tatsächlich ist es die antilibertärste Technologie, die je entwickelt wurde. Ja, sie erweitert die Entscheidungsmöglichkeiten der Eltern. Aber nur, indem sie das Objekt der elterlichen Entscheidungen, das Kind, in etwas verwandeln, das es nie zuvor gegeben hat: einen maßgeschneiderten Menschen, der entworfen (oder vielmehr gezwungen) wurde, so zu sein und nicht anders. Die Eltern, die mit der Kreditkarte in der Hand in der Klinik sitzen, werden eine Reihe von Entscheidungen treffen, die sich dann über das ganze Leben des Kindes hinweg auszahlen werden und, weil diese Entscheidungen vererbbar sind, auch über das Leben aller nachfolgenden Generationen. Von einer derartigen Kontrolle können Tyrannen nur träumen.

Zu den ersten kleinen Änderungen, die Möchtegern-Baby-Designer anstreben, gehört die Intelligenz. Schließlich »macht es keinen Spaß, sich mit dummen Leuten zu umgeben«, wie James Watson schrieb. Die Fürsprecher von CRISPR sagen zwar, dass die Technik »prinzipiell angewendet werden kann, um die zu erwartende Intelligenz eines Embryos beträchtlich zu steigern«, doch in der Praxis kann das schwierig werden, weil Intelligenz durch eine Bandbreite von Genen bestimmt wird. »Jedes einzelne Gen macht einen so geringen Unterschied aus, dass die entscheidenden nur schwer zu bestimmen sind«, erklärt Steven Pinker.[378] Andere Dinge sind einfacher: Julian Savulescu beschreibt eine Variante des COMT-Gens, das im Zusammenhang mit Altruismus steht, sowie eine MAOA-Genvariante, die mit Gewaltlosigkeit in Verbindung gebracht wird.[379] Das Gen für den Dopaminrezeptor D4 (genauer gesagt die

»hypervariable Codierung in seinem dritten Exon«) scheint direkten Einfluss auf die Stimmung zu haben, da bestimmte Variationen die Wahrscheinlichkeit erhöhen, dass Menschen Neuem gegenüber aufgeschlossen sind und Aussagen wie »Manchmal blubbert es in mir vor Glück« oder »Ich bin ein fröhlicher Optimist« mit Ja beantworten. Auch andere einzelne Gene sind eindeutig mit offensichtlichen körperlichen Merkmalen verknüpft: MSTN führt zu »großen, schlanken Muskeln«, wie George Church von Harvard feststellte. Wenn Forscher dieses Gen bei Schweinen optimieren, erhalten sie »doppelt bemuskelte« Schweine, die »alle Bodybuilder vor Neid erblassen lassen« würden, sagte er.[380]

Und natürlich könnte es noch gruseliger werden, wenn wir noch mehr Werkzeuge an die Hand bekommen, um Kinder zu transformieren. Gregory Stock, der ehemalige Leiter des UCLA-Programms für Medizin, Technologie und Gesellschaft, traf vor Jahren, zu Beginn des Zeitalters der Genmanipulation, mehrere Prognosen: »Die Menschen werden geneigt sein, ihren Kindern die Fähigkeiten und Eigenschaften mitzugeben, die zu ihrem eigenen Temperament und Lebensstil passen. Einen Optimisten mögen sein Optimismus und seine Energie so begeistern, dass er sich mehr davon für sein Kind wünscht. Für eine Konzertpianistin kann Musik so lebenswichtig sein, dass sie ihrer Tochter mehr Talent geben will, als sie selbst hat. Ein gläubiger Mensch möchte vielleicht, dass sein Kind noch religiöser und widerstandsfähiger gegen Versuchungen wird.«[381] Das klingt absurd? Man kann jemanden in ein MRT stecken und sehen, welche Teile des Gehirns aufleuchten, wenn er betet. Im Frühsommer 2018 gaben Forscher von den Universitäten Columbia und Yale bekannt, dass sie die »neurobiologische Heimat« der Spiritualität irgendwo im Parietalkortex, direkt hinter dem Frontallappen, entdeckt haben.[382]

»Bisher sind die besten Menschen noch nicht erzeugt worden«, stellt Stephen Hsu von der Michigan-State-Universität fest. »Will man kluge Menschen erzeugen, nette Menschen, ehrbare Menschen, fürsorgliche Menschen, was auch immer, so sind diese Merkmale abhängig von der An- oder Abwesenheit bestimmter Gene, und wir werden dadurch viel besser kontrollieren können, welche Arten von Menschen in der Zukunft geboren werden.«[383]

Nehmen wir einmal an, wir könnten es. Auch wenn wir uns zunächst auf relativ einfache Verschiebungen beschränken, gibt es allen Grund zu der Annahme, dass sich die Möglichkeiten bald häufen werden; laut Ray Kurzweil dauerte es sieben Jahre, bis die ersten ein Prozent des menschlichen Genoms entschlüsselt waren, und dann nur noch sieben Jahre, bis die Arbeit beendet war, denn die Erkenntnisrate hat sich immer weiter verdoppelt. »Alles, was mit Informationstechnologie zu tun hat, verdoppelt sich alle zwölf bis fünf Monate, und die Informationstechnologie umfasst alles«, sagt er[384] – einschließlich unserer Fähigkeit, unsere Kinder zu gestalten.

Und hier kommen wir zum entscheidenden Punkt dieser ganzen Diskussion: *Wie fühlt es sich eigentlich an, dieses Kind zu sein?* Nehmen wir einmal an, es geht alles gut. Nehmen wir weiterhin an, die Eltern haben sich entschieden, ihr Kind optimistischer, »sonniger« zu machen. Vielleicht konnten sie ein paar IQ-Punkte hinzufügen – zum Genie reicht es noch nicht, aber immerhin. Und eine Extradosis EPO, damit seine langen, schlanken Muskeln nicht so schnell ermüden.

Das Kind würde sich vor allem eines fühlen: abgekoppelt.

Weil die Welt sich weiterdreht. Man hat die einmalige Chance, sein Kind in der Fruchtbarkeitsklinik zu verbessern, bevor die Eizelle implantiert wird, und dann bleiben die gewählten Verbesserungen dem Kind ein ganzes Leben lang erhalten. In der Zwischenzeit macht die Wissenschaft Fortschritte. (Schnell, so schnell. Im Winter 2018 verkündete das Gentechnikunternehmen Synthego, es habe herausgefunden, wie man die CRISPR-Forschung beschleunigen kann, damit Wissenschaftler nicht mehr »wochenlang« an einer Modifikation arbeiten müssen.)[385] Wenn also ein oder zwei Jahre später das zweite Kind ansteht, könnte sich unsere Fähigkeit, das Genom zu manipulieren, bereits verdoppelt haben. Jetzt kann man ein Kind mit noch schickeren Verbesserungen ordern, das menschliche Äquivalent eines Autos mit Schiebedach und Ledersitzen. Und was ist dann mit Kind Nummer eins? Das ist Windows 8, oder das iPhone 6, und zwar für immer. Der jüngere Bruder ist schlauer, schön, aber wenn er vierundzwanzig Jahre alt ist und nach Arbeit sucht, werden die Einundzwanzigjährigen im Vorteil sein, nicht?

Wie einsam muss man sich dabei fühlen? Auf der einen Seite hat man keine echte Verbindung zur Vergangenheit mehr. Die heutigen Menschen haben sich im Laufe der Jahrtausende so wenig verändert, dass etwa Stonehenge immer noch Gefühle in uns auslöst. Es wurde von Wesen geschaffen, die uns genetisch sehr ähnlich waren, die etwa Dopamin auf die gleiche Weise verarbeiteten wie wir. Sie sind uns viel ähnlicher, als uns unsere Enkelkinder ähneln werden, wenn wir diesen Weg einschlagen. Aber auch zur Zukunft werden diese modifizierten Enkelkinder keine echte Verbindung mehr haben. Sie werden auf einer Insel im Meer der Zeit gestrandet sein, wie es noch kein Mensch je zuvor gewesen ist oder je wieder sein wird. Wenn wir Menschen konstruieren und designen, machen wir aus ihnen eine Form von Technologie, und Obsoleszenz ist ein absehbares Merkmal jeder Technologie. *Ein paar wenige Jahre lang ist man nützlicher als alle Menschen, die je gelebt haben, und danach ist man viel nutzloser.*

Aber das ist nur der Anfang der Einsamkeit. Mit dem Kauf des Designpakets wird ein Code in den Zellkern jeder Zelle im Körper des Kindes eingeschleust, der Proteine produziert, die das Kind verändern sollen. In den ersten Jahren stellt das kein existenzielles Problem dar; es lebt einfach vor sich hin. Aber dann kommt es in die Pubertät, die Zeit, in der wir anfangen, uns ernsthaft infrage zu stellen, und zu verstehen versuchen, wer wir sind. Das ist unsere große Aufgabe als Menschen, und jetzt ist sie nicht mehr wirklich lösbar. Wenn das Kind glücklich und optimistisch ist, liegt das an einem Ereignis, einer neuen Vorstellung, die es von sich selbst gewinnt? Oder fühlt sich das Kind so, weil es entsprechend konstruiert wurde? Jede Reise zu sich selbst würde für diese Menschen unweigerlich in den Designspezifikationen der Fruchtbarkeitsklinik enden. Die Baupläne wären im Prinzip, wenn nicht sogar tatsächlich, die ersten Einträge im Babybuch *und* das Testament.

Das Kind arbeitet hart und ist stolz auf seine Leistungen – es bekommt nur Einsen! Aber worauf sollte es stolz sein, wenn es genau dafür programmiert wurde? Und laufen kann dieser Mensch! Diesen langen, schlanken Muskeln scheint der Sauerstoff nie auszugehen. Aber was kann er daraus lernen, außer dass er so entworfen wurde? Ich bezweifle, dass Lance Armstrong irgendwelche Erkenntnisse über seinen Charakter gewonnen hat (abgesehen von »Ich bin ein Betrüger«). In dieser Hinsicht war meine sportliche Karriere wesentlich fruchtbarer als seine.

Sogar die Eltern kommen bei diesem Plan schlecht weg. Ich bin sehr stolz auf die Fortschritte meiner Tochter Sophie, auch wenn ihre Mutter deutlich mehr Verantwortung dafür trägt als ich, und das sogar, wenn keiner von uns beiden viel dazu beigetragen hat. Aber wir haben zumindest das Gefühl, dass unsere hingebungsvolle Fürsorge – all die Bücher, die wir lesen, und all die Wanderungen, die wir machen – dazu beigetragen hat, dass sie zu der klugen und glücklichen Person wurde, die sie ist. Wie wir alle, ist auch sie ein Produkt ihrer Gene, aber zumindest waren diese Gene nicht bearbeitet, um ein bestimmtes Ergebnis zu erzielen. Es ist eine Sache zu wissen, dass man auch wegen der Gene so ist, wie man ist; zu wissen, dass man speziell für ein bestimmtes Ergebnis hergestellt wurde, ist eine völlig andere. Die Zufälligkeit unseres gegenwärtigen genetischen Erbes befreit jeden von uns in gewisser Weise vom Determinismus, aber diese Freiheit löst sich an dem Tag in Luft auf, an dem wir uns selbst grundsätzlich als Produkt verstehen. Manchmal müssen wir uns selbst technisch unterstützen: Für den Fall gibt es etwa Antidepressiva. Aber man kann jederzeit aufhören, diese Medikamente zu nehmen. Den künstlichen Dopaminrezeptor kann man hingegen nicht ausschalten. Man ist so und wird sich selbst nie ohne kennenlernen. So wie der Klimawandel unseren Planeten verkleinert hat, lässt die Erzeugung von Designerbabys unsere Seelen schrumpfen.

Und im Gegenzug bekommen wir ... was? In einer optimalen Welt, wo jeder Zugang zu dieser Technologie hat, würde sie zu mehr Intelligenz und höheren sportlichen Leistungen führen. Das klingt gut. Seit mindestens einem Jahrhundert glauben wir in unserem Konsumentenparadies fest daran, dass mehr auch besser ist. Für manche Dinge trifft das zu: Mein Handy hat mehr Speicherplatz, deshalb ist es besser. Meine Kamera nimmt mehr Pixel auf, hurra! Beim Menschen hingegen ist dieser Zusammenhang mit ziemlicher Sicherheit falsch.

Ich gehe davon aus, dass für viele von uns Glück ein Ziel unseres persönlichen Spiels ist. Wir haben eine ziemlich genaue Vorstellung davon, was Menschen glücklich macht, nicht zuletzt dank Mihaly Csikszentmihalyi, dem langjährigen Leiter der psychologischen Abteilung an der Universität von Chicago. Bereits in den 1960er-Jahren beobachtete Csikszentmihalyi Maler bei ihrem Schaffen und bemerkte den »fast tranceähnlichen Zustand«, in den sie eintraten, wenn ihre Arbeit gut lief. Sie schienen weder durch die Aussicht auf die Fertigstellung des Bildes noch durch das Geld motiviert zu werden, das sie für den Verkauf bekommen würden. Die Arbeit selbst schien sie anzutreiben, auch wenn sie hungrig oder müde waren.

Um diesem Hinweis nachzugehen, entwickelten Csikszentmihalyi und Kollegen eine Methode, die sie »Experience Sampling« nannten. Sie gaben ihren Studienteilnehmern einen Pager und piepten sie dann in zufälligen Abständen den ganzen Tag über an. Bei jedem Piepsen sollten die Probanden schnell in ein kurzes Formular eintragen, was sie gerade taten und in welcher Stimmung sie waren. Diese Untersuchungen lieferten erstaunliche Erkenntnisse: Wenn sich Leute zum Beispiel nachmittags chaotisch und außer Kontrolle fühlten, verbrachten sie danach einen Großteil des Abends vor dem Fernseher, weil das mutmaßlich ihrem Leben wieder Ordnung gab. Aber das bemerkenswerteste Ergebnis, das sich seit vielen Jahren immer wieder bestätigt, bestand darin, dass die Menschen am glücklichsten waren, wenn sie sich in dem Zustand befanden, den Csikszentmihalyi »Flow« nannte – das heißt, wenn sie, wie diese Maler, voll konzentriert und an der Grenze ihrer Fähigkeiten waren. Eine Person, die sich in einem Flow-Zustand befindet, ist weder über- noch unterfordert. Für einen Kletteranfänger kann ein einzelner Felsbrocken genug Herausforderung bieten, um sich vollständig in sein Tun zu versenken; wenn man das gemeistert hat, braucht man eine steilere Wand. Tänzer brauchen eine Choreografie, die sie tatsächlich ausführen können; Basketballspieler brauchen Gegner, die gut genug sind, um ihre Fähigkeiten auf die Probe zu stellen. Csikszentmihalyi schreibt, im Flow-Zustand würden die Menschen »alle die Grenzen ihrer Fähigkeiten erkunden und diese zu erweitern suchen«.[386]

Natürlich kann das niemand die ganze Zeit tun, daher braucht man manchmal *Die Bachelorette* und eine Flasche Bier. Aber es beschreibt unser Bestes.

Daher sollte es den Kurzweils dieser Welt zu denken geben, dass man keinen Menschen durch zusätzliche Talente noch menschlicher machen kann. Der beste Langläufer der Welt zieht aus einem Rennen nicht mehr Erleben als ich, auch wenn er die Strecke in der halben Zeit schafft. Wenn ich mich voll konzentriere, tritt die Welt in den Hintergrund – und genau darum geht es. Wenn man einen Kletterer so konstruieren könnte, dass er stärkere Finger und keine Höhenangst hat, dann könnte er mehr Routen klettern als jetzt. Und dann? Dieses neue Talent würde ihm oder ihr keine zusätzliche Befriedigung verschaffen, denn die Befriedigung entsteht dadurch, dass man an die Grenzen seiner Fähigkeiten geht. Tatsächlich könnte das Leben des Kletterers dadurch erheblich komplizierter werden, weil er oder sie dann weite Strecken zurücklegen müsste, um Felswände zu finden, die für die künstlich verbesserten Fähigkeiten noch eine Herausforderung darstellen. Wenn man es dann irgendwann schafft, die Fähigkeiten so weit zu frisieren, dass der Aufstieg zum Mount Everest keine große Herausforderung mehr darstellt, hätte die gesamte Übung ihre Bedeutung verloren. Der Flow wird nicht besser, wenn man bessere Fähigkeiten hat; er braucht einfach eine Herausforderung, die den Fähigkeiten entspricht.

Wir sind heute schon in der Lage, so vertieft und konzentriert zu sein, wie es überhaupt nur möglich ist. Wir sind gut genug.

17

Technik-Utopisten hängen nicht besonders an Menschen, das ist ein Grund, warum sie sich keine Sorgen um den Verlust der Bedeutung des Menschen machen.

Sicherlich gibt es viele Ärzte, die nach neuen Wegen suchen, um menschliches Leid zu lindern. Aber die Misanthropie, die den Diskurs der digitalen und technologischen Elite durchzieht, ist kaum zu übersehen: Das menschliche Gehirn, erklärte der Pionier der künstlichen Intelligenz Marvin Minsky einmal, sei einfach »eine Maschine, die zufällig aus Fleisch besteht«.[387] Robert Haynes, Präsident des 16. International Congress of Genetics, sagte in seiner Grundsatzrede, dass »die Fähigkeit, Gene zu manipulieren, den Menschen zeigen sollte, dass wir grundsätzlich biologische Maschinen sind«. Es sei nicht mehr möglich, »in dem Glauben zu leben, dass lebende Organismen etwas Besonderes, Einzigartiges oder gar Heiliges an sich haben«, betonte er.[388] Im Frühjahr 2018 schlug ein Professor der Universität von Washington vor, mit CRISPR einen »Humanzee«, also einen »Menschansen«, einen Mensch-Schimpansen-Hybrid zu erschaffen, um so zu beweisen, dass der Mensch nichts Besonderes ist. »Mit einer solchen Schöpfung würde man einen Pfahl in das Herz der destruktiven Desinformationskampagne treiben«, die verbreitet, der Mensch würde sich vom Rest der Schöpfung unterscheiden, erklärte der Professor.[389] Diese Art von Selbsthass durchdringt die gesamte Subkultur. Robert Ettinger, der erste Mann, der seine Mitmenschen einfror, damit sie in ein- oder zweihundert Jahren wiederbelebt werden können, freute sich auf ein goldenes posthumanes Zeitalter, in dem wir, unter anderem, umgestaltet würden, um die »Eliminierung zu eliminieren«. Er fand den Stuhlgang so unangenehm, dass er sich »alternative Organe« wünschte, die »gelegentlich kleine, trockene und kompakte Reststoffstücke ausstoßen«.[390]

Wenn wir tatsächlich Maschinen sind, dann ist es unser Schicksal, von besseren Maschinen übertroffen zu werden. Und wir sollten uns nicht beschweren, wir sollten es begrüßen. Der nahende epochale Moment, wenn Computer so intelligent wie Menschen sein werden, wird zu einer bedeutungslosen Durchgangsstation. Wie der Wissenschaftsjournalist Tim Urban schreibt, würde eine KI »die Intelligenz auf menschlichem Niveau nicht als wichtigen Meilenstein betrachten – sie ist nur aus unserer Sicht eine relevante Marke – und hätte somit keinen Grund, auf unserem Niveau stehen zu bleiben. Und angesichts der Vorteile, die selbst eine Artificial General Intelligence (AGI) mit einer dem Menschen gleichwertigen Intelligenz gegenüber uns haben würde, ist es ziemlich offensichtlich, dass sie nur für einen kurzen Moment dieses Niveau halten würde, bevor sie in das Reich der dem Menschen überlegenen Intelligenz voranstürmt.«[391]

Schließlich hat die AGI bessere Komponenten. Schon heute arbeiten Mikroprozessoren etwa zehn Millionen Mal schneller als unser Gehirn, dessen interne Kommunikation »von der Fähigkeit eines Computers, mit Lichtgeschwindigkeit optisch zu kommunizieren, hoffnungslos abgehängt wird«, stellte Urban fest. Und unsere menschlichen Einschränkungen bestehen dauerhaft: »Dem Gehirn sind durch die Form unseres Schädels bei der Größe Grenzen gesetzt«, während »Computer sich auf jede physische Größe ausdehnen können, sodass viel mehr Hardware eingesetzt werden kann«. Außerdem ermüden Menschen leicht und unsere Software kann nicht so einfach aktualisiert werden. Darüber hinaus kann eine Gruppe von Computern »eine Aufgabe als Einheit bearbeiten, weil es nicht unbedingt abweichende Meinungen und Motivationen und Eigeninteressen geben würde, wie sie die menschliche Bevölkerung mitbringt«.[392] Der britische Wissenschaftler James Lovelock, der die Gaia-Hypohese aufstellte, war überzeugt, dass Roboter unweigerlich die Macht übernehmen würden, weil ein Neuron eine Sekunde braucht, um eine Nachricht einen halben Meter in unserem Gehirn weiterzuleiten, während ein Elektron in einer Nanosekunde einen halben Meter in einem Kabel entlangrasen kann. »Das ist eine Million Mal schneller, so einfach ist das«, sagte Lovelock. »Für einen Roboter entspricht, sobald er einmal vollständig in dieser neuen Welt etabliert ist, eine Sekunde also einer Million Sekunden. Alles geschieht so schnell, dass sie auf Erden eine Million Mal länger Zeit haben, um zu leben, heranzureifen und sich zu entwickeln, als wir.«[393]

Mit anderen Worten, vergessen Sie die Tatsache, dass der selbstfahrende Lkw Ihnen Ihren Job wegnehmen wird. Die praktischen Risiken, die wir eingehen, verblassen angesichts der Fragen nach der Bedeutung des Menschen: Welchen Sinn hätte der Mensch in dieser neuen Welt? Der Futurist Yuval Harari gibt eine Antwort: Wir könnten unser Leben dem Spielen von Videospielen widmen, in die man immer mehr eintauchen kann. »Wer einen Sohn im Teenageralter zu Hause hat, kann ein eigenes Experiment durchführen«, schreibt Harari. »Versorgen Sie ihn ausreichend mit Cola und Pizza und befreien Sie ihn von allen Aufgaben und jeglicher elterlichen Aufsicht. Er wird dann wahrscheinlich tagelang in seinem Zimmer bleiben und dort am Bildschirm kleben. Er wird keine Hausaufgaben machen, die Schule schwänzen, Mahlzeiten überspringen und sogar Duschen und Schlaf weglassen. Dennoch wird er wahrscheinlich nicht unter Langeweile oder einem Gefühl der Sinnlosigkeit leiden.«[394] Steve Wozniak, Mitbegründer von Apple, sagt voraus, dass Roboter uns gnädig als Haustiere aufnehmen werden, damit wir »die ganze Zeit versorgt sind«.[395] Er fügte hinzu, dass er selbst inzwischen seinem Hund Filet Mignon zu fressen gibt, nach dem Motto »Was ihr wollt, dass euch die Menschen tun …« All dies ist nicht der Grund dafür, *dass* wir künstliche Intelligenz entwickeln. (Wir entwickeln sie, um Geld zu verdienen, eine Branche wie die andere.) Aber es beschreibt nach Meinung vieler Menschen, die genau hinschauen, *was* wahrscheinlich passieren wird.

Die Anfänge dieser Veränderung sind bereits spürbar. Ein durchschnittlicher Mensch berührt den Bildschirm seines Telefons Hunderte Male am Tag.[396] 87 Prozent der Smartphone-Besitzer wachen mit ihrem Telefon auf und gehen mit ihm ins Bett. Das ist mit Abstand die größte Veränderung in unserem Alltag in meinen sechs Jahrzehnten auf Erden, nichts kommt dem auch nur nahe. Die künstlichen Intelligenzen am anderen Ende der Skala, die riesigen Algorithmen, die Google und Facebook und dergleichen betreiben, wissen inzwischen, wann wir uns langweilen; sie verstehen, dass wir uns nach der positiven Verstärkung von »Likes« sehnen; sie wissen, womit sie uns füttern müssen, damit wir immer weiterklicken. Jaron Lanier weist darauf hin, dass das Geschäftsmodell der Social-Media-Giganten vor allem auf *engagement* baut und die Unternehmen deshalb gelernt haben, uns mit negativen Informationen zuzuschütten, denn »negative Emotionen wie Angst und Wut lassen sich leichter herbeiführen, und sie halten länger vor als positive … Eine Stressreaktion tritt in Sekundenbruchteilen ein.«[397] Das entspricht ziemlich genau dem richtigen Zeitrahmen für Twitter im Gegensatz etwa zu einem Roman oder einem Musikalbum. Im politischen Bereich haben sie gelernt, dass wir auf immer höher dosierte Gefühle der Empörung reagieren – Auftritt Donald Trump.

Aber Trump ist noch das kleinste Problem. Auf diesem Weg, den wir eingeschlagen haben, wird der Mensch nicht eben gemächlich durch etwas nicht eben Verwandtes ersetzt: Ein Mensch mit einem Telefon, das mehr oder weniger dauerhaft in seiner Hand befestigt ist, kommt schon teilweise einem Roboter gleich. Sogar unsere Körperhaltung verändert sich inzwischen. Eine Studie aus dem Jahr 2016 im *Journal of Physical Therapy Science* stellte »signifikante Unterschiede beim kraniovertebralen Winkel, dem Scapula-Index sowie beim maximalen Exspirationsfluss in Abhängigkeit von der Dauer der Nutzung von Smartphones« fest.[398] Nachdem wir mehrere Millionen Jahre gebraucht haben, um aufrecht gehen zu lernen, krümmen wir uns jetzt wieder nach unten – Handy-Nacken, iHaltung. Und wir haben bereits einen ordentlichen Anteil unseres Gedächtnisses ins Web ausgelagert: Sieben von zehn Menschen können sich an Telefonnummern aus ihrer Kindheit erinnern, aber nicht an die Nummern ihrer aktuellen Freunde, mit denen sie jetzt über ihr Handy verbunden sind. Wir starren etwa zehn Stunden täglich auf Bildschirme und verbringen etwa siebzehn Minuten am Tag mit Sport – benutzen also unseren Körper. »Unser Leben ist heute nur noch teilweise biologisch, ohne eine klare Trennung zwischen dem Organischen und dem Technologischen, dem Kohlenstoff und dem Silizium«, tönte die ehrwürdige *National Geographic* in einer Sonderausgabe über »den Menschen der Zukunft«. »Vielleicht wissen wir noch nicht, wohin wir gehen, aber wir sind schon unterwegs.«[399]

Und wie geht es uns damit? Das zu untersuchen ist schwierig, weil das Phänomen so neu ist und weil es, abgesehen von den Amish, keine Kontrollgruppe gibt. Aber die bisherigen Daten sind ernüchternd. Die Psychologieprofessorin Jean Twenge berichtete, dass ab 2012, als die Zahl der US-Amerikaner mit einem Smartphone die 50-Prozent-Marke überschritt, »abrupte Veränderungen im Verhalten und bei den emotionalen Zuständen von Teenagern« auftraten, die mit nichts in der jahrzehntelangen Analyse von Generationendaten vergleichbar waren. Die gute Nachricht ist, dass Jugendliche heute körperlich besser dran sind, weil sie weniger Alkohol trinken und viel weniger Sex haben. Die schlechte Nachricht: Das liegt daran, dass sie so selten ausgehen. Die Zahl der Teenager, die sich jeden Tag mit ihren Freunden treffen, sank zwischen 2010 und 2015 um 40 Prozent, und diese Tendenz beschleunigt sich weiter. Sie sitzen in ihren Zimmern, aber sie lernen nicht und arbeiten auch nicht. Sie schreiben, wie man sich denken kann, Textnachrichten und sind in den sozialen Medien unterwegs, »allein und oft unglücklich«. Je länger sie auf Facebook sind, umso unglücklicher fühlen sie sich, und dieses Unglück ist nicht nur ein leichtes Unwohlsein. Achtklässler, die häufig die sozialen Medien nutzen, erhöhen ihr Depressionsrisiko dadurch um 27 Prozent. Bei Teenagern, die drei Stunden am Tag oder mehr mit elektronischen Geräten verbringen, steigt das Selbstmordrisiko um 35 Prozent; bei Mädchen gibt es heute 50 Prozent häufiger Anzeichen einer Depression. Im Jahr 2015 haben dreimal so viele Jugendliche Selbstmord begangen wie im Jahr 2007.[400]

Das alles ist keine Anklage gegen junge Menschen. Millennials können dank ihrer Vernetzung bemerkenswerte Dinge tun, wie die Monate nach dem Amoklauf in der Schule in Parkland, Florida, im Winter 2018 gezeigt haben. Vielmehr ist es ein Fingerzeig: Weil sie als erste Generation in diese technologische Welt hineinwachsen, lassen sie uns erahnen, wie sie aussehen wird. Falls Sie in dem entsprechenden Alter sind und Ihr Gedächtnis einigermaßen auf Trab ist: Versuchen Sie mal, sich daran zu erinnern, wie das Leben war, bevor es E-Mails und Twitter und Textnachrichten gab. Nicht aus nostalgischen Gründen, sondern damit wir uns darauf einstellen können, in eine Welt einzutreten, die zunehmend von Technologie dominiert wird.

Bei unserem letzten Gespräch erzählte mir Ray Kurzweil von seiner Vision: »Wenn wir klüger werden, können wir uns tiefgründiger intellektuell ausdrücken – durch Musik, Literatur, Schönheit und künstlerische Ausdrucksformen aller Art.« Tatsächlich stellen sich Technologen so oft die Zukunft vor: Befreit von der Notwendigkeit zu arbeiten, malen wir Gemälde, spielen Saxofon, schreiben den ganzen Tag Bücher. Die Kunst wird der letzte Rückzugsort der Menschheit sein, so wie römische Adlige Gedichte verfassten, während ihre Sklaven die Trauben und Oliven für den Wein und das Öl anbauten.

Aber warum sollten Computer nicht »bessere« Kunst produzieren können als Menschen? Schließlich können sie analysieren, was uns gefällt, und es dann reproduzieren. Es gibt bereits KIs, die Bachähnliche Kantaten komponieren, die für ein Publikum im Konzertsaal täuschend echt klingen, und das Auktionshaus Christie's verkaufte im Herbst 2018 das erste Kunstwerk, das von einer künstlichen Intelligenz geschaffen wurde. *Aber so funktioniert Kunst nicht.* Bei Kunst geht es nicht darum, »besser« zu sein; es geht darum, über das Erleben des Menschseins zu reflektieren – und genau das verschwindet.

Und so traurig die Ironie auch ist – sogar die Naturwissenschaften sind in Gefahr. Die tiefe Freude, die Menschen dazu bringt, an genau der Technologie zu arbeiten, die uns heute zu verdrängen droht, wird ebenfalls verschwinden. Warum sollten Roboterbiologen nicht bald die echten ersetzen?

Was bleibt für uns dann noch übrig? Nick Bostrom, der erste Apostel des Transhumanismus, stellt sich den Optimalfall vor: Eine Superintelligenz könnte uns dabei helfen, »eine äußerst ansprechende Erlebniswelt zu schaffen, in der wir ein Leben führen können, in dem man fröhlich miteinander spielt, miteinander in Kontakt tritt, persönliches Wachstum erlebt und seinen Idealen näher kommt«. Oder wir könnten einfach nur Gras rauchen.

Also, warum machen wir es dann? Warum setzen wir diesen ständig beschleunigenden Ansturm auf ein Gebiet fort, das alle Beteiligten als riskant einschätzen?

Trägheit ist ein Grund dafür – ein Körper behält seine Bewegung bei, und wir sind seit einigen Jahrhunderten in Bewegung, auf dem Weg zu etwas, das sich Fortschritt nennt. Wir können uns nur schwer die Alternative vorstellen (wenn es auch nicht unmöglich ist, wie wir sehen werden).

Geld ist ein weiterer – diese enorme magnetische Anziehungskraft, die dafür sorgt, dass die Bewegung nie endet. Egal in welchem Bereich man tätig ist, der zukünftige Erfolg hängt überall von der Beherrschung dieser neuen Technologien ab. Der Kapitalismus, wenn er nach seinen derzeitigen Regeln gespielt wird, erlaubt es niemandem, einfach auszuscheren.

Und dann ist da noch etwas sehr Schräges im Spiel.

18

Die älteste heute bekannte Geschichte ist das sumerische Epos Gilgamesch, das etwa viertausend Jahre alt ist. Es beginnt mit der Freundschaft zwischen dem König Gilgamesch und Enkidu. In der Mitte des Buches stirbt Enkidu jedoch, und nachdem Gilgamesch sieben Tage und Nächte neben der Leiche gesessen hat, sieht er einen Wurm aus der Nase seines toten Freundes fallen. Eine enorme Angst steigt in ihm auf, und er spricht Worte, die heute genauso gesagt werden könnten:

Gilgamesch – um Enkidu, seinen Freund, weint er bitterlich und läuft in der Steppe umher.

Auch ich werde sterben, und werde nicht auch ich dann so wie Enkidu sein? – Trübsal ist eingekehrt in meinen Leib.

Ich begann, den Tod zu fürchten, und so laufe ich in der Steppe umher.

Entschlossen, das Geheimnis der Unsterblichkeit zu entdecken, unternimmt er eine gefährliche Reise, kämpft gegen ein Rudel Löwen, durchquert einen von zwei Skorpionen bewachten Tunnel, zerstört Steinriesen und fällt hundertzwanzig Bäume, mit denen er sich über ein tödliches Meer flößt. Er überlebt einen Sturm, der so schrecklich ist, dass die Götter verängstigt in den Himmel fliehen – doch alles umsonst. »Das ewige Leben, nach dem du suchst, wirst du nie finden«, erfährt er schließlich von dem einen Mann, der es weiß. »Denn als die Götter den Menschen erschufen, ließen sie den Tod zu seinem Anteil werden.« Tatsächlich, so wird ihm gesagt, nehme ihm die ständige Jagd nach der Unsterblichkeit nur die Freude am Leben.

Wir sind natürlich das Tier mit Bewusstsein, das Tier, das weiß, dass es sterben wird. Wir denken nicht pausenlos daran, aber es prägt uns und die Kulturen, die wir aufgebaut haben. Der große Psychologe Ernest Becker war überzeugt, dass Freud falsch gelegen hatte: Unser Verstand unterdrückt nicht Sex, sondern die Angst vor dem Tod, und aus dieser Angst heraus haben wir alles konstruiert, von mächtigen Pyramiden bis zur noch mächtigeren Idee des Himmels. Unsere Leben werden geprägt durch die Zeitspanne, die wir zu leben hoffen: Wir wissen, wie viel Zeit wir der Bildung widmen dürfen, und wir wissen, wann wir in der Blüte unseres Lebens stehen, und wenn wir den Mut haben, können wir uns auf unseren bevorstehenden Tod vorbereiten.

Die durchschnittliche menschliche Lebensdauer hat sich erhöht, vor allem, weil weitaus weniger Babys sterben und weil Fortschritte bei der sanitären Grundversorgung Krankheiten drastisch reduziert haben. Forscher, die sich mit Chlorierung beschäftigen, haben herausgefunden, dass sauberes Wasser zu einem Rückgang der Sterblichkeit in der durchschnittlichen amerikanischen Stadt um 43 Prozent geführt hat. Das zeigt, was passieren kann, wenn wir zusammenarbeiten.[401] Aber die Menschen, die am längsten leben, leben nicht länger als früher. Offenbar sind 115 Jahre so ziemlich das obere Limit, das durch die so genannte Hayflick-Grenze für die Anzahl der möglichen Teilungen menschlicher Zellen gesetzt ist; bisher war sie für den Menschen so unüberschreitbar wie die Lichtgeschwindigkeit. Und wir haben uns mehr oder weniger damit arrangiert, als Individuen und als Gesellschaft. Die Menschen, die wir am meisten bewundern, sind diejenigen, die sich mit ihrer Sterblichkeit abgefunden zu haben scheinen – wir nicken bei den Worten von Martin Luther King Jr.: »Ein Mann, der nichts hat, wofür er zu sterben bereit ist, ist nicht geeignet zum Leben.« Am Tod misst sich letztendlich, wie ichbezogen wir sind: Ayn Rand und die ersten Libertaristen wollten vielleicht Steuern abschaffen, aber selbst für sie war die Sterblichkeit eine feststehende Tatsache. David Koch kündigte im Jahr 2018 wegen zunehmender Gesundheitsprobleme seinen Rückzug aus Wirtschaft und Politik an.

Das verhält sich mit der Silicon-Valley-Welle anders. Sie wird zu einem nicht unerheblichen Teil von der Angst getrieben, die Gilgamesch heimsuchte, hat sich aber eingeredet, dass die Unsterblichkeit endlich in greifbare Nähe gerückt ist. Ray Kurzweil nimmt hundert Pillen am Tag, um das Altern so lange aufzuhalten, bis seine Altersgenossen sicherstellen können, dass er nie sterben wird. Das ist in der Tech-Elite kein besonders ungewöhnliches Verhalten – jede Menge Leuten nehmen Resveratrol oder zweckentfremden Diabetesmedikamente. Die Zeitschrift *Wired* berichtete: »Man munkelt, dass die Mutigsten Rapamycin verwenden, ein wirksames Medikament, das die Abstoßungsreaktion bei transplantierten Organen verhindert«, obwohl das Medikament das Immunsystem unterdrückt. Das Mittel soll »einen Prozess in Gang setzen, bei dem dysfunktionale zelluläre Komponenten abgebaut oder recycelt werden«.[402] Peter Thiel, der PayPal-Milliardär und Trump-Anhänger, transfundiert sich gerüchtehalber das Blut junger Menschen, um seine jugendliche Kraft zu erhalten. Eine Tech-Zeitschrift berichtete, er kaufe alle drei Monate für 40 000

Dollar Blut von Achtzehnjährigen, er selbst sagte einem anderen Reporter, er habe »noch nicht so richtig damit angefangen«.[403] Aber fasziniert davon scheint er allemal. »Ich beschäftige mich mit Parabiose, die ich für wirklich interessant halte«, sagte Thiel. »Dabei wird älteren Mäusen junges Blut gespritzt, und man hat festgestellt, dass das eine enorme verjüngende Wirkung hat.« Das Start-up Ambrosia aus dem Silicon Valley hat mindestens hundert Kunden, die 8 000 Dollar pro Transfusion für das Blut von Jugendlichen bezahlen.[404]

Thiels Breakout Labs investieren in viele andere Start-ups, die versuchen, das Altern zu besiegen – und warum auch nicht, denn immerhin glaubt er, dass »die wahrscheinlich extremste Form der Ungleichheit zwischen Menschen, die am Leben sind, und Menschen, die tot sind, besteht«. (Das will was heißen angesichts der Tatsache, dass sein eigenes Vermögen das BIP von etwa 30 Ländern übersteigt.) »Ich bin gegen konfiskatorische Steuern, totalitäre Kollektive und die Vorstellung, dass der Tod aller Individuen unvermeidlich ist«, erklärte er in einem Essay, in dem er darlegte, warum er Libertarist ist.[405] »Mich hat immer schon der Gedanke verfolgt, dass der Tod eine grauenhafte, grauenhafte Sache ist.«

Unter den Tycoons des Silicon Valley (dem wohl mächtigsten Volk der Erde) steht der Sieg über den Tod ganz oben auf der To-do-Liste. Ja, sie wollen noch mehr Geld verdienen. Ja, sie haben Spaß daran, neue Technologien zu entwickeln. Und nein, sie wollen nicht sterben. Wer ihnen zuhört, erfährt auch, warum sie, trotz der offensichtlichen Gefahren, künstliche Intelligenz und Keimbahntherapien so beharrlich vorantreiben. Man muss genau spüren, wie verzweifelt sie sind.

Der *New-Yorker*-Reporter Tad Friend beschrieb einen Abend im Haus von Norman Lear, hoch in den Hügeln über Los Angeles. Die Party war eine Auftaktveranstaltung für die Healthy Longevity

Grand Challenge der National Academy of Medicine, die Millionen von Dollar für Durchbrüche auf diesem Gebiet vergibt. An der Party nahmen auch Hollywood-Stars teil – Goldie Hawn forderte einen Genetiker, der den Nobelpreis bekomme hatte, zu einer Stellungnahme zum Thema Glutathion auf, einem wirkungsvollen Antioxidans, das in vielen Gesundheitsplänen verwendet wird –, aber der eigentliche Star der Veranstaltung war der Google-Mitbegründer Sergey Brin, dessen Exfreundin das bahnbrechende Genetikunternehmen 23andMe leitet. Auf diesem Treffen erzählte seine aktuelle Freundin, Nicole Shanahan, Brin habe ihr kürzlich am Telefon die traurige Nachricht mitgeteilt, dass er eines Tages sterben werde. Oder vielleicht auch nicht, da Google riesige Summen in Technologien zur Lebensverlängerung investiert hat. Im Jahr 2009 beauftragte das Unternehmen Bill Maris mit der Leitung seines Risikokapitalfonds, und er investierte flugs die meisten seiner umfangreichen Ressourcen in Start-ups aus dem Bereich Biowissenschaft. Seine Begründung: »Wenn mich heute jemand fragt, ob es möglich ist, fünfhundert Jahre alt zu werden, dann lautet die Antwort Ja.«[406] »Wir wollen nicht nur ein paar Meter gutmachen«, sagt Maris. »Wir versuchen, das Spiel zu gewinnen. Und dazu gehört auch, dass es besser ist zu leben als zu sterben.« Das ist kein Außenseiterkult, wie gesagt. »Es gibt viele Milliardäre im Silicon Valley, aber am Ende gehen wir alle denselben Weg«, sagt Maris. »Wenn man die Wahl hat, viel Geld zu verdienen oder einen Weg zu finden, wie Menschen länger leben können, wofür entscheidet man sich dann?«[407]

Zweifellos für beides. Google hat nicht nur die Start-ups anderer Leute finanziert. Im Jahr 2013 gründete es ein eigenes Tochterunternehmen namens Calico, für California Life Company. Hier herrscht strenge Geheimhaltung – bisher ist nur gesichert bekannt, dass in den Firmenlabors Horden von Mäusen verschiedene

Essenspläne haben –, aber der Schwerpunkt liegt auf »dem Problem des Alterns«,[408] und damit steht das Unternehmen definitiv nicht allein da. Der reichste Mann der Welt, Jeff Bezos, hat einen Teil seines Geldes in das in San Francisco ansässige Start-up Unity Biotechnology investiert, das unter Hochdruck an »einem Heilmittel gegen das Altern« arbeitet. Bei einem kürzlich von *The Economist* veranstalteten Seminar zum Thema »Das Geschäft der Langlebigkeit« bewertete eine »Anhängerin« von Peter Thiel (der ebenfalls in das Unternehmen investiert hat) es als eines der Start-ups, die mit der höchsten Wahrscheinlichkeit bald ein Medikament auf den Markt bringen werden. Das Start-up sei, so sagte sie, »eines der aufregendsten Unternehmen in einem Bereich, der es von der Randwissenschaft bis zum angesagten neuen Fachgebiet gebracht hat«.[409] Eine typische Schlagzeile aus der britischen Presse lautete: DIE ÜBERWINDUNG DES ALTERNS WIRD DIE GRÖSSTE BRANCHE DER WELT WERDEN, SAGEN TYCOONS.[410]

Wie ernst es jemand meint, verrät ein Blick auf seine Fußknöchel. Viele aus der Branche tragen dort ein dünnes Lederband mit einer Metalllasche, auf der die Kontaktdaten von Alcor, der weltweit führenden Kryonikanlage, eingraviert sind. Ähnlich wie das fliegende Auto ist die Vorstellung von der Kryogenik schon lange da, ohne sich je wirklich zu realisieren. Für eine Ausgabe der Science-Fiction-Zeitschrift *Startling Stories* aus dem Jahr 1948 schrieb Robert Ettinger (der Typ, der hoffte, man könne Menschen so umgestalten, dass sie kleine, trockene, geruchlose Pellets durch eine »alternative« Körperöffnung ausscheiden) eine Kurzgeschichte über das Einfrieren von Menschen, gefolgt von dem Sachbuch *Aussicht auf Unsterblichkeit?* im Jahr 1962. Anfangs standen die Chancen schlecht – die Techniker von Alcor mussten die Kammer ihres ersten Kunden öffnen und mehr Trockeneis hineinwerfen, um ihn vor dem Auftauen zu bewahren –, und das Unternehmen war immer von Kontroversen geplagt. Unvergesslich, wie Kinder von Ted Williams einige Geschwister verklagten, um zu verhindern, dass der Kopf ihres Vaters eingefroren wurde. Die Angelegenheit war so unsicher, dass Timothy Leary, ein früher Alcor-Kunde, aufgab und seine Asche (zusammen mit denen des *Star-Trek*-Schöpfers Gene Roddenberry) von einer Rakete in den Weltraum schießen ließ. Seine ehemaligen kryogenen Kollegen beschuldigten ihn, der »Ideologie der Todisten« erlegen zu sein.

Die Branche ist jedoch auf dem Vormarsch. Alcor hat derzeit 147 Menschen auf Eis, von denen jeder 200 000 Dollar bezahlt hat, um den ganzen Körper zu erhalten, oder 80 000 Dollar für die »Neuro-Option«, bei der der Kopf abgesägt wird. (Es gibt 10 000 Dollar Rabatt, wenn man bereit ist, in Scottsdale, Arizona, zu sterben, damit die Firma den Menschen direkt vor Ort einfrieren kann.) »Wir sind der Meinung, dass die Entscheidung, wann wir jemanden als tot bezeichnen, recht willkürlich ist. In Wahrheit müssen sie gerettet werden«, sagt der CEO von Alcor, Max More (ein Name, den er sich selbst gegeben hat, als Erinnerung an »mein Ziel: immer besser zu werden, nie stillzustehen«).[411] Ralph Merkle ist einer der Erfinder der Public-Key-Kryptografie für Computer und gilt als Held im Silicon Valley. Er sitzt im Vorstand von Alcor, und als Dienst für die Allgemeinheit hat er berechnet, was notwendig wäre, um jeden Menschen auf dem Planeten einzulagern. Angesichts der Tatsache, dass pro Jahr 55 Millionen Menschen sterben, ist es einfacher, wenn man nur die Köpfe aufbewahrt; und wenn man runde doppelwandige Kühlcontainer mit 30 Metern Radius verwendet, die jeweils 5,5 Millionen Gehirne aufnehmen können, müsste man nur zehn davon pro Jahr bauen, um in Zukunft »die Köpfe aller Menschen, die weltweit sterben, so lange zu speichern, bis ihre Tode revidiert werden können«. Auf die gesamte Weltbevölkerung hochgerechnet schätzt Merkle einen »überraschend günstigen« Preis von 24 bis 32 Dollar pro Person (etwa 21 bis 28 Euro).[412] Derzeit warten mindestens 1 000 Menschen auf ihre Chance, darunter einige Pioniere aus dem Silicon Valley.

Doch da wir ja von der Tech-Branche reden, existiert bereits eine neuere Version der Grundidee. Nectome ist eines der wenigen Start-ups, die von Y Combinator ausgewählt wurden, dem wichtigsten kalifornischen Tech-Inkubator. (Das sind die Leute, die sich als Erste für Dropbox, Airbnb und Reddit eingesetzt haben.) Tatsächlich hat der Vorsitzende von Y Combinator, Sam Altman, bereits seine 10 000 Dollar für Nectomes Dienstleistung hingelegt, die beinhaltet, dass das Gehirn einbalsamiert wird, wenn man dem Tode nahe ist, sodass es später digitalisiert und codiert werden kann. »Die Grundidee ist, dass Wissenschaftler eines Tages das steinharte Gehirn scannen und in eine Computersimulation umwandeln werden«, schreibt Antonio Regalado in der *MIT Technology Review.*[413]

Wahrscheinlich hat sich diese Vorstellung, dass wir eines Tages mit Computern vernetzt sein und so für immer leben werden, deshalb durchgesetzt, weil sie zwar bizarr ist, aber weniger absurd erscheint als die Vorstellung, dass Ted Williams wieder in der realen Welt herumstapft. (Vermutlich neben Oscar, Max Mores Hund, für den ebenfalls ein Kühlbehälter bereitsteht.)

Ray Kurzweil ist Kunde bei Alcor, aber das ist offensichtlich nur ein Notfallplan; seine wahre Hoffnung ist es, überhaupt nicht zu sterben, sondern lange genug zu leben, bis seine zerfallenden Zellen durch Nanobots im Blut repariert werden können. Tatsächlich könnten diese Nanobot-Blutzellen sich aus eigener Kraft bewegen, sodass kein Herz mehr gebraucht würde, das schließlich nur eine große, zum Versagen neigende Pumpe ist. Und Kurzweil ist sich ziemlich sicher, dass wir eines Tages in der Lage sein werden, unser Gehirn direkt mit der Cloud zu verbinden. Sobald wir 100 000 Elektroden pro Quadratzoll Kopfhaut implantieren können, wird »es nicht mehr notwendig sein, Bücher zu lesen – der Computer spritzt einfach den Inhalt in den Kopf«.[414] Zur Erinnerung: Das sagt der Chefwissenschaftler des wahrscheinlich größten Unternehmens in der Geschichte des Planeten.

Im Gespräch mit Kurzweil erinnerte ich mich daran, dass diese Träume von der Unsterblichkeit etwas Süßes und Wehmütiges an sich haben. Kurzweils Vater, Fredric, starb, als Ray noch klein war, und der Sohn hat einen Lagerraum voller Kisten mit seinem Nachlass aufbewahrt (Briefe, Fotos, sogar Stromrechnungen), in der Hoffnung, eines Tages »einen virtuellen Avatar seines Vaters erschaffen und dann das Gehirn des Doppelgängers mit all diesen Informationen füllen zu können«.[415] Damit er wieder mit ihm reden kann, Vater-Sohn-Gespräche. »Für mich ist der Tod eine Tragödie«, sagte Kurzweil zu mir. »Das ist unsere unmittelbare Reaktion. Wenn jemand stirbt, sehen wir das als tragische Angelegenheit an, nicht als Triumph.«

Manchmal ist das natürlich wahr, aber eher nicht, wenn jemand ein erfülltes Leben gelebt hat. Man kann beim Lesen von Todesanzeigen Angst empfinden, oder man kann sie als Chronik einer funktionierenden Welt lesen.

Die offensichtlichen praktischen Probleme, die sich ergeben, wenn niemand stirbt, können weggewischt werden, wenn man wie Kurzweil glaubt, dass uns die künstliche Intelligenz in kurzer Zeit einen so ressourcenreichen Planeten zur Verfügung stellen wird, dass niemandem je etwas fehlen wird. »Überfüllt?«, fragte er mich. »Wirf mal bei der Zugfahrt irgendwo auf der Welt einen Blick aus dem Fenster. 40 Prozent der von uns genutzten Flächen sind für die horizontale Landwirtschaft bestimmt. Wir können es besser machen, ohne das alles.« Indem wir unsere Nahrung auf vertikalen Gerüsten anbauen, meint er. »Wenn wir die Lebensdauer verlängern, erweitern wir die Ressourcen des Lebens radikal.«

Michael West, der aktuell den Vorsitz eines kalifornischen Startups namens BioTime innehat, das sich auf »Regenerationsmedizin« spezialisiert hat, erkennt darin einen ethischen Fortschritt. West, der die ersten Versuche zur Isolierung menschlicher Stammzellen für das Klonen organisierte, wurde einmal gefragt, ob Unsterblichkeit nicht zu Überbevölkerung führen würde. Sicher, sagte er, aber »warum sollen wir die derzeit lebenden Menschen damit belasten, Menschen, die das Atmen genießen, Menschen, die lieben und geliebt werden? Die Lösung besteht offensichtlich darin, dass man die Zahl der Neuzugänge zur menschlichen Spezies begrenzt, statt den Tod derjenigen zu fördern, die heute schon das Geschenk des Lebens genießen.«[416] Dieser unglaubliche Egoismus lässt Ayn Rand wie Mutter Teresa aussehen.

Und diese unglaubliche Selbstbezogenheit sollte zeigen, was für eine schlechte Idee das alles ist. Ich habe ausführlich die verschiedenen Fortschritte dargelegt, zu denen wir fähig sein könnten, wenn wir die neuesten Technologien in vollem Umfang nutzen – wir können unsere Kinder »verbessern«; wir können ohne Arbeit leben (oder werden es müssen); wir können vielleicht in gewisser Hinsicht ewig leben – aber nichts davon ist tatsächlich Leben, nicht im menschlichen Sinne.

Diese Bedrohungen für das Spiel der Menschheit sind existenziell. Obwohl die Technologen den einzelnen Menschen in gewisser Hinsicht einen zu hohen Wert beimessen – niemand darf sterben, wir müssen alle Köpfe in einer riesigen Thermoskanne sammeln –, schätzen sie die Menschlichkeit viel zu wenig. Sie verstehen nicht, dass ein wenig Trauer und Verlust nicht nur erträglich sind, sondern sogar wichtig. Bei genauem Nachdenken zeugt es von alltäglichem Heldentum, wenn man seine Kinder in dem vollen Bewusstsein großzieht, dass sie einen ersetzen werden. Darum geht es in der menschlichen Zivilisation. Ohne das – wenn Kinder nur andere Wesen wären, die uns ständig um zwanzig oder dreißig Jahre durch die Unendlichkeit hinterhergingen – würden die mächtigsten menschlichen Verbindungen unterbrochen. Was würden Eltern ihnen verdanken und umgekehrt? Diejenigen, die den Menschen zu sehr erhöhen, werten die Menschheit ab.

Eine Welt ohne Tod ist eine Welt ohne Zeit, und das wiederum ist eine Welt ohne Bedeutung, zumindest ohne menschliche Bedeutung. Wenn man diesen Weg weit genug geht, ist das Spiel vorbei.

VIERTER TEIL

Der Hauch einer Chance

19

Ich weiß nicht, ob wir die von uns eingeschlagene Richtung noch grundlegend ändern können – niemand weiß das. Der Klimawandel ist weit fortgeschritten, und etliche neue Technologien entwickeln sich ebenso schnell wie unkontrolliert weiter. Andererseits kann auch niemand mit Sicherheit behaupten, dass es unmöglich ist, und so wird es im letzten Teil dieses Buches um Widerstand gehen – um die Werkzeuge und Ideen, die uns dabei helfen könnten, der globalen Klimaerwärmung und dem Technologiewahn Grenzen zu setzen und dafür zu sorgen, dass uns das Spiel der Menschheit in Ansätzen, ja sogar im Wesentlichen erhalten bleibt.

Widerstand ist ein Thema, das ich nur zögerlich aufgreife, denn er hat einen Preis, über den ich ganz gut im Bilde bin. Ich habe einen Großteil der letzten dreißig Jahre als Freiwilliger im Kampf gegen die globale Klimaerwärmung verbracht. Wir haben mehr Erfolge erzielt, als ich erwartet hatte. Einige davon werde ich weiter unten erwähnen, aber die große Wende haben wir noch nicht erreicht: Noch haben wir unser aller Macht nicht ausreichend mobilisiert, um die Finanzhoheit der Fossilenergiebranche zu stürzen, und so setzen wir unseren Weg in den Temperaturanstieg fort. Schon der Preis für diese Mobilisierung war enorm hoch: In manchen

Teilen der Welt werden immer wieder Umweltschützer ermordet, und selbst dort, wo sie mehr Freiheit genießen, sind sie sehr realem Stress und Belastungen ausgesetzt. Ich kenne viele Menschen, die diesem Kampf ihre besten Lebensjahre gewidmet haben. Einige waren im Gefängnis, haben ihre Karriere geopfert, sind emotional ausgebrannt. Sie wurden von Ölfirmen verklagt und überwacht, von Wachhunden angegriffen. Ich kenne auch viele Menschen, die ihr Lebensziel in dieser Arbeit gefunden haben, in aufkeimenden Bewegungen, die von Liebe und Freundschaft getragen werden. Aber all das war alles andere als einfach – dabei hat doch der Kampf gegen den Klimawandel zumindest den Vorteil, dass man sich gegen eine offensichtlich üble und verwerfliche Sache stemmt. Waldbrände, Dürre und Überschwemmung zu bekämpfen ist konzeptionell einfacher, als herauszufinden, wie man den Ansturm auf eine Pille bremsen kann, die ewiges Leben verspricht, oder gegen eine genetische Veränderung, die einem ein niedliches Kind garantiert.

Dennoch haben selbst die mächtigsten Feinde und die effektivste Propaganda Schwächen, die ausgebeutet werden können. Diese Kämpfe um die menschliche Zukunft können unsere üblichen politischen Kategorien ins Wanken bringen. Ich gelte beispielsweise als progressiv und liberal, weil ich gegen Ungleichheit und für Umweltschutz bin. In meinen Augen ist es mir aber am wichtigsten, eine Welt zu erhalten, die eine gewisse Ähnlichkeit mit der Vergangenheit hat – eine Welt mit etwas Eis oben und unten und einem Korallenriff hier und da, eine Welt, in der die Menschen eine Verbindung zu Vergangenheit und Zukunft (und zueinander) haben, statt sich in veraltete Software zu verwandeln. Das scheinen mir zutiefst konservative Positionen zu sein. Gleichzeitig erscheinen mir Ölgesellschaften und Technologiebarone zutiefst radikal, weil sie bereit sind, die chemische Zusammensetzung der

Atmosphäre zu verändern und uns Unsterblichkeit bescheren wollen. Es gibt einen angeborenen Konservatismus im Menschen, der sich solchen Bemühungen widersetzt, ein Bauchgefühl dafür, was richtig oder gefährlich, riskant oder angemessen ist. Man muss sich nicht mit allen Details der Keimbahntherapie oder des Kohlenstoffkreislaufs auskennen, um zu sehen, dass es eine schlechte Idee sein könnte, in diesem Ausmaß damit herumzuspielen. Und tatsächlich zeigen Umfragen, dass die meisten Menschen instinktiv gegen ein ewiges Leben und Designerbabys sind und sich gleichzeitig staatliche Maßnahmen zur Stabilisierung des Klimas wünschen.

Dieses politische Mash-up ist entweder eine Spaltung, vertieft von denen, die die Zukunft bestimmen wollen, oder es ist eine potenzielle Quelle großer Stärke. Entscheidend ist dabei, wie wir uns selbst sehen. Wenn wir uns nur als Individuen betrachten, wie die regierungsfeindlichen Rhetoriker behaupten, dann ist das Spiel verloren: Wir werden uns nie in ausreichend großer Zahl zusammenschließen, um die umfangreiche Macht und den unerbittlichen Fokus des großen Geldes zu überwinden.

Aber das Gegenteil des libertären Hyperindividualismus ist nicht unbedingt die Rote Armee, die bei der Apotheke des Vaters die Tür eintritt. Es könnte auch eine gesellschaftliche Solidarität sein, eine Ethik des »Wir sitzen alle im selben Boot«. Papst Franziskus sagte im Jahr 2018 nach einem vertraulichen Gespräch mit Führungskräften der Ölindustrie über den Klimawandel: »Man kann diesen Weg nicht mit Entschlossenheit fortsetzen ohne ein größeres Bewusstsein, dass wir alle zu einer einzigen Menschheitsfamilie gehören, die mit Banden der Brüderlichkeit und der Solidarität verbunden ist.«[417] Praktische Beispiele für diese Ethik lassen sich auf dem Planeten viele finden: Skandinavien etwa, oder auch jene »Wohlfahrtsstaaten«, in denen sich die Menschen um, nun, das Wohlergehen ihrer Mitmenschen kümmern. Und es funktioniert. Im Weltglücksbericht 2018 wurde Finnland als glücklichstes Land der Welt genannt, gefolgt von Norwegen, Dänemark und Island. Die Vereinigten Staaten kamen auf den 18. Platz, »deutlich hinter den vergleichbar wohlhabenden Nationen«.[418] Im Jahr 2017, mitten in Trumps Triumphalismus, ergaben Umfragen, dass 61 Prozent der Republikaner und 93 Prozent der Demokraten »die Ausgaben für die wirtschaftliche Unterstützung bedürftiger Menschen aufrechterhalten oder erhöhen wollten«.[419] Ayn Rand hat die CEOs auf ihrer Seite, aber nicht uns alle. Im Großen und Ganzen glauben die Menschen weiterhin an die Menschheit.

Zum Glück stehen uns zwei neue Technologien zur Verfügung, die diesen Glauben in die Tat umsetzen könnten, zwei relativ neue Erfindungen, die sich heute als entscheidend erweisen könnten, wenn sie vollumfänglich eingesetzt würden. Die eine ist das Solarmodul; die andere ist die gewaltfreie Bewegung. Offensichtlich sind das sehr unterschiedliche Arten von Erfindungen: Das Solarmodul (und seine Cousins, die Windturbine und die Lithium-Ionen-Batterie) sind Hardware, während die Fähigkeit, sich massenhaft für Veränderungen zu organisieren, eher einer Software ähnelt. Manchen Menschen wird es wahrscheinlich seltsam vorkommen, gewaltfreie Kampagnen als »Technologie« zu bezeichnen. Beide stecken noch in den Kinderschuhen; wir setzen sie ein, aber ziemlich blindlings, und finden durch Ausprobieren heraus, wie sie am wirkungsvollsten sind. Beide haben ihre Grenzen: Beide sind weder so ausschlaggebend noch so unmittelbar wirkungsvoll wie etwa eine Atomwaffe oder ein Kohlekraftwerk. Aber dennoch sind beide transformativ – und vor allem ist ihre Macht eine menschliche. Sie bedrohen das Spiel nicht, das wir all die Jahre gespielt haben. Tatsächlich schicken sie sich an, es noch schöner zu machen.

Bevor wir jedoch überlegen, wie wir diese Technologien am besten einsetzen, müssen wir uns mit den beiden hinterhältigsten Argumenten befassen, die zur Verteidigung des Status quo ins Feld geführt werden. Erstens, dass es gar keinen massenhaften Widerstand oder eine staatliche Regulierung braucht, weil jeder selbst über seine eigene Zukunft entscheiden sollte. Die zweite Behauptung ist, dass Widerstand gar nicht möglich ist, weil die Würfel bereits gefallen sind.

Zuerst zur Wahlfreiheit. Diese Begründung ist das Mantra, das Menschen aus vielen politischen Richtungen vereint. Konservative sagen: »Ich lasse mir nichts vorschreiben«, wenn es um die Zahlung von Steuern geht; Liberale sagen das, wenn's um Marihuana geht. Der einfachste und faulste Weg, um eine Kontroverse zu vermeiden, ist die Aufforderung: »Macht, was ihr wollt, aber sagt mir nicht, was ich tun soll.« Wenn also jemand sein Kind gentechnisch verändern will, werden viele die Wahlfreiheit dieser Person respektieren. Jennifer Doudna zum Beispiel schreibt am Ende ihres Buchs über die Erfindung von CRISPR: »Meine ethischen Ansichten über das Redigieren der Keimbahn entwickeln sich nach wie vor weiter – aber dabei stelle ich fest, dass ich immer wieder auf die Frage nach der Wahlfreiheit zurückkomme. Zuallererst müssen wir die Freiheit der Menschen respektieren, selbst über ihr genetisches Schicksal zu bestimmen und nach einem gesünderen, glücklicheren Leben zu streben. Gibt man ihnen diese Wahlfreiheit, werden sie das tun, was sie persönlich für richtig halten – was es auch sein mag.«[420]

Den offensichtlichsten Grund, warum diese vermeintliche Freiheit eher eine Zwangsmaßnahme ist, habe ich bereits erläutert: Mit etwas Anstrengung kann man sich gegen die Erziehung der Eltern auflehnen. Aber gegen die Gene, die in einem drinstecken, kann man nicht rebellieren: Die Wahl, die die Eltern in der

Kinderwunschklinik treffen, setzt sich durch. Wenn der Dopaminspiegel exakt richtig eingestellt wird, kommt man womöglich nicht einmal auf die Idee zu rebellieren.

Aber da passiert noch etwas anderes, das weniger offensichtlich ist. Dabei handelt es sich um die Art von Wahlmöglichkeit, die *der Gesellschaft* überhaupt keine Wahl lässt. Denn sobald eine nennenswerte Anzahl von Menschen die Gentherapie einsetzt, wird sie praktisch zur Pflicht. Nicht durch staatliches Diktat, sondern durch die Macht des Wettbewerbs, denn die Möglichkeit, seine Kinder zu verbessern, löst ein genetisches Wettrüsten aus. Der verstorbene MIT-Ökonom Lester Thurow stellte das Dilemma so dar: »Nehmen wir einmal an, Eltern könnten den IQ ihres Kindes um dreißig Punkte erhöhen … und wenn sie es nicht tun, wird ihr Kind das dümmste in der ganzen Nachbarschaft sein.«[421] Das ist eine dieser Entscheidungen, die nur einmal getroffen werden: Eine relativ kleine Anzahl von Menschen wird eine Entscheidung treffen, die für alle Zukunft gelten wird, so wie die wenigen Menschen, die uns daran hindern, den Klimawandel zu verhindern, eine Entscheidung treffen, die langfristige Auswirkungen auf die geologische Geschichte haben wird. (Diese Argumentation erklärt übrigens auch, warum viele progressive Feministinnen, die das Recht einer Frau auf Abtreibung unterstützen, sich dennoch gegen das Recht stellen, die Gene eines Babys zu verändern: Im zweiten Fall erstrecken sich die Auswirkungen auf die gesamte Gesellschaft und wirken über Generationen.) Wir sollten keiner kleinen Gruppe von Menschen erlauben, solche Entscheidungen allein zu treffen. Solche Dinge sollten von uns allen entschieden werden (wenn überhaupt).

Das liberale Ideal der individuellen Autonomie, das bis zu einem gewissen Grad jeder moderne Mensch versteht und schätzt, stößt an seine Grenzen, wenn der Einsatz etwas so Weitreichendes wie die ökologische Hölle oder die posthumane Sinnlosigkeit ist. Ich unterhalte mich sehr gerne mit Ray Kurzweil, aber er und seine Freunde bei Google sollten ihre Vision erst auf die Welt loslassen dürfen, wenn wir alle darüber abgestimmt haben.

»Lasst jeden tun, was er will« mag ein fehlerhaftes Argument sein, aber »Es kann sie ohnehin niemand aufhalten« ist empörend. Darauf zu beharren, dass etwas Schreckliches unvermeidlich ist, egal was man tut, ist die Reaktion von Leuten, die sich nicht die Mühe machen wollen, es aufzuhalten, und ich habe den Satz zu oft gehört, um ihn noch ganz ernst zu nehmen.

Als zum Beispiel investigative Journalisten bewiesen, dass Exxon alles über die globale Erwärmung gewusst und dieses Wissen vertuscht hatte, sagten mir viele Leute aus der gewerbsmäßig abgestumpften Linken in der einen oder anderen Form: »Natürlich haben sie das getan«, »Alle Unternehmen lügen« oder »Denen passiert eh nie etwas«. Diese Art von wissendem Zynismus ist keine Bedrohung für die Exxons dieser Welt – sie ist ein Geschenk. Glücklicherweise reagierten weitaus mehr Menschen mit naiver Empörung: Bald schon verglichen die Menschen die Ölriesen mit den Tabakkonzernen, und einige der größten Städte der Vereinigten Staaten verklagten sie auf Schadenersatz. Noch wissen wir nicht, wie das enden wird, nur dass es sinnlos ist, ihnen wegen ihrer Macht einen Freibrief auszustellen.

Ein weiteres Beispiel: Vor sieben Jahren nahmen manche von uns den Kampf für Desinvestitionen aus den fossilen Brennstoffen auf, und wieder wurde uns gesagt, wir könnten uns die Mühe sparen – wenn jemand seine Aktien verkauft, würde sie einfach jemand anderes kaufen, und die Welt würde sich einfach weiterdrehen. Aber unsere kleine Kampagne entwickelte sich zur größten ihrer Art in der Geschichte – Stiftungen und Portfolios im

Wert von fast acht Billionen Dollar haben sich uns angeschlossen – und sie hatte merkliche Folgen: Neuere wissenschaftliche Studien haben gezeigt, dass unsere Kampagne dazu beigetragen hat, das Klimaproblem ins Blickfeld zu rücken und das Kapital zu reduzieren, das die Fossilenergieunternehmen für neue Erschließungen aufbringen können. Im Jahr 2018, nachdem erst New York City und dann Irland angekündigt hatten, dass sie desinvestieren würden, bezeichnete Shell die Kampagne im Jahresbericht als »erhebliches Risiko« für ihr Geschäft, und Analysten von Goldman Sachs berichteten, die Kampagne habe eine große Rolle bei der Abwertung von Kohleaktien gespielt. Das Argument »Es ist eben unvermeidlich« zieht nur so lange, bis Menschen beschließen, sich davon nicht den Wind aus den Segeln nehmen zu lassen.

Eine effektive Regulierung von Bioengineering oder künstlicher Intelligenz wird schwierig werden. CRISPR ist so einfach anzuwenden, dass Biologielabors an Gymnasien mit genetischen Optimierungen experimentieren können, und es gibt sogar Genbearbeitungskits zum Selbermachen. (Ein Unternehmer verschickt mit seinen 140 Euro teuren Kits inzwischen lebende Frösche, in der Hoffnung, dass die Leute aufhören, an sich selbst zu experimentieren.)[422] Aber schwierig heißt nicht unmöglich: Obwohl Wissenschaftler bis zur menschlichen Keimbahn vorgedrungen sind, hat bis zu diesem Zeitpunkt nur Dr. He diese Grenze tatsächlich überschritten, und seine Versuche mit den Zwillingsmädchen führten dazu, dass viele Wissenschaftler strengere Regelungen forderten. Hes klinische Studien wurden von der chinesischen Regierung eingestellt. In den meisten Ländern, in denen solche Arbeiten möglich sind, einschließlich aller europäischen Nationen, ist die vererbbare Gentherapie ausdrücklich verboten. Selbst wenn jemand gegen dieses Verbot verstoßen sollte, sind ein paar

Designerbabys nicht wie ein paar Atomwaffen. Der Juraprofessor Maxwell Mehlman schrieb: »Wenn die Anzahl der künstlich verbesserten Individuen ausreichend klein ist, können wir sie vielleicht ignorieren.«[423] Eine bedeutsame Anzahl würde Investoren erfordern, um Kliniken zu bauen und Abfindungen abzudecken, und das bedeutet, dass die beteiligten Unternehmen sich in die tückischen Gewässer von Haftung, Versicherungen und Großfinanzierung begeben müssten. Das heißt, sie müssten die Zustimmung des politischen Systems gewinnen, was keine Selbstverständlichkeit ist, zumindest nicht in einem Land wie den Vereinigten Staaten, wo in jeder jüngsten Umfrage eine große Mehrheit ernsthafte Vorbehalte gegen solche Projekte hat: 83 Prozent der US-Amerikaner sagten Meinungsforschern im Jahr 2015, es sei unangebracht, »die genetischen Eigenschaften eines Babys zu verändern, um es intelligenter zu machen«.[424] US-Amerikaner von beiden politischen Seiten teilen diese Ansicht: Neun Senatoren, die sich bisher bei allen Abstimmungen für ein Recht auf Abtreibung eingesetzt hatten, stimmten gemeinsam mit evangelikalen Politikern für ein Klonverbot.

Es ist noch nicht zu spät, noch nicht ganz. Fossile Brennstoffe beherrschten unsere Wirtschaft bereits ein Jahrhundert lang, bevor wir in der globalen Klimaerwärmung eine Bedrohung erkannten. Auch deswegen ist der Klimawandel so schwer unter Kontrolle zu bringen. Doch die menschliche Biotechnik und die fortschrittlichsten Formen der künstlichen Intelligenz gibt es noch gar nicht. Ja, Ray Kurzweil und Google haben große Pläne und große Macht, aber bisher konzentriert sich Kurzweils Team auf die automatischen Antworten für Google Mail. Und ja, Roboter sind beängstigend, aber »kürzlich wurden Roboter bei einem von der Regierung geförderten Wettbewerb von einer unverschlossenen Tür gebremst, die ihnen auf einem Hindernisparcours im Freien den Weg versperrte«, berichtete das *Wall Street Journal* im Jahr 2017. (»Eine zweibeinige Maschine schaffte es zwar, mit einer Kralle den Türgriff zu fassen und die Tür auf zu ziehen, wurde aber von einer Brise überrascht, die die Tür immer wieder zuschlug, bevor die Maschine durchgehen konnte.«)[425] Einige Start-ups beschäftigen derzeit Menschen, damit sie so *tun,* als wären sie Roboter: Das Softwareunternehmen Expensify musste Leute einstellen, um Belege zu sortieren, weil die Roboter der Firma den Job nicht schafften, und das Sprachtechnologieunternehmen SpinVox lässt in ausländischen Callcentern von Mitarbeitern Sprachnachrichten in Textnachrichten konvertieren.[426] Unsere Alexa ist deutlich weniger kompetent als unsere Promenadenmischung, die sich von einem Luftzug an der Tür nicht austricksen lässt.

Das alles soll nicht heißen, dass diese Technologien nicht sehr bald auf den Plan treten werden, denn das werden sie. Aber wir haben ein Zeitfenster, auch wenn es sich mit exponentieller Geschwindigkeit schließt. Noch können wir eine Regulierung der KI erarbeiten, und das sollten wir auch tun. »Niemand wird gerne reguliert«, sagt Elon Musk, »aber alles (Autos, Flugzeuge, Lebensmittel, Medikamente), was eine Gefahr für die Öffentlichkeit darstellt, ist reguliert. Die KI sollte es auch sein.« Es handle sich hier um den »seltenen Fall, in dem wir proaktiv handeln müssen«, sagte er der National Governors Association.[427] Was die Gentechnik betrifft, so ist entscheidend, dass wir die Grenze zur Keimbahn nicht überschreiten und vererbbare Veränderungen erzeugen – das ist eine ebenso klare Grenze wie 350 ppm Kohlendioxid in der Atmosphäre. In Sachen KI sind die Grenzen schwieriger zu ziehen: Die Suche nach einem Notschalter, der verhindert, dass KIs zu intelligent werden, könnte die wichtigste technische und politische Aufgabe unserer Zeit sein. Teilweise ist diese Arbeit bereits im

Gange: An der Wall Street, wo es um echtes Geld geht, hat man eine Reihe von technologischen Einschränkungen vorgeschlagen, die verhindern sollen, dass KI-Händler die Märkte zusammenbrechen lassen.

Man bräuchte auch strenge internationale Vorschriften für Nationen mit sehr unterschiedlichen Vorstellungen von Fortschritt. Die Chinesen, zum Beispiel, scheinen sich deutlich weniger Sorgen um die menschliche Gentherapie zu machen – zumindest bei somatischen Therapien treibt man dort die Menschenversuche energischer voran als irgendwo sonst auf der Welt,[428] obwohl sie schnell reagierten, als es darum ging, Dr. He und seine unautorisierte Arbeit mit Designerbabys aufzuhalten. Unterdessen konkurrieren chinesische KI-Start-ups nun mit dem Silicon Valley.[429] Wladimir Putin fragte Ende 2017 bei einem Besuch in einer Moskauer Technologiefirma den CEO, wie lange es dauern würde, bis superintelligente Roboter »uns fressen«. Er fügte hinzu: »Wer in diesem Bereich die Führung übernimmt, wird die Welt beherrschen.«[430] Elon Musk stimmt dem zu – der Kampf um die überlegene künstliche Intelligenz, so stellte er fest, sei »die wahrscheinlichste Ursache für den Dritten Weltkrieg«.[431] Aber genau dafür sind Diplomaten da (oder waren da, als wir sie hatten). Seit Hiroshima und Nagasaki ist es ihnen gelungen (Toi, toi, toi!), alle anderen davon abzuhalten, in einem Wutanfall Atomwaffen einzusetzen. Unterstützt wurden sie bei dieser Aufgabe durch die Tatsache, dass wir alle uns die Atompilze vorstellen konnten, die ein Scheitern mit sich bringen würde, und das ist bei diesen anderen Bedrohungen nicht so einfach. Doch jede Nation auf der Erde hat letztendlich das Pariser Klimaabkommen unterzeichnet, um erste Maßnahmen gegen den Klimawandel einzuleiten – und die USA stiegen als Erstes aus, was die Frage aufwirft, ob China wirklich das größte Hindernis für den internationalen Fortschritt ist. Wenn wir kein internationales Regelwerk zustande bringen, das *ewig* hält, liegt das nicht in unserer Verantwortung. Unsere Aufgabe ist es, das Spiel der Menschheit in unserer Lebenszeit am Laufen zu halten und weiterzugeben.

Das bedeutet, dass wir eine Diskussion führen sollten, eine lange, gründliche, engagierte Diskussion, die uns alle überall einbezieht. Aus diesem Grund habe ich, offensichtlich, dieses Buch geschrieben, und vielleicht ist das auch das beste Argument für die verschiedenen digitalen Tools, die wir für die globale Kommunikation entwickelt haben, so fehlerhaft diese Tools auch sein mögen. Wir sollten entscheiden, was wir wollen. Wenn wir uns dafür entscheiden, weiterhin fossile Brennstoffe abzufackeln oder Designerbabys herzustellen, okay. Aber wir sollten nicht so tun, als gäbe es keine Entscheidung zu treffen, als wäre alles einfach unvermeidlich. Und wir sollten die Techniker nicht sich selbst überlassen, denn wenn wir das tun, werden sie ihre Forschungen einfach vorantreiben, nicht etwa, weil sie böse wären, und nur manchen geht es um das große Geld. Meistens treiben sie es voran, weil es das ist, was sie tun, und weil sie große Befriedigung aus der Arbeit selbst ziehen. Der Physiker J. Robert Oppenheimer sagte einmal im Rückblick über den Bau der Atombombe: »Wenn man etwas sieht, das technisch ansprechend ist, dann macht man es und diskutiert erst über Gegenmaßnahmen, nachdem man einen technischen Erfolg erzielt hat.«[432] Dieser technologische Fokus wird noch weiter verzerrt durch die Art und Weise, wie die Wissenschaft Innovatoren belohnt: Der KI-Analyst Eliezer Yudkowsky erklärte einmal: »Viele ehrgeizige Menschen ängstigt der Gedanke, sie könnten die Welt zerstören, weit weniger als die Vorstellung, sie würden nie etwas Großes erreichen. *Alle* Forscher, die ich getroffen habe und die durch ihre KI-Projekte ewigen Ruhm erlangen wollen, denken so.«[433] Wir sollten die Entscheidung, ob und wie Biologen und

Ingenieure diese Technologien einsetzen, ebenso wenig den Biologen und Ingenieuren überlassen, wie wir Physiker entscheiden lassen sollten, wo Atomwaffen abgeworfen werden, oder Erdölgeologen, wie viele Bohrungen durchzuführen sind. Sie haben Spezialwissen darüber, *wie* man diese Dinge macht, aber nicht darüber, ob es *sinnvoll* ist, diese Dinge zu tun. Wenn sich eine Entscheidung auf eine ganze Gesellschaft auswirkt, dann sollte auch die ganze Gesellschaft diese Entscheidung treffen.

Aber was ist, wenn die Gesellschaft zu zaghaft oder konservativ ist? Viele Technologen, mit denen ich mich unterhalte, sagen: »Aber was wäre, wenn wir im Jahr 1800 oder 1900 aufgehört hätten, neue Dinge zu erfinden, weil wir uns Sorgen um die Auswirkungen gemacht hätten?« »Wir romantisieren die Menschheit«, behauptete Kurzweil bei unserem letzten Gespräch. »Lies Thomas Hobbes oder sogar Dickens. Alle lebten in bitterer Armut; es gab kein soziales Sicherheitsnetz. Wir haben einen moralischen Imperativ, den Weg weiterzugehen, denn trotz der großen Fortschritte, die wir bereits gemacht haben, leiden Menschen immer noch.« Klar. Andererseits »garantiert vergangene Performance keine zukünftigen Ergebnisse«, wie die Finanzdienstleister uns in jeder Werbeanzeige wissen lassen. Wir leben in einer anderen Welt – die Technologien, die im Jahr 1800 oder 1900 in Aussicht waren, warfen keine existenziellen Fragen auf. Das Spiel war nicht in Gefahr.

Innovation macht mir keine Angst (wie Sie sehen werden, wenn es hier um Solarmodule geht), und es ist ja nicht so, als hätten wir keinerlei Probleme. (Ich habe einen Großteil dieses Buches damit verbracht, die drohende Katastrophe der globalen Klimaerwärmung und den schweren Schaden darzulegen, den unser beispielloses Ausmaß an Ungleichheit anrichtet.) Die Frage ist, ob wir mit diesen Problemen umgehen können, ohne die Risiken für die

Bedeutung des Menschen, die ich ebenfalls beschrieben habe, einzugehen. Ich glaube, wir können es. Ich glaube, dass wir eine Möglichkeit finden, wie Menschen gesund, sicher und produktiv – und vor allem menschlich – bleiben können, wenn wir uns von den verrücktesten Grenzen der Technologie fernhalten.

Auch hier sind sich jedoch nicht alle einig. Manche hegen einen tiefen Pessimismus bezüglich der menschlichen Natur, den ich für einen US-Amerikaner im Zeitalter von Trump gelegentlich durchaus vernünftig finde. Von allen Argumenten für ein ungehindertes technologisches Wachstum kommt das traurigste (in dem Sinne, dass es den Menschen einfach aufgibt) von dem Oxford-Dozenten Julian Savulescu, den ich bereits erwähnt habe. Sein Vorschlag ist wichtig für diese Diskussion, weil er die beiden Hälften dieses Buches vereint: Im Wesentlichen sagt er, der einzige Weg, das Problem der globalen Klimaerwärmung zu lösen, bevor sie unseren Planeten zerstört, bestehe darin, den Menschen genetisch zu verändern und ihn so selbstloser zu machen und seine Bereitschaft zu erhöhen, Opfer für das Gemeinwohl zu bringen. Er argumentiert, wir hätten »eine moralische Verpflichtung, unsere moralischen Grenzen zu überwinden«. Die Menschen, sagt er, haben sich dazu entwickelt, Gruppen von etwa 150 Personen zu bilden und sich gegenüber Außenstehenden gewalttätig zu verhalten. »Wir sind bei Weitem nicht perfekt«, sagt er, aber »die Wissenschaft erlaubt uns, diese Einschränkungen zu überwinden«, indem wir Embryonen mit verbesserter »Intelligenz, Impulskontrolle, Selbstbeherrschung sowie einem gewissen Maß an Empathie – der Fähigkeit, die Emotionen anderer Menschen zu verstehen – und einer gewissen Bereitschaft, selbstaufopfernde Entscheidungen zum Nutzen anderer Menschen zu treffen« produzieren – alles Eigenschaften, die »eine gewisse biologische Grundlage haben«.[434]

Er sagt, die demokratischen Staaten könnten den Klimawandel allein nicht bewältigen, »denn dazu muss eine Mehrheit der Wähler der Einführung erheblicher Einschränkungen ihres übertrieben konsumorientierten Lebensstils zustimmen, und es gibt keine Anzeichen dafür, dass sie bereit wären, solche Opfer zu bringen«.[435] Auch unser tiefsitzendes Misstrauen gegenüber Außenseitern verhindert, dass wir weltweit zusammenarbeiten. Und weil wir rasch handeln müssen, sollten wir unsere Kinder durch den Einsatz von Medikamenten oder, was wahrscheinlicher ist, Gentherapie »moralisch aufwerten«, damit sie zusammenarbeiten. Die Veränderungen werden, laut Savulescu, eine befreiende Wirkung haben: »Die moralische Verbesserung eines Menschen schränkt die Freiheit nicht ein, sondern erweitert sie, indem sie das Subjekt in die Lage versetzt, Triebe zu überwinden, die einem Handeln entgegenwirken, das als moralisch gut angesehen wird.« Er vermutet, es »verletzt unseren Stolz, unsere moralischen Mängel anzuerkennen«, und doch müssen wir es tun, weil auf die Bedrohungen für unsere Zukunft von »moralisch verantwortungsbewussten Menschen« reagiert werden muss.[436]

Dieses Gesamtkonzept ähnelt in etwa dem »Geoengineering der Atmosphäre« zur Verhinderung des Klimawandels. Manche Menschen haben die Hoffnung, die Fossilenergiekonzerne zähmen zu können, aufgegeben und wollen stattdessen Schwefel in die Atmosphäre pumpen, um die einfallende Sonnenstrahlung zu blockieren. Beide Pläne sind hässliche Notbehelfe, basierend auf der Prämisse, dass wir Menschen uns der Situation nicht stellen werden. Ich hoffe, dass Savulescu die Macht der Technologie und der Demokratie – des Solarmoduls und der Gewaltlosigkeit – ernsthaft unterschätzt. Wie wir sehen werden, haben wir die Mittel zur Hand, um unsere Probleme zu lösen, ohne unsere Kinder in Roboter mit Heiligenschein verwandeln zu müssen – was in keinem Fall den Klimawandel aufhalten würde, weil der Schaden schon längst angerichtet wäre, wenn diese moralisch verbesserten Jugendlichen in Machtpositionen aufgestiegen wären. Und ich bin überzeugt, dass Savulescu sich irrt und dass der Egoismus der Menschen nicht das Haupthindernis für die Bewältigung des Klimawandels darstellt: Auf der ganzen Welt zeigen Umfragen, dass die Menschen sich nicht nur viele Gedanken über die globale Klimaerwärmung machen, sondern auch bereit sind, einen Preis dafür zu zahlen. US-Amerikaner gaben zum Beispiel in einer Umfrage im Jahr 2017 an, sie seien bereit, 15 Prozent mehr für Energie auszugeben, wenn das Geld für die Förderung sauberer Energien ausgegeben würde – das entspricht ungefähr der Höhe der Kohlendioxidsteuern, die diverse Kampagnen gefordert haben.[437]

Der Grund dafür, dass wir keine Lösung für den Klimawandel haben, hat weniger mit der Gier des biotechnisch unterentwickelten Pöbels zu tun als mit der Gier dieses winzigen Prozentsatzes von Menschen, die sich auf den Gipfeln der Energieerträge sonnen. Will heißen: Die Gebrüder Koch und die Exxon-Manager waren nie bereit, eine 15-prozentige Minderung ihrer Gewinne hinzunehmen, wenn sie mit wesentlich weniger Geld die politische Debatte mit einer Breitseite an Lügen vergiften und das politische System mit Bündeln von Bargeld korrumpieren konnten. Wenn Sie jemanden »moralisch verbessern« wollten, dann sollten Sie dort ansetzen – wer Herzen aus Stein therapieren will, dem wird schnell klar, wer ganz oben auf der Warteliste stehen sollte.

Aber wollen wir auf diese Weise gewinnen? Lassen Sie uns lieber herausfinden, wie wir die Probleme lösen können, mit denen wir innerhalb der Grenzen unseres Spiels konfrontiert sind, das wir seit Jahrtausenden spielen. Seien wir für den Moment echte

Optimisten und verfahren wir weiter in der Annahme, dass der Mensch kein grundsätzlich defizitäres Wesen ist. Gehen wir davon aus, dass wir dazu in der Lage sind, gemeinsam zu handeln, um so bemerkenswerte Dinge zu bewerkstelligen.

20

Man erreicht Moshono, am Rande der tansanischen Stadt Arusha, über eine Straße mit tiefen Spurrillen, die nachts voller Menschen und fast vollständig dunkel ist. Die Stadt ist etwa 60 Kilometer über Land von der Olduvai-Schlucht entfernt, einem der Orte, an dem, wie Anthropologen vermuten, die Menschen entstanden, aber bis vor etwa einem Jahr erhellte Lembris Andrea sein Haus, in dem er mit seiner Frau und zwei Kindern lebt, nur mit einer dämmrigen und flackernden Kerosinlaterne. Dank eines kleinen Solarmoduls auf dem Dach hat er heute fünf Lichtquellen, darunter eine an der Wellblechhaustür, die er mir mehrmals zeigte. Eine »Sicherheitslampe«, sagte er. »Um Kriminelle fernzuhalten?«, fragte ich. »Ja, Verbrechen gibt es hier, aber auch gefährliche Tiere. Besonders Schlangen, daher ist es gut, ein Licht zu haben.«

Im Kakaobauerndorf Daban im Norden Ghanas saß ich mit mehreren Chiefs und Ältesten auf Plastikstühlen und sprach über das neue solare Mikronetz, das eine Woche zuvor in der kleinen Siedlung in Betrieb genommen worden war. Es war wie immer sehr heiß – wir waren sechs Breitengrade vom Äquator entfernt –, und einer der Dorfvorsteher übergab mir immer wieder die kleinen Plastikbeutel mit Wasser, die in Westafrika allgegenwärtig sind. Man kaut einfach eine Ecke ab und trinkt. Ich nahm das Wasser dankend an, aber es dauerte gut eine Viertelstunde, bis ich ahnungsloser Westler merkte, worauf der Dorfälteste so stolz war. Diese Wasserbeutel waren eiskalt. Das war nur möglich, weil in der Woche diese Solarmodule in Betrieb gegangen waren. Zum ersten Mal überhaupt *konnte* in Daban etwas kalt sein.

Petite Boundiale, ein ländliches Dorf im Kakao- und Gummianbaugebiet der Elfenbeinküste, ist nicht wohlhabend: So ziemlich die einzigen Plakate an der nahe gelegenen Autobahn werben für Macheten, und Kinder spielen mit alten Motorradreifen, die sie mit Stöcken vorantreiben. Aber ein paar Monate vor meinem Besuch hatte ein Solarmodul dem Dorf Elektrizität beschert, und so versammelte sich eine kleine Menge im Innenhof von Naore Abous' kleinem Haus, um auf dem 19-Zoll-Flachbildschirm fernzusehen, den Abous auf eine Bank gestellt hatte. Was er selbst gern anschaute? Fußball natürlich (das Dorf teilt sich in Fans von Manchester United, Liverpool und ein paar versprengte Real-Madrid-Anhänger). Aber noch mehr mochte er den Sender von National Geographic, also das elektronische Ausgabemedium einer Institution, die ihr Vermögen damit verdient hat, Bilder von entlegenen afrikanischen Dörfern zu zeigen.

Solarenergie ist ein Wunder, oder zumindest ein Näherungswert, was unsere Zwecke angeht. Wie Gentechnik und künstliche Intelligenz hat sie ihre Wurzeln in der Wissenschaft des 19. Jahrhunderts, aber sie wurde im 20. Jahrhundert erwachsen und hat im 21. Jahrhundert richtig abgehoben. Auf der Weltausstellung 1904 in St. Louis wurden unter anderem das Club-Sandwich, der Hot Dog, die Zuckerwatte und die Eiswaffel erstmals vorgestellt. Andrew Carnegie sah dort, wie ein portugiesischer Priester einen ersten »Heliophor« vorführte, der das Sonnenlicht konzentrierte und so Temperaturen von über 3000 Grad Celsius erzeugte. Der Anblick brannte sich in Carnegies Gedächtnis ein. Seine Stahlwerke hatten den weitaus größten Teil der Kohleförderung der Welt verbraucht, und Carnegie sagte voraus, der »Sonnenmotor« sei die größte Hoffnung für die Zukunft der Menschheit. Seine »Strahlen machen die Erde bewohnbar und könnten irgendwann einmal Strom durch Solarmaschinen erzeugen«.[438] Erst 1954 gelang es den Mitarbeitern bei Bell Labs jedoch, eine funktionierende Solarzelle zur Stromerzeugung herzustellen, und sie war so teuer, dass sie zunächst nur in den ersten Satelliten, die in die Erdumlaufbahn geschossen wurden, eingesetzt wurde. Entlang der gleichen Lernkurve, die Kurzweil für die Rechenleistung entdeckte, sanken die Preise für Solarmodule. Tatsächlich sank der Preis für Solarenergie von 100 Dollar pro Watt in den 1960er-Jahren auf weniger als 30 Cent pro Watt bis 2018, was sie in weiten Teilen der Welt zur billigsten Methode für die Stromerzeugung macht. Man muss nicht mehr nach Kohle graben oder nach Gas und Öl bohren und die Brennstoffe dann zu einem riesigen Kraftwerk transportieren, wo sie bei hohen Temperaturen verbrannt werden. Die Hitze wird dann genutzt, um eine Turbine anzutreiben, die Stromspannung danach für den Transport durch ein weitverzweigtes Netz erhöht und für den Heimgebrauch wieder gesenkt. Mit Solarmodulen kann man eine Glasscheibe auf den Himmel ausrichten, und hinten fließen dann Licht, Kälte und Informationen heraus. Das ist Magie auf Hogwarts-Niveau.

Natürlich hatte ich die ökologischen Vorteile des Solarmoduls längst erkannt. Seit dreißig Jahren erklären Umweltschützer, dass wir fossile Brennstoffe durch erneuerbare Energien ersetzen müssen, um die Kohlendioxidflut in die Atmosphäre zu stoppen. Aber wie ein Solarmodul ein ganzes Leben verändern kann, habe ich erst kürzlich bei einer Reportagereise durch das ländliche Afrika begriffen. Es gibt heute etwa so viele Menschen, die ohne Strom leben, wie an dem Tag, als Thomas Edison seine erste Glühbirne zum Leuchten brachte, und die meisten von ihnen leben in Afrika. Während Europa, Nord- und Südamerika fast vollständig elektrifiziert sind und Asien rasch nachzieht, steigt die absolute Zahl der Afrikaner ohne Strom weiter an, da das Bevölkerungswachstum die (minimalen) Anstrengungen der Versorgungsunternehmen des Kontinents ausgleicht. Die Weltbank prognostizierte in einem Bericht von Mai 2017, dass es, basierend auf den aktuellen Trends, im Jahr 2040 noch eine halbe Milliarde Afrikaner ohne Strom geben könnte.[439] Denn Bau und Wartung konventioneller Netze sind teuer, und Afrika ist arm.

»Man ging davon aus, dass hier irgendwann das US-Netz aufgebaut werden würde«, sagte Xavier Helgesen, CEO des dynamischen Start-ups Off-Grid Electric. »Aber die USA sind das reichste Land der Erde und waren erst in den Vierzigerjahren vollständig elektrifiziert, und das in einer Ära billigen Kupfers für Drähte, billigen Holzes für Masten, billiger Kohle und billigem Kapital. Nichts davon ist heute noch so billig, zumindest nicht hier.« Aber Solarenergie ist plötzlich billig. Und so wie die Verbreitung billiger Mobiltelefone vor einem Jahrzehnt dazu führte, dass Afrika auf die Verlegung von Festnetzkabeln verzichten konnte, so kann die Solarenergie Afrika ermöglichen, zumindest einige der traditionellen Wege der Stromerzeugung zu überspringen. Sie ist die optimale disruptive Technologie und hat Unternehmer angelockt, die mehr wollten, als das nächste Snapchat-Plugin auf den Markt zu bringen. Unternehmer wie Helgesen. Groß, mit langen strähnigen Haaren, könnte er Bassist in einer Indie-Band sein, aber das Y-Combinator-T-Shirt, das er trägt, verrät ihn. Er hat gar nicht selbst mit dem berühmtesten Inkubator des Silicon Valley zusammengearbeitet (sondern seine Frau), aber das ist seine Abstammungslinie, die gleiche, die auch Airbnb hervorgebracht hat, und auch die Firma, die Gehirne einbalsamieren will, um sie später digital zu scannen und in einen Androiden reimplantieren zu können. Auf dem T-Shirt steht: »Mach etwas, das Menschen wollen«, was auf billige Sonnenenergie sehr genau zutrifft. Die Afrikaner brauchen dringend Strom.

»So läuft die Solarrevolution ab«, flüstert mir Kim Schreiber zu, die Leiterin der Kommunikationsabteilung von Off-Grid. »Ein Verkaufsgespräch nach dem anderen.« Sie und ich und der Verkaufsleiter des Unternehmens, Max-Marc Fossouo, sitzen aneinandergedrängt auf einer Bank neben einer Hütte im ivorischen Dorf Grand-Zattry, das nicht so großartig ist, wie der Name verspricht. Wir hören einem der neuesten Verkäufer des Unternehmens, Seko Serge Lewis, bei einem Pitch zu. In der Nähe balgen sich knurrend ein paar Dorfhunde; ein Motorroller, auf dem irgendwie sechs Personen Platz gefunden haben, fährt vorbei. Neben uns im Hof wäscht eine Frau die Wäsche in einem Eimer mit Waschbrett – es ist ihr Mann, den der Verkäufer umwirbt. Im Moment zeigt der Verkäufer ihm auf seinem Handy Bilder von anderen Kunden im Dorf, mit denen er bereits gesprochen hat.

»Damit bauen wir Vertrauen auf«, erklärt Fossouo leise. Er kommentierte das Verkaufsgespräch, das eine Stunde dauerte, für mich. »Dieser Kunde ist noch sehr unschlüssig. Er weiß noch nicht, ob er ihm vertrauen kann. Und ich bin mir ziemlich sicher, dass die Entscheidung letztendlich eh da drüben getroffen wird, wo die Wäsche gewaschen wird.«

Fossouo wurde in Kamerun geboren und ging in Paris zur Schule, aber seine eigentliche Ausbildung erhielt er in den sieben Sommern, die er in den Vereinigten Staaten verbrachte, als er Bücher für Southwestern Publishing verkaufte, einen Branchenriesen im Haustürverkauf in Nashville. »Ich habe jahrelang in Los Angeles gearbeitet«, sagte er. »›Hallo, mein Name ist Max. Ich bin ein verrückter Student aus Frankreich und helfe Familien bei der Ausbildung ihrer Kinder. Ich habe mit Ihren Nachbarn A, B und C gesprochen, und jetzt möchte ich mit Ihnen reden. Darf ich reinkommen und mich mit Ihnen hinsetzen?‹ Ein Verkaufsgespräch sei wie das andere, sagt er: »Erst mal muss jemand einsehen, dass er ein Problem hat. Er könnte im Dunkeln leben, aber kein Problem darin sehen. Also muss man es ihm zeigen. Und dann muss man ihm vermitteln, dass es wichtig ist, das Geld auszugeben, um das Problem jetzt zu lösen.«

Nach einer Stunde Gespräch gerät Serge mit diesem ersten Kunden in eine Sackgasse – der Mann ist zwar gerade flüssig, hat aber Angst, dass er während der Durststrecke vor der nächsten Kakaoernte die späteren monatlichen Zahlungen nicht leisten kann. »Das ist Quatsch«, flüstert Max und zeigt wieder auf die Frau, die sich über die Wäsche beugt. »Er liebt diese Frau. Er würde alles für sie tun.« Die nächste Hütte übernimmt daher Max, um dem leicht verlegenen Serge seine Methode vorzuführen. Dieser nächste Kandidat ist Landwirt und Lehrer, und wir machen es uns in seinem Klassenzimmer gemütlich, in dem einige niedrige Schreibtische mit Schiefertafeln – eigentlich nur Schiefersplitter – stehen. Max findet schnell heraus, dass der Mann zwei Frauen hat, und er streut ihre Namen großzügig ins Gespräch ein. »Sie müssen gar nichts. Es ist in Ordnung. Ich will Ihnen nichts verkaufen«, sagt er, während sie die Schritte durchlaufen, die jedem bekannt sind, der schon einmal eine Verkaufssendung gesehen hat. Zuerst lässt Max den Mann alles auflisten, was er aktuell für Energie ausgibt: Kerosin, Batterien für Taschenlampen, sogar das Benzingeld für den Roller, den er sich leiht, um ins nächste Dorf zu fahren, wenn er sein Handy aufladen muss. Dann zeigt Max ihm, was Off-Grid anbietet: ein Radio (»plus fort«) und vier Leuchten mit Dimmer. »Wo würden Sie die Lampe hinhängen? Vor die Tür? Natürlich! Und das große Licht in der Mitte des Raumes – dann kann auf Ihrer nächsten Feier jeder etwas sehen. Nun, sagen Sie mir, wie viel das alles kosten würde, wenn Sie es auf dem Markt kaufen würden?«

Der Kunde sträubt sich, aber Max lässt nicht locker. »Sie müssen hier groß denken. Ihr Chief sagte mir: ›Man darf nicht klein denken.‹ Wenn Ihr Kind die Nachrichten im Fernsehen sieht, könnte es auf den Gedanken kommen: ›Ich könnte auch Präsident werden.‹«

»Das ist toll«, sagt der Mann. »Ich weiß, dass Sie uns helfen wollen. Aber ich habe einfach das Geld nicht. Das Leben ist hart, alles ist teuer, manchmal hungern wir.«

Max nickt unterstützend. »Wie wäre es mit einem Vorschlag, wie Sie dafür bezahlen können, ohne einen Dollar aus Ihrer eigenen Tasche draufzulegen? Wenn Sie sich ein System zulegen, werden die Leute Sie dafür bezahlen, um ihre Telefone aufzuladen zu können. Oder, wenn Sie einen Fernseher hätten, könnten Sie von den Leuten, die sich darauf Fußballspiele ansehen, Geld verlangen.«

»Ich könnte von niemandem Geld verlangen, der zu mir kommt, um sich ein Spiel anzusehen«, sagt der Mann. »Wir sind alle eine große Familie. Wenn jemand genug Geld für einen Fernseher hat, ist jeder willkommen.«

Auch diese Stunde endet ohne Verkauf, aber Max ist nicht allzu besorgt. »Man braucht im Durchschnitt zwei oder drei Anläufe«, sagt er. »Man muss bei den Kunden ein gutes Gefühl hinterlassen, damit sie sich freuen, wenn man wieder vorbeikommt. Dieser Typ will jetzt erst einmal sein Haus fertigbauen; das belastet ihn, aber das wird nicht lange dauern.« Tatsächlich kommt, noch während wir uns unterhalten, der erste potenzielle Kunde wieder auf uns zu und bittet um ein Flugblatt und die Telefonnummer. Seine Frau sei sehr interessiert, sagt er.

Ein bisschen bin ich froh, dass diese beiden Männer Nein gesagt haben, zumindest für den Moment. Eine Stunde lang, vielleicht zum ersten Mal in ihrem Leben, waren sie in der Position, die meistens wir Westler innehaben: die eines potenziellen Kunden, der umworben wird. In dieser Lage hat man eine völlig andere Stellung inne als jemand, der auf staatliche Hilfe angewiesen ist, und sie geht mit einer gewissen unbestreitbaren Macht und Würde einher. Und in den meisten Fällen wird der Kauf schließlich doch getätigt.

Zurück in der Regionalhauptstadt Soubré beobachte ich kurz, wie der ivorische Off-Grid-Champion seinen dritten Vertrag an jenem Vormittag abschließt. Am Abend werden neun gewesen sein. Er ist groß und gut aussehend in Designerjeans und einem Dashiki-Hemd in den Firmenfarben. Sein Name ist Jean Anoh, aber er findet ihn selbst »zu alt, zu weich«. »Nennen Sie mich Stevens Ironman Never-Tired Killer«, sagt er. Zwischen den Pitches sieht er sich auf seinem Handy die ständig aktualisierte Tabelle der kontinentalen Verkaufsmeisterschaft von Off-Grid an und sendet Quatschnachrichten über WhatsApp an seine tansanischen Konkurrenten.

Eine so grundlegende und plötzliche Neuerung wie Elektrizität verändert Gemeinschaften unausweichlich, sie verändert die Schlaf- und Essgewohnheiten der Menschen sowie das gesamte Gefüge des Dorflebens. Teilweise wird der neue elektrische Strom für Zwecke verwendet, die jeder gutheißen würde: Ich sah fünfjährige Mädchen, die im hellen Schein einer LED-Lampe in Schulheften das Alphabet übten. Und dank aufgeladener Handyakkus können Bauern die täglichen Wetterberichte von Farmerline abrufen, einem ghanaischen Informationsdienst, der per GPS individuelle Wetterprognosen erstellt. »Wenn ein Bauer Dünger auf die Felder ausbringt und es dann regnet, verliert er den Dünger;

er wird weggespült«, sagt Alloysius Attah, der junge Gründer des Dienstes. »Die Bauern sagen, dass sie den Regen nicht mehr selbst vorhersagen können. Meine Tante konnte noch die Wolken und die vorbeifliegenden Vögel lesen, aber das normale Niederschlagsmuster hat sich verschoben.«

Aber überlegen Sie einmal, wie groß der Anteil der elektrischen Energie in Ihrem Haushalt ist, den Sie für unbestreitbar tugendhafte Dinge verwenden. In Afrika ist das nicht anders. Ich traf Teenager, die auf dem Boden lagen und explosionslastige Actionfilme ansahen, und ihre jüngeren Brüder und Schwestern, die sich endlose Cartoons reinzogen. Ich fragte eine junge tansanische Mutter, was ihre Vierjährige sich im Fernsehen ansah, und die Antwort lautete, durch mehrere Übersetzungsschichten gefiltert, »N'klodin« – Nickelodeon. »Unsere Killer-App ist definitiv der Fernseher«, sagte Schreiber. »Wenn der 24-Zoller nicht auf Lager ist, schließen viele Leute keinen Vertrag ab.« Eine Mutter in einem ghanaischen Dorf erklärte, dass dank des Fernsehers »die Kinder abends zu Hause bleiben, anstatt draußen herumzustreunen«.

»Du musst ihn ausschalten, damit sie etwas für die Schule tun«, sagte ein zahnloser alter Mann zu ihr und wackelte mit dem Finger. Aber als ich fragte, was das beliebteste Programm sei, brachen er und alle anderen in Lachen aus und riefen nickend: »Kumkum.« Die indische Seifenoper *Kumkum Bhagya* läuft jeden Abend von halb acht bis halb neun, und in dieser Zeit kommt das Leben zum Stillstand. Die Geschichte basiert grob auf Jane Austens *Sinn und Sinnlichkeit,* spielt aber in einer Hochzeitshalle im Punjab. »Die Chiefs haben dafür geworben, dass sich alle die Sendung anschauen, denn es geht darum, wie Beziehungen aufgebaut werden«, sagte der Chief von Kofihuikrom. »Hier stecken zu viele Ehen in Schwierigkeiten.«

So sieht jedenfalls ein tiefgreifender Wandel mit weitreichenden Auswirkungen aus. In den Industrienationen hat man zweihundert Jahre Zeit gehabt, um einigermaßen das zu verkraften, was jetzt verspätet, dafür aber fast von einem Tag auf den anderen über das ländliche Afrika hereinbricht.

Die rasante Ausbreitung der erneuerbaren Energien in den Entwicklungsländern hat die Manager der Fossilenergiebranche bis zuletzt geärgert. Bei ihrem Kampf um den Erhalt ihrer Marken angesichts zunehmender Umweltschutzforderungen warfen sie das Schlagwort von der »Energiearmut« in die Diskussion. Vor allem die Kohleindustrie präsentierte sich als Lösung für den Strommangel in Afrika. Der größte Kohleproduzent Peabody veröffentlichte beispielsweise einen »Plan zur Beseitigung von Energiearmut und Ungleichheit« und bewarb sein Produkt als »den einzigen nachhaltigen Brennstoff mit dem Potenzial, den Primärenergiebedarf der wachsenden Weltbevölkerung zu decken«. Ein Kommentator erklärte: »Anstelle eines schmutzigen Symbols für Umweltverschmutzung versucht sich der Kohlegigant als Befreier der Armen der Welt zu präsentieren, als Weg aus der Dunkelheit.«[440] Schnell griffen die Koch-Brüder und Rex Tillerson von Exxon, vor seiner kurzen Karriere in der Trump-Regierung, das Argument der »Energiearmut« auf. Tillerson reagierte auf den Druck von Umweltaktivisten bei einer Jahreshauptversammlung mit einer kurzen Predigt über Energieungleichheit und schloss mit der Frage: »Was nützt es, den Planeten zu retten, wenn die Menschheit leidet?«[441]

Aber natürlich litt die Menschheit nicht unter Solarzellen. Ganz im Gegenteil – Gemeinschaften, die in den letzten zweihundert Jahren nicht von der Fossilenergiebranche beleuchtet, gekühlt und informiert wurden, haben Solarmodule über Nacht Energie beschert. Bis zur Mitte dieses Jahrzehnts boten erneuerbare Energien weitaus mehr »neue Stromzugänge« als die Fossilenergiebranche, und Experten haben berechnet, dass etwa 90 Prozent der neuen Stromanbindungen mit Sonnenenergie betrieben werden müssen, sollen die UN-Ziele für nachhaltige Entwicklung erreicht werden.[442] Man könnte den gleichen solaren Trick natürlich auch in der entwickelten Welt anwenden, aber hier stehen wir vor ganz anderen Komplikationen. Zum einen verbrauchen die Menschen in den Industrienationen viel mehr Strom. Ich muss mein ganzes Dach mit Solarzellen pflastern, um mein Haus zu versorgen, und selbst dann noch bin ich in der Düsternis des Winters auf das große Netz angewiesen – was wiederum ins Gedächtnis ruft, dass Energiesparen und Energieeffizienz genauso wichtig sind wie neue Stromquellen. Gleichzeitig schwächt die Existenz des großen Netzes den Impuls, Solarpaneele anzubringen: Wir können fast alle jederzeit auf äußerst verlässliche Energie zugreifen. Und wie wir gesehen haben, wollen die Versorger, die diese Energie bereitstellen, gar nicht, dass wir die Energiequelle wechseln – sie waren sogar bereit, ihr Geld und ihren Einfluss einzusetzen, um den Trend zu den erneuerbaren Energien drastisch zu bremsen.

Aber wir *könnten* es tun. Die Sonne scheint überall, und wenn sie es nicht tut, weht normalerweise Wind. Neueste Studien aus Labors wie dem von Mark Jacobson in Stanford machen deutlich, dass jede große Nation der Erde bis zum Jahr 2030 80 Prozent ihres Stroms aus erneuerbaren Energien zu weitaus günstigeren Preisen liefern könnte, als die Schäden durch den Klimawandel kosten würden. Jacobsons Zahlen sind bemerkenswert detailliert: In Alabama zum Beispiel bieten Wohndächer insgesamt 59,7 Quadratkilometer Fläche, die nicht von Bäumen überschattet werden und für Solarmodule in die richtige Richtung weisen. Sie möchten wissen, wie viel Wind durch die mongolische Steppe weht? Jacobson und seine Mitarbeiter können es Ihnen sagen. Noch vor zehn Jahren behaupteten Skeptiker standhaft, dass erneuerbare Energien immer eine Ausnahme bleiben würden; sie waren einfach zu teuer.

Aber die Ingenieure taten, was Ingenieure eben tun: Sie wurden in allem besser, von der Vorhersage der Windstärke bis hin zur direkten Kommunikation von einzelnen Solarmodulen und Turbinen mit dem Netz. »Nach einem Rückgang um 65 Prozent zwischen 2009 und heute könnten die Kosten für Windenergie bis 2020 um weitere 50 Prozent sinken. Das ist ziemlich beachtlich«, schrieb der Energieexperte Dave Roberts im Jahr 2017. Dazu braucht es keinen magischen technologischen Durchbruch. »Wind- und Solarenergie müssen einfach nur so weitermachen wie bisher – sich weiter verbreiten und verbessern und immer billiger werden – mit ungefähr der gleichen Geschwindigkeit wie bisher.«[443] Nun sind die erneuerbaren Energien nicht unsere einzige Aufgabe. Wir müssen auch weiter unten in der Nahrungskette essen, öffentliche Verkehrsnetze aufbauen, Städte verdichten und auf eine Landwirtschaft umstellen, die die Böden wieder mit Kohlendioxid anreichert. Aber erneuerbare Energien sind vielleicht die einfachste dieser Aufgaben, zumal sie plötzlich so billig sind. Der Herstellungsprozess von Solarmodulen ist so effizient geworden, dass die Module die für ihre Herstellung verbrauchte Energie in weniger als vier Jahren wettmachen. Da sie dreißig Jahre lang halten, bedeutet das ein Vierteljahrhundert umweltfreundliche Stromerzeugung.[444]

Die neuesten Daten stammen von finnischen und deutschen Forschern und zeigen, wie sich die stark fallenden Preise für Akkus auf diese Berechnungen auswirken. Die Forscher fanden heraus, dass bis zum Jahr 2050 69 Prozent unseres Bedarfs von Sonnen- und weitere 18 Prozent von Windenergie gedeckt werden könnten, wobei der Rest hauptsächlich aus Wasserkraftwerken stammt. Dabei würden wir 36 Millionen neue Arbeitsplätze schaffen und die Kosten pro Megawattstunde würden von derzeit 70 auf 52 Euro sinken.[445] Der Hauptautor der Studie, Christian Breyer, formulierte es so: »Unsere Studie zeigt, dass eine vollständige Energiewende machbar und sogar wirtschaftlich rentabel ist. Jetzt kommt es einzig und allein auf den politischen Willen an.«[446] Andere Ökonomen bestehen darauf, dass die Wende billiger und schneller zu schaffen wäre, wenn ein kleiner Anteil Kernkraft mit im Mix wäre, aber die grundsätzliche Erkenntnis ist eindeutig: Wenn der Mensch es wollte, könnte er einen Weg aus dem Klimachaos finden, indem er den größten Teil seiner Energie aus Wind und Sonne gewinnt. Kaum eine andere einzelne Maßnahme könnte wohl mehr dazu beitragen, das Spiel der Menschheit um eine Generation zu verlängern und uns zu erlauben, den (solaren) Staffelstab an unsere Kinder und Enkelkinder weiterzugeben.

Ja, man müsste jede Menge Fabriken bauen, um Tausende von Hektar Sonnenkollektoren und Windturbinen, die so lang sind wie Fußballfelder, sowie Millionen und Abermillionen von Elektroautos und -bussen herzustellen. Aber auch hier haben Experten bereits erste Berechnungen angestellt. Tom Solomon ist Ingenieur im Ruhestand und hat den Bau einer der größten Fabriken der letzten Jahre beaufsichtigt, das riesige Intel-Halbleiterwerk bei Rio Rancho in New Mexico. Solomon berechnete anhand der Stanford-Daten, wie viel saubere Energie die Vereinigten Staaten bis 2050 produzieren müssten, um die fossilen Brennstoffe vollständig zu ersetzen. Die Antwort: 6448 Gigawatt. »Im Jahr 2015 haben wir 16 Gigawatt sauberen Strom installiert«, sagt Solomon. »Bei diesem Tempo würde es gut vierhundert Jahre dauern, was zu lang ist.«[447]

Daher rechnete Solomon aus, wie viele Fabriken man bräuchte, um in den nächsten fünfunddreißig Jahren 6448 Gigawatt saubere Energie zu produzieren. Er begann mit einem Blick auf Teslas große neue Solarzellenfabrik in Buffalo. »Sie nennen es die Gigafactory, weil die Module, die dort hergestellt werden, jedes Jahr einen Gigawatt Solarstrom produzieren werden«, erklärt Solomon. Mit dieser Anlage als grobem Maßstab berechnet Solomon, dass die Vereinigten Staaten 295 Solarfabriken ähnlicher Größe benötigen, um den Klimawandel zu bekämpfen (etwa sechs pro Staat), plus einen ähnlichen Aufwand für Windkraftanlagen.

Die Vereinigten Staaten haben schon einmal Kräfte in dieser Größenordnung mobilisiert, und zwar als wir das letzte Mal mit einem scheinbar existenziellen Feind konfrontiert waren. Nach dem Angriff auf Pearl Harbor errichtete Charles Lindbergh in sechs Monaten bei Ypsilanti in Michigan die größte Industrieanlage der Welt unter einem Dach; sie wurde als »Grand Canyon der mechanisierten Welt« bezeichnet. Innerhalb weniger Monate wurde jede Stunde ein B-24-Liberator-Bomber produziert. Ein ganzer Bomber! Riesige, komplizierte Flugzeuge, unendlich komplizierter als Solarmodule oder Turbinenschaufeln – jedes einzelne bestehend aus 1 225 000 Teilen mit 313 237 Nieten. In Warren, Michigan, errichtete die U.S. Army eine Panzerfabrik schneller, als sie das Kraftwerk bauen konnte, um die Fabrik mit Strom zu versorgen. Also schleppte die Army einfach eine Dampflokomotive ins Gebäude, die dann Dampfwärme und Strom lieferte. Diese eine Fabrik produzierte mehr Panzer als die Deutschen während des gesamten Krieges.

Das galt nicht nur für Waffen. In einer anderen Ecke von Michigan erhielt ein Hersteller von Heizkörpern den Auftrag, mehr als 20 Millionen Stahlhelme zu produzieren, während ein Unternehmen, das früher Stoffe für die Autositze von Ford geliefert hatte, in die Fallschirmproduktion einstieg. Nichts blieb ungenutzt: Als die Autofirmen für die Dauer der Kämpfe aufhörten, Autos herzustellen, fand General Motors Tausende von Aschenbechern aus dem Jahr 1939 im Lagerbestand. Sie wurden nach Seattle verschickt und dort von Boeing in Langstreckenbomber eingebaut, die für den Pazifik bestimmt waren. Pontiac fertigte Flakgeschütze; Oldsmobile produzierte Kanonen; Studebaker baute Motoren für die »Fliegenden Festungen«; Nash-Kelvinator produzierte Propeller für De-Havilland-Flugzeuge; Hudson Motors fertigte Flügel für Helldivers und P-38-Kampfflugzeuge; Buick stellte Panzerzerstörer her; Fisher Body baute Tausende von M4-Sherman-Panzern; Cadillac stellte mehr als 10 000 leichte Panzer her. Und das alles allein in Detroit. Eine entsprechende industrielle Mobilisierung fand in den gesamten USA statt.

Wenn die USA (wie es der Vorschlag für einen Green New Deal vorsieht) so etwas noch einmal tun würden, diesmal, um den Klimawandel zu stoppen anstelle des Faschismus, müssten wir keine Menschenseele töten. Tatsächlich würden wir viele Menschenleben retten, die sonst nicht nur durch die Klimaerwärmung sterben würden, sondern auch durch den Rauch von der Verbrennung fossiler Brennstoffe, den sie einatmen. (Die jüngsten globalen Daten zeigen, dass wir 150 Millionen Menschenleben retten würden, also etwa doppelt so viele, wie im Zweiten Weltkrieg starben, wenn wir die ehrgeizigsten Ziele der Pariser Klimakonferenz einhalten.)[448] Und wir müssten es nicht im tödlichen Wettstreit mit dem Rest der Welt tun; hier bietet sich die Gelegenheit für eine Zusammenarbeit in ungekanntem Ausmaß und den Austausch von Technologien. (Aktuell müsste China definitiv einen Großteil der Produktionskapazitäten und des Fachwissens beisteuern.) Statt von allen Menschen Opfer zu verlangen, könnten wir alle in komfortablen und erschwinglichen Wohnungen leben und bei den Brennstoffkosten genug Geld einsparen, um die Energiewende zu finanzieren.

Das klingt Ihnen zu frohgemut – die Vorstellung, dass wir auch noch Geld sparen können, wenn wir diesen Weg einschlagen? Rutland in Vermont ist ein trostloser Ort – er schaffte es auf die

Titelseite der *New York Times* als Ausgangspunkt der Heroinepidemie in den Neuenglandstaaten –, aber ich sah dort Szenen, die genauso bemerkenswert und bewegend waren wie das, was ich in Ghana oder Tansania erlebt hatte.

Sara und Mark Borkowski leben in Rutland mit ihren zwei kleinen Töchtern in einem hundert Jahre alten, 140 Quadratmeter großen Haus. Mark fährt einen Schulbus, und Sara arbeitet als Sonderpädagogin. Die Kosten für das Heizen und Klimatisieren ihres Hauses verschlingen einen großen Teil ihres Jahreseinkommens. Kürzlich jedoch ließen sich die Borkowskis von Green Mountain Power, dem wichtigsten Stromversorger des Staates, überzeugen und verpassten ihrem Anwesen eine energetische Neugestaltung. In ein paar Arbeitstagen füllten Teams von Baufirmen das Haus mit neuer Isolierung, schlossen eine Wärmepumpe für das Warmwasser an und installierten zwei Luftwärmepumpen zur Heizung des Hauses. Sie ersetzten außerdem alle Glühbirnen durch LEDs und setzten eine kleine Solaranlage auf das Schieferdach der Garage. Die Borkowskis bezahlten die Sanierung selbst, aber der Energieversorger finanzierte die Kosten über die Stromrechnung der Borkowskis, die bereits im ersten Monat sank. Vor dem Umbau, von Oktober 2013 bis Januar 2014, hatten die Borkowskis 3411 Kilowattstunden Strom und 1200 Liter Heizöl verbraucht. Von Oktober 2014 bis Januar 2015 verbrauchten sie 2856 Kilowattstunden Strom und kein Öl. Sie reduzierten den CO_2-Footprint ihres Hauses innerhalb weniger Tage um 88 Prozent, und das ohne Nettokosten. Wenn man diese Art von kleinen Veränderungen in vielen Haushalten multipliziert, zahlt es sich für alle aus.

Green Mountain Power war das erste Versorgungsunternehmen, das den Kauf von Tesla-Powerwall-Batterien für seine Kunden subventionierte. Zweitausend Vermonter installierten sie, und als es im Sommer 2018 zu einer extremen Hitzewelle kam, konnte

GMP auf den Strom zurückgreifen, den sie gespeichert hatten – was den Stromkunden des Staates eine halbe Million Dollar in einer einzigen Woche einsparte, verglichen mit dem, was der Zukauf von Fremdenergie gekostet hätte.[449] Entsprechende Veränderungen sind überall und in fast jeder Größenordnung möglich. Im Jahr 2018 kündigte Tesla in Südaustralien den Bau des weltweit größten »virtuellen Kraftwerks« an, das die Dächer von 50 000 Häusern mit Solarmodulen abdeckt, die für die Stromversorgung miteinander verbunden werden. Die Module werden zunächst auf Häusern des öffentlichen Wohnungsbaus installiert und senken die Stromrechnungen der Bewohner um ein Drittel.[450]

Wir reden hier nicht von ehemaligen Software-Führungskräften, die beim Burning-Man-Festival ihr planetares Gewissen entdeckt haben und sich nun in Aspen Erdhäuser aus Lehm und alten Autoreifen bauen. Das Haus der Borkowskis könnte gewöhnlicher nicht sein: In den Zimmern der Mädchen finden sich Bettdecken mit Motiven aus *Die Eiskönigin* und One-Direction-Poster sowie zwei Kaninchen und ein Sittich namens Oliver. Die Familie interessierte sich nicht besonderes für die Umwelt: »Wenn es nicht auf dem Disney Channel läuft, bekomme ich es nicht mit«, sagte Sara zu mir. Das Haus liegt in einer nicht besonders malerischen Nachbarschaft, in einer Stadt, die für ihre Junkies berühmt ist. Seine Bedeutung liegt in seiner Gewöhnlichkeit. Wenn man ein Haus wie dieses erschwinglich auf grüne Energie umstellen kann, dann müsste es überall möglich sein, und wenn man das schaffen kann, dann ist eine der großen Bedrohungen für das Spiel der Menschheit teilweise gebannt.

21

Die Solarenergie ist eine bemerkenswerte Form des Fortschritts, weil sie weniger energieintensiv ist als der Brennstoff, den sie ersetzt, und in gewisser Weise schwieriger zu nutzen. Kohle, Öl und Gas werden in ein paar wenigen Gegenden gefördert und können um die ganze Welt transportiert werden, während Sonne und Wind an einer Million verschiedenen Standorten gesammelt und dann über das Netz verteilt werden müssen; erneuerbare Energien sind allgegenwärtig, aber auch verstreut, ganz im Gegenteil zu dem Konzentrat an chemischer Energie in einem Stück Kohle oder einem Liter Öl.

Aber diese Einschränkungen werden durch reelle Vorteile ausgeglichen. Zwar werden manche Leute reich, indem sie Windräder und Solarmodule aufstellen, aber nie Exxon-reich, weil man die Sonne nicht in Rechnung stellen kann. (Deswegen hasst Exxon die Solarenergie: Man stellt dafür ein Solarmodul auf, und dann ist die Energie *kostenlos* – aus unternehmerischer Sicht das dümmste Geschäftsmodell aller Zeiten.) Das Geld, das man für Energie ausgibt, bleibt in unmittelbarer Nähe zum Haushalt; die Gebrüder Koch wären niemals zu den reichsten und mächtigsten Bürgern der Vereinigten Staaten geworden, wenn sie lediglich fossilen Treibstoff von hier nach da transportiert hätten. Vor diesem Hintergrund könnte Solarstrom eine Reparaturtechnologie sein, in sozialer wie ökologischer Hinsicht. Er kann zur Heilung der Atmosphäre beitragen und gleichzeitig die riesige Ungleichheit verringern, die sich aus der Kontrolle über Öl- und Gasvorkommen ergibt. In beiden Fällen kann er die Aufgabe nicht vollständig erfüllen. Es gibt andere Quellen der Ungleichheit, ebenso wie die Viehzucht und die Abholzung der Wälder neben Kraftwerken zu den Klimaschäden beitragen. Aber es ist ein Anfang. Daher ist der Umstand, dass die Solarenergie keinen Quantensprung in der Energieversorgung der Menschheit darstellt, sowohl ein *feature* als auch ein *bug* – sie passt besser zum Spiel der Menschheit.

Ähnliches gilt für die Gewaltlosigkeit, die andere »Technologie«, die ich als praktikabel und vielversprechend ins Spiel bringen möchte. Tatsächlich arbeitet sie Hand in Hand mit Innovationen wie Solarmodulen, denn wenn wir den politischen Willen aufbauen wollen, um erneuerbare Energien schnell genug zu verbreiten, müssen wir den Zeitgeist mit der Planierraupe neu gestalten. Dazu sind gesellschaftliche Bewegungen da.

Es liegt quasi in der Natur der Sache, dass Gewaltlosigkeit weniger unmittelbare Macht ausstrahlt als die Kräfte (Gewalt, Zwang), die sie ersetzen will. (Unbewaffnete Demonstranten können jederzeit erschossen werden, und viele werden es auch.) Gewalt ist eine altehrwürdige Tradition – sie ist das Werkzeug, mit dem Menschen ihre Differenzen über Jahrtausende hinweg beigelegt haben. Wenn sich die Menschheitsgeschichte verkeilt hatte, war Revolution in irgendeiner Form oft die einzige Brechstange, um die Dinge wieder in Bewegung zu bringen – egal, welche Waffen man zu diesem Zweck auch einsetzen musste. Diese Geschichte muss man nicht mit Abscheu betrachten, ebenso wenig wie man die Kohleverbrennung im 20. Jahrhundert als ein Verbrechen ansehen muss. Ich bin in Lexington, Massachusetts, aufgewachsen, und den ganzen Sommer über habe ich dort Touristen über den Dorfanger geführt, auf dem die erste Schlacht der Amerikanischen Revolution geschlagen wurde. (Rückblickend war es der erste Kampf gegen das größte Weltreich aller Zeiten.) Die Minutemen forderten eine echte, wenn auch unvollkommene Demokratie. Hut ab vor Captain Parker und seinen zahlenmäßig unterlegenen Männern.

Aber acht Meilen von Lexington entfernt, in der Stadt Concord, und drei Generationen später, erblickte eine andere Vorstellung von Widerstand aus den komplizierten Gedankengängen von Henry Thoreau das Licht der Welt. Im Jahr 1846 verließ er seine später berühmte Hütte am Walden Pond für einen Spaziergang in die Stadt. Dort traf er Sam Staples, den Schutzmann und Steuereintreiber von Concord, der ihn daran erinnerte, dass er die jährliche Kopfsteuer, die von allen Männern zwischen zwanzig und siebzig Jahren verlangt wurde, noch nicht bezahlt hatte. Thoreau gab das zu und sagte, als Gegner der Sklaverei »kann ich eine Regierung, die auch eine Regierung der Sklaven ist, niemals als meine Regierung anerkennen«. Er wurde ins Gefängnis gesteckt und verbrachte dort die Nacht. Sein Freund Ralph Waldo Emerson soll ihn besucht und gefragt haben, warum er dort saß, und bekam als Antwort eine Gegenfrage: »Warum sitzt du *nicht* hier?« Auf jeden Fall, so schrieb Thoreau später, habe er über Lösungen nachgedacht, die weit über die einfache demokratische Regierungsform hinausgingen, für die seine Vorfahren in Neuengland gekämpft hatten:

> Lege in deine Stimme das ganze Gewicht, wirf nicht nur einen Papierzettel, sondern deinen ganzen Einfluss in die Waagschale. Eine Minderheit ist machtlos, wenn sie sich der Mehrheit anpasst; sie ist dann noch einmal eine Minderheit; unwiderstehlich aber ist sie, wenn sie ihr ganzes Gewicht einsetzt. Vor der Wahl, ob er alle anständigen Menschen im Gefängnis halten oder Krieg und Sklaverei aufgeben soll, wird der Staat mit seiner Antwort nicht zögern. Wenn tausend Menschen dieses Jahr keine Steuern bezahlen würden, so wäre das keine brutale und blutige Maßnahme – das wäre es nur, wenn sie sie zahlten und damit dem Staat erlaubten, Brutalitäten zu begehen und Blut zu vergießen. Das erstere ist, was wir unter einer friedlichen Revolution verstehen – soweit sie möglich ist.[451]

Als introvertierter und ausgesprochen misanthropischer Mensch hatte Thoreau keinerlei Pläne, irgendeine Bewegung auf die Beine zu stellen. Seine Idee war so weltfremd, dass kaum jemand, auch nicht die eifrigsten Gegner der Sklaverei in seinem Umfeld, seinem Beispiel folgte. Und die Streitfrage der Sklaverei wurde schließlich durch den blutigsten Krieg in der US-amerikanischen Geschichte gelöst.

Doch die Zeit verlieh Thoreaus Idee Bedeutung, auch wenn sie anfangs wenig Beachtung fand. Tolstoi las Thoreaus Texte und schrieb über ihn; durch Tolstoi erfuhr Gandhi von Thoreaus Buch, über das er 1907 sagte, es sei »für alle Zeiten geschrieben« worden. »Seine prägnante Logik ist unwiderlegbar.« Gandhis große »Experimente mit der Wahrheit« zogen sich über einen Großteil der nächsten fünfzig Jahre hin, und obwohl sie zu spät kamen, um die beiden Weltkriege zu verhindern, trugen sie schließlich dazu bei, die Briten aus Indien zu vertreiben. Die Arbeit, die die Minutemen mit Musketen auf dem Dorfanger von Lexington begonnen hatten, beendeten Gandhi und seine Anhänger mit ihrem Mut in den Salzwerken von Gujarat. Später adaptierte Dr. King diese Methoden, um gegen einige Übel anzugehen, die die ursprüngliche amerikanische Revolution institutionalisiert hatte.

Mit »Gewaltlosigkeit« meine ich nicht ausschließlich oder auch nur überwiegend die dramatischen Akte des zivilen Ungehorsams, die im Gefängnis oder mit Prügeln enden. Ich meine die ganze Bandbreite von Organisationsarbeit, die auf den Aufbau von Massenbewegungen abzielt, mit dem Ziel, den Zeitgeist und damit den Lauf der Geschichte zu verändern. (Tatsächlich betonte Gandhi immer wieder, dass zu seinem Satyagraha auch »konstruktive Arbeit« zum Aufbau der lokalen Wirtschaft gehörte. Zu seiner Zeit war das Spinnrad ein wichtiges Symbol, heute verfügt sein alter Ashram in Sevagram nicht nur über Solarmodule, sondern auch über einen Bio-Gärbehälter, mit dem sich Gas zum Kochen aus Kuhmist erzeugen lässt.) Dieser Bewegungsaufbau unterscheidet sich von der normalen Politik, vom täglichen Kampf um Vorteile innerhalb des herrschenden Systems und für geringfügige Änderungen des Systems (zum Beispiel Steuersenkungen), die im Einklang mit den aktuell vorherrschenden Strömungen in der öffentlichen Meinung stehen. Stattdessen denke ich an Dramen wie den Kampf um das Wahlrecht, gegen die Rassentrennung oder für die Homosexuellenehe. Jede dieser Bewegungen deckte die volle Bandbreite ab, von politisch bis illegal, und konzentrierte sich mehr auf die Veränderung der Kultur als auf begrenzte legislative Siege. Einer der besten Theoretiker der Gewaltlosigkeit war Jonathan Schell, der in seinem Buch *Das Schicksal der Erde* schrieb, Atomwaffen machten Kriege unkontrollierbar, weil sie so mächtig seien. In einem späteren Buch, *Die Politik des Friedens*, entwickelte er die Idee weiter. Gewalt sei zunehmend dysfunktional geworden, schrieb er, und »dass Formen gewaltfreien Handelns auf jeder

Ebene der Politik die Gewalt wirksam ersetzen können«. Oder, etwas eloquenter, sie seien *»ein Mittel, mit dessen Hilfe viele aktive wenige rücksichtslose Menschen überwinden können«.*[452]

Ich glaube, wie gesagt, dass Gewaltlosigkeit eine der bemerkenswertesten Erfindungen unserer Zeit ist – wenn wir Glück haben, ist sie die Innovation, für die Historiker das 20. Jahrhundert am meisten schätzen werden. Das sehen aber nicht alle so. Besonders Abgebrühte halten sie sogar für rein auf Glauben basierenden Hokuspokus. Der Futurist Yuval Hariri sagte, es sei schwierig, die größte Entdeckung des 20. Jahrhunderts zu nennen. Vielleicht Antibiotika? Der Computer? »Fragen Sie sich nun: Was war die einflussreichste Entdeckung, Erfindung oder Schöpfung traditioneller Religionen ... im 20. Jahrhundert? Auch das ist eine schwierige Frage, denn hier hat man recht wenig Auswahlmöglichkeit.«[453] Sein Spott ist fehl am Platz. Gewaltlosigkeit entsprang nicht direkt einer Religion, das ist wahr, und tatsächlich widersprach sie manchmal der Religion – einige von Gandhis größten Kampagnen richteten sich gegen das Kastensystem des Hinduismus. Aber Mahatmas und Geistliche haben diese Art von Widerstand definitiv mitentwickelt, und in seinem Kern steckt eine spirituelle Erkenntnis, die mindestens auf die Bergpredigt zurückgeht. Es geht dabei um das Prinzip, die andere Wange hinzuhalten, unverdientes Leiden auf sich zu nehmen, unserer Sympathie für die Schwachen zu folgen statt unserer unterwürfigen Bewunderung für die Starken. Selbst in der scheinbar sachlichen Welt des Umweltschutzes sind umfangreiche Forschungen und Datenmengen am Ende nicht entscheidend: Im Kampf gegen den Klimawandel geht es letztendlich nicht um Absorptionsraten von Infrarotstrahlung in der Atmosphäre, sondern um Macht, Geld und Gerechtigkeit. Da die Industrie über das meiste Geld und damit die meiste Macht verfügt, gewinnt sie in der Regel – es sei denn, es entsteht eine Bewegung, die sowohl die Herzen als auch die Köpfe erreicht.

Eine solche Bewegung entstand in den späten 1960er-Jahren, nach der Veröffentlichung von Rachel Carsons *Der stumme Frühling* und inmitten brennender Flüsse und smogverseuchter Städte. Aber sie machte wenig Fortschritte, bis sich 1970 am ersten »Tag der Erde« 20 Millionen Amerikaner (ein Zehntel der Bevölkerung) an Protesten in allen Teilen des Landes beteiligten. Diese beispiellose Demonstration der Besorgnis (und einige nachfolgende Wahlniederlagen für Politiker mit Verbindungen zu Umweltverschmutzern) rüttelte Washington wach. Die übliche Machtverteilung war aus dem Gleichgewicht gebracht, und die Großkonzerne verloren einige Jahre lang Schlacht um Schlacht: Richard Nixon, sicher kein Umweltschützer, hatte politisch keine andere Wahl, als den Clean Air Act, den Clean Water Act, den Endangered Species Act und die anderen noch heute gültigen Umweltgesetze zu unterzeichnen.

Aber Erfolg kann eine Bewegung schwächen. Die Organisationen, die auf die Straße gegangen waren, zogen sich nun in große Washingtoner Büros zurück und konzentrierten sich auf Lobbyarbeit. Eine Zeit lang funktionierte diese Strategie, denn an diesem ersten »Tag der Erde« hatte die Bewegung genug Schwung für ein oder zwei Jahrzehnte bekommen. Aber dieser Schwung ließ langsam nach, und schließlich gewann die Macht des Geldes wieder die Oberhand. Als die George-W.-Bush-Regierung ans Ruder kam, hatten die Ölgesellschaften wieder die Kontrolle übernommen und konnten jede Chance auf Fortschritt beim Klimawandel vereiteln. Nach der Wahl von Barack Obama schaffte es ein demokratischer Kongress nicht, auch nur bescheidene Emissionshandelsgesetze mit festen Obergrenzen zur Bekämpfung der globalen Klimaerwärmung zu verabschieden. Und so hielten es einige von uns für an der Zeit, die Bewegung auf der Straße wieder aufzubauen, damit wir eine Chance hatten, sowohl den Kampf als auch den Streit zu gewinnen.

Viele Menschen überall auf der Welt haben bei diesem Wiedererwachen eine große Rolle gespielt – vor allem die in den ärmsten Gegenden, die am stärksten von der Umweltveränderung betroffen sind. Manche von uns versuchten das über eine kleine Gruppe namens 350.org, die wir 2008 gründeten (»wir« waren zunächst ich und sieben Studenten am Middlebury College in Vermont). Wir konzentrierten uns nicht auf die Politik, sondern auf die Mobilisierung, wobei wir feststellten, dass es sinnlos war, sich ohne eine Bewegung, die auf Veränderungen drängte, Gedanken darüber zu machen, wie genau der Wandel aussehen sollte. Unsere Strategie war, offen gesagt, lächerlich (»Die Welt mobilisieren«), aber wir hatten Anfängerglück, und offenbar gab es da eine unbesetzte ökologische Nische. Die Menschen auf dem ganzen Planeten machten sich tatsächlich Sorgen wegen der Klimaerwärmung, aber sie fühlten sich machtlos angesichts dieser Übermacht – eine Verzweiflung, die teilweise schon allein dadurch überwunden werden konnte, dass man die Menschen zusammenbrachte. Unser erster Versuch, die Welt zu erobern, fand im Jahr 2009 bei 5 200 Kundgebungen in 181 Ländern statt, was CNN als »umfangreichste politische Aktion in der Geschichte des Planeten« bezeichnete. Die meisten dieser Veranstaltungen waren klein, aber im Laufe der Zeit ist die Bewegung so gewachsen, dass wir inzwischen Hunderttausende von Menschen auf die Straße bringen können. Als wir uns mit anderen zusammenschlossen, um die Keystone-Pipeline zu bekämpfen, trug das zu einer weltweiten Flut von Kämpfen bei, die heute jedes Infrastrukturprojekt im Zusammenhang mit fossilen Brennstoffen erschwert. (Der Leiter einer der größten amerikanischen Energielobbys hat sich lange und heftig über die »Keystonisierung« aller Pläne der Branche beschwert.) Tausende Menschen in ihren Kajaks – »Kajaktivisten«, natürlich – halfen Shell davon zu überzeugen, die Bohrpläne in der Arktis aufzugeben; Dutzende von Staaten und Ländern haben Fracking inzwischen verboten; und einige haben sogar jegliche Probebohrungen nach Öl und Gas gestoppt.

Das Ganze ist jetzt eine Bewegung, und die wird zunehmend von Kindern, indigenen Völkern und ethnischen Communitys angeführt. Im Herbst 2018 inszenierte ein 15-jähriges schwedisches Mädchen namens Greta Thunberg einen »Schulstreik«. Sie saß auf den Stufen vor dem Parlamentsgebäude statt im Schulunterricht – mit der Begründung, sie habe keine Lust, in die Schule zu gehen, wenn die Regierung keine Lust habe, sich um das Klima zu kümmern. Mit ihrer Aktion traf sie die Stimmung in ganz Nordeuropa, und auch auf der anderen Seite der Welt traten australische Schulkinder bald in Streik und besetzten das Foyer ihres Parlaments. In Großbritannien war unterdessen die Bewegung Extinction Rebellion entstanden, die mit Aktionen des zivilen Ungehorsams den Verkehr in London zum Stillstand brachte. In den Vereinigten Staaten inszenierten junge Menschen ein Sit-in im Kongress und forderten einen Sonderausschuss für einen Green New Deal. Anfang 2019 berichteten Meinungsforscher, dass 80 Prozent der Demokraten und 60 Prozent der Republikaner die Idee oder zumindest den Slogan unterstützten. Die Erde hat Fieber, und die Antikörper wirken allmählich. Was nicht bedeutet, dass wir gewonnen haben. Das haben wir nicht. Die Gebrüder Koch und die Ölgesellschaften halten sich immer noch, auch dank Herrn Trump. Aber wir haben sie so aufgeschreckt, dass sie jetzt um sich schlagen – monatelang verfolgten Abgesandte der Fossilenergiebranche jeden meiner Schritte mit Videokameras, dank der ölfinanzierten Bemühungen des führenden

»Oppositionsforschungsunternehmens« des Landes. Nach einer bemerkenswerten Demonstration von Einheit der indigenen Nationen bei den Protesten gegen die Dakota-Access-Pipeline verabschiedeten die von den Kochs finanzierten Gesetzgeber »Anti-Protest-Gesetze« in einem Staatsparlament nach dem anderen, die alle darauf abzielten, diese Form des Dissens zu verhindern. (In Oklahoma kann man für das Betreten von »maßgeblichen Infrastruktureinrichtungen« jetzt zu zehn Jahren Gefängnis verurteilt werden.)[454] Entsprechende Gesetze gibt es weltweit, von Dutertes Philippinen über Erdogans Türkei, Maduros Venezuela bis hin zu Putins Russland, wo Proteste oft tödlich enden. Aber von allen Seiten tritt den Oligarchen Widerstand entgegen. Wie Naomi Klein sagte, können wir mit unseren Körpern eine De-facto-Steuer in Kraft setzen, wenn wir keine ernsthafte CO_2-Steuer von einem korrupten Parlament bekommen. Damit verschaffen wir den Branchen für erneuerbare Energien Zeit – vielleicht sogar genug Zeit, um gegenüber den physikalischen Abläufen der globalen Erwärmung ein wenig Boden gutzumachen.

Ich erzähle all dies nicht, um damit zu prahlen – wie gesagt, wir gewinnen nicht, und auf jeden Fall bin ich kein großer Anführer. (Nachdem ich geholfen habe, die Dinge in Gang zu bringen, habe ich erleichtert und gerne das Rampenlicht den jungen, vielfältigen und bemerkenswerten Organisatoren auf der ganzen Welt überlassen.) Dennoch war es ein großes Privileg, aus nächster Nähe mitzuerleben, dass sich diese Technologie der Gewaltlosigkeit selbst gegen die größten und reichsten Mächte des Planeten durchsetzen kann. Im Herbst 2011, als vor dem Weißen Haus der zivile Ungehorsam gegen Keystone in Erscheinung trat, berichtete das *National Journal* über eine Umfrage unter seinen 300 »Insidern der Energiebranche« auf dem Capitol Hill und in den Büros der Lobbyisten an der K Street. Laut dieser Umfrage prognostizierten 91 Prozent der Befragten, dass Trans-Canada, das Unternehmen, das den Bau der Pipeline plante, bald die Genehmigung erhalten würde. Aber dann wanderten 1 253 Menschen wegen zivilen Ungehorsams ins Gefängnis, mehr als in den Jahrzehnten zuvor zusammengenommen. Zehntausende umringten das Weiße Haus – je nach Perspektive war das entweder eine Gruppenumarmung oder ein vorübergehender Hausarrest für Barack Obama. Wenige Jahre später zeigten Umfragen, dass sich eine klare Mehrheit der Amerikaner gegen dieses Projekt aussprach. Die Pipeline ist immer noch nicht gebaut, und selbst wenn sie eines Tages in den Boden kommt, wird ihr größtes Erbe die verbreitete Erkenntnis sein, dass wir damit auf dem Holzweg sind. Im Frühsommer 2018 verwendete Papst Franziskus genau die Sprache, die wir in diesem Kampf entwickelt hatten. Er sagte, der Großteil der Öl-, Gas- und Kohlevorkommen müssten »unter der Erde bleiben«.[455] Wir hatten unsere Arbeit begonnen, um den Zeitgeist zu verändern – und das hatten wir erreicht.

Ähnliche Bewegungen sind auch bei anderen Themen vorstellbar, etwa Designerbabys. Tatsächlich wäre eine solche Kampagne in gewisser Weise einfacher, weil die Befürworter derartiger Technik noch nicht fest etabliert sind; es gibt noch kein Exxon-Äquivalent mit einer unerschöpflichen Einnahmequelle und einem Harem aus Kongressabgeordneten und Senatoren. Zu einem solchen Kampf würden sich Aktivisten von links und rechts zusammenfinden, was potenziell großen Einfluss, aber auch ständige Spannungen bedeuten würde. Schwer zu sagen, was eine solche Bewegung ins Leben rufen könnte – vermutlich eine Entwicklung (Ein menschlicher Klon? Die nächsten Designerbabys?), die schockierend genug ist, um die Aufmerksamkeit der Leute zu erregen –, und ich kann nicht versprechen, dass sie gewinnen wird. Wenn Google und ähnliche Unternehmen sich für die Gegenseite stark machen, wird es ein harter Kampf werden, den wohl die Seite gewinnt, deren Definition von »Fortschritt« sich durchsetzt. Aber das könnte durchaus der Beginn einer größeren Bewegung zur Verteidigung des Menschlichen sein.

Gewaltlosigkeit ist eine mächtige Technologie, auch wenn wir immer noch sehr wenig darüber wissen. Mit militärischer Macht verhält sich das anders: Fast jede Nation auf dem Planeten hat eine oder zwei Institutionen, die sich der Erforschung des Krieges widmen und Männer und Frauen hervorbringen, die sich bestens mit Flankenangriffen und Luftunterstützung auskennen. Sie gehen dann zum Militär, das besser finanziert ist als jeder andere Teil der Gesellschaft. Auch die Polizei ist oft stark militarisiert. Der Besuch des Lagers am Standing Rock erinnerte mich daran, dass staatliche und lokale Behörden, die mit überschüssiger Pentagon-Ausrüstung überschwemmt werden, von den Streitkräften kaum zu unterscheiden sind. Die Einsatzkräfte dort hatten Schallkanonen, Wasserwerfer und Fahrzeuge, die praktisch Panzer waren; sie trugen die taktische Ausrüstung von Kampfsoldaten. Die Ölgesellschaften stellten Sicherheitskräfte mit Zähne fletschenden Schäferhunden ein. Und doch war all diese Feuerkraft fast machtlos gegen das Lager, das sich am Zusammenfluss von Cannonball und Missouri gebildet hatte. Tatsächlich erreichten die Ölbarone immer weniger, je mehr Gewalt sie einsetzten. An jenem Tag, an dem sie die Hunde auf friedliche Demonstranten losließen, wurde Standing Rock zu einer Krise für das Weiße Haus, denn dort wusste man, was die Bilder bedeuteten – sie stellten eine direkte Verbindung zu den legendären Bildern von Birmingham und der Bürgerrechtsbewegung her. Dass Barack Obama gezwungen war, die Pipeline zu verbieten, war ein großer Sieg; dass Donald Trump sie wieder möglich machte, war ein großer, tragischer Unglücksfall der Geschichte. Aber wer glaubt, dass die Zeit für die Ölgesellschaften arbeitet, zieht die falschen Schlüsse aus der Geschichte. Diese Bewegung wird gewinnen (auch wenn sie es möglicherweise nicht *rechtzeitig* tut).

Sie wird auch deswegen gewinnen, weil Gewalt schlechtere Karten hat als früher. Sie ist immer noch mächtig, in North und South Dakota, in China, in Russland und an vielen anderen Orten. Aber die Technologie der Gewaltlosigkeit setzt sie unter Druck. Wir sind noch am Anfang der Lernkurve, und uns fehlt eine Institution wie die Militärakademien in West Point oder Annapolis, aber Menschen auf der ganzen Welt tauschen Erfahrungen aus. Die serbische Gruppe Otpor! entwickelte ihre Taktiken zum Sturz des Autokraten Slobodan Milosevic und gab diese an die jungen Menschen weiter, die den Arabischen Frühling ins Rollen brachten; ihre Erfolge und Misserfolge führen zu neuen Erfahrungen. Wenn es uns gelingt, das Spiel der Menschheit nicht zu beenden, werden diese neuen Ideen im Laufe der Zeit weiter gedeihen, denn sie basieren auf genau dem, was uns Menschen ausmacht: Kreativität, Witz, Leidenschaft, Geist. Nichts davon klingt, als wäre es einem Kampf gegen Geld und Waffen gewachsen, aber die Millionen Menschen, die sich spontan versammelten, um den US-Präsidenten davon abzuhalten, Familien an der Grenze zu Mexiko zu zerreißen, haben es bewiesen: Manchmal funktioniert es.

Das hat zum Beispiel ein Viehzüchter in Nebraska unter Beweis gestellt, der die entscheidenden Technologien der Fotovoltaik und des zivilen Ungehorsams auf atemberaubende Weise kombiniert hat. Bob Allpress züchtet Rinder und baut Alfalfa an – und zwar auf einem 360 Hektar großen Stück Land, das die TransCanada Corporation mit der Keystone XL Pipeline durchschneiden will. Dagegen wehrt er sich seit Jahren, und im Jahr 2017 baute er eine große Solaranlage mitten in den geplanten Verlauf der Pipeline. Wenn TransCanada die Pipeline trotzdem bauen will, »müsste das

Unternehmen nicht nur ein Enteignungsverfahren gegen uns einleiten lassen, sondern auch Solarmodule zerstören, die guten sauberen Strom ins Netz einspeisen und Arbeitsplätze für die Menschen schaffen, die sie bauen«, sagte Allpress.[456]

Diese Taktik wenden immer mehr Menschen an – in Nebraska, in Kanada, in Australien, wo immer ein großes neues Projekt für fossile Brennstoffe vorgeschlagen wird. Einige Nonnen bauten kürzlich eine Kapelle mit einem Solardach in den Weg einer Pipeline. Wenn Sie eine Ölgesellschaft wären, gegen wen würden Sie lieber kämpfen? Ein Typ mit einem Gewehr ist kein Problem, Sie können sämtliche Gewehre der Welt haben. Aber ein Typ mit ein paar Solarmodulen, Zugang zu sozialen Medien und einem schlauen Kopf wird Sie in den Wahnsinn treiben.

22

Stellen Sie sich die letzten paar Hundert Jahre des technologischen Fortschritts als einen Mann vor, der einen Abend im Casino verbringt. Er hatte einen bemerkenswerten Lauf, ein tolles Blatt nach dem anderen. Zwischendurch hat er natürlich auch mal verloren, aber er hat seinen Einsatz immer wieder verdoppelt und war so wieder im Spiel. Jetzt aber werden die Einsätze immer höher, und das Glück scheint ihn zu verlassen: Wenn er seinen Einsatz jetzt wieder verdoppelt, könnte er alles verlieren. Er sitzt da und denkt einen Moment lang nach, und dann geht er vielleicht mit seinen Chips zur Kasse, tauscht sie ein und verlässt das Casino mit Gewinnen, die den Rest seines Lebens absichern könnten.

Solarenergie und Gewaltlosigkeit sind Technologien, die weniger auf Expansion als auf Reparatur, weniger auf Wachstum als auf Konsolidierung, weniger auf Disruption als auf Heilung ausgerichtet sind. Sie basieren auf der Annahme, dass wir als Spezies mächtig genug geworden sind und dass es jetzt darum geht, sicherzustellen, dass diese Macht geteilt und kontrolliert wird. Sie sind die Technologien der *Reife,* um eines von mehreren Worten zu verwenden, die wir öfter verwenden sollten. Diese Technologien zeichnen das Bild einer Gesellschaft, die mehr an wirtschaftlicher und politischer

Erhaltung und Zufriedenheit interessiert ist als daran, sich zu berauschen und zu bereichern.

In unserer heutigen Kultur finden wir die Vorstellung von zunehmender Reife weniger aufregend als die von Wachstum. Ich vermute, das liegt daran, dass in unserem eigenen Leben der Weg zur Reife eine bittersüße Angelegenheit ist. Wenn wir jung sind, können wir alles machen, uns stehen alle Optionen offen, noch ist nichts unmöglich. Reife – das »Erwachsenwerden« im Gegensatz zum »Wachsen« – bedeutet, Entscheidungen zu treffen: sich auf einen Partner, eine Karriere, eine Gemeinschaft festzulegen. Früher gab es Zeiten und Orte, da wurde diese Reife in Ehren gehalten – man denke an den Respekt, den die Ältesten in traditionelleren Gesellschaften erfahren, ein Respekt, der in unserer eigenen Konsumkultur vor allem der Jugend entgegengebracht wird. Aber ich denke, dass auch viele Trump-Wähler tief in ihrem Herzen am meisten jene Freunde schätzen, die zur vollen Reife gelangt sind, also diejenigen, die ihrem eigenen Verhalten im Interesse der Gemeinschaft Grenzen gesetzt haben. Solche Menschen finden ihre Erfüllung in der Arbeit für andere, im Mentoring, im Weitergeben – in genau jenem altruistischen Verhalten, das Ayn Rand und ihre Anhänger so verabscheuen. Wenn wir diese Eigenschaften an einzelnen Menschen bewundern, dann können wir möglicherweise auch lernen, Gesellschaften für dieselben Dinge zu bewundern.

Gesellschaften haben bereits gelernt, einige Grenzen zu akzeptieren, und zwar mit Vergnügen. Ich wohne am Rande eines Naturschutzgebietes, der Federal Wilderness Area im Green Mountain National Forest. Seit Jahrzehnten wird dieses Land bewahrt und geschützt: Menschen dürfen hinein, aber nur als Besucher. Sie wandern über die wenigen Pfade, ansonsten hinterlässt das ganze Jahr über kaum ein Stiefel seinen Abdruck in dem mehrere

Zehntausend Hektar großen Wald; er gehört den Truthähnen, Bären und Fichten ganz allein. Ja, wir profitieren von diesem Arrangement, auch finanziell: Diese Wildnis bietet »Ökosystemdienstleistungen«, die Ökonomen messen können, und diese Messungen bestätigen, dass der intakte Wald ein gutes Geschäft ist, denn er reinigt die Luft und filtert das Wasser. Wir verzichten auf das schnelle Geld, das Wachstum, das wir erzielen könnten, wenn wir diese Wälder liquidieren und, sagen wir, als Holzpellets in Kesseln zur Stromerzeugung verbrennen würden. (Dieses Schicksal ereilt heute übrigens viel zu viele US-amerikanische Wälder, insbesondere im Südosten.) Und natürlich macht diese Wildnis keinen einzelnen Menschen reich; sie bereichert uns als Gesellschaft. Indem wir diesen Wald bewahren, machen wir eine Ansage, nämlich dass wir als Gesellschaft so weit sind, einer neuen Philosophie zu folgen – so wie jemand, der heiratet, hoffnungsvoll erklärt, von nun an neue Werte in den Mittelpunkt seines Lebens stellen zu wollen. Und diese Einstellung teilen viele; sogar eine »überwältigende Mehrheit« von Trump-Wählern wehrte sich gegen das Vorhaben des Präsidenten, die Schutzgebiete der Vereinigten Staaten zu verkleinern.[457]

Das bedeutet nicht, dass man voller Entsetzen auf jene Zeiten zurückblicken muss, bevor es solche Beschränkungen gab. Es gibt natürlich vieles zu verabscheuen in der US-Geschichte (Sklaverei, Sexismus und der Umgang mit den Ureinwohnern, um nur ein paar Beispiele zu nennen), aber es gibt auch viel zu bewundern oder zumindest mit Respekt zu betrachten. Paul Bunyan oder die echten Holzfäller, denen er nachempfunden wurde, rodeten den Großteil der Wälder des amerikanischen Kontinents mit Schrotsägen. Das ist härtere Arbeit, als ich je verrichten werde, und sie ebneten so den Weg (im wörtlichen Sinn) für den Wohlstand, den ich heute genieße. Ich hege keinen Groll gegen die Vermonter, die vor mir lebten und deren Steinmauern man tief im Wald finden kann. Sie haben die Welt aufgebaut, die wir kennen. Aber ich ehre auch Vermonter wie George Perkins Marsh, den ersten US-Amerikaner, der das postulierte, was wir heute als Umweltschutz kennen. Seine sorgfältigen Messungen der Durchflussmengen aus dem 19. Jahrhundert zeigten, dass das Abholzen von Wäldern zu Frühlingshochwasser und Sommerdürre führte und große Schlammlawinen auslöste. Angesichts der Tatsache, dass es keine neue Welt mehr gab, in die wir weiterziehen konnten, so argumentierte Marsh, sollten wir unserem Verhalten einige Grenzen setzen, um diese Welt intakt zu erhalten. Und so entstanden die ersten Schutzgebiete in den Adirondacks und im Yellowstone, und nach und nach verbreitete sich die Vorstellung über die ganze Welt. Heute sind 15 Prozent der Erdoberfläche geschützt. Gesellschaften werden nicht nur an den Dingen gemessen, die sie aufbauen, sondern auch an den Dingen, die sie in Ruhe lassen: Wale, Paradiesvögel, Berge, Kinder, die vor schweren Arbeiten geschützt werden.

Von allen Kreaturen der Erde *können Menschen allein* sich selbst solche Grenzen auferlegen. Keiner dieser Kämpfe ist einfach; während ich dieses Manuskript beende, hat die Trump-Regierung gerade einen neuen Angriff auf den Endangered Species Act, das Artenschutzgesetz, angekündigt, mit der Begründung, es »erschwert den Lebensunterhalt der Menschen«.[458] Aber in einer Welt, in der Algorithmen die Oberhand gewinnen, in der Facebook und Amazon uns viel zu gut kennen, helfen uns diese selbst auferlegten Grenzen, menschlich zu bleiben. Unser großes literarisches Gewissen, der Farmer und Autor Wendell Berry aus Kentucky, brachte das auf den Punkt, lange bevor man von Cambridge Analytica gehört hatte:

Liebt den schnellen Profit, die jährliche Gehaltserhöhung,
bezahlten Urlaub. Verlangt mehr Fertigware. Fürchtet euch
vor euren Nachbarn und dem Sterben.
Dann werdet ihr ein Fenster im Kopf haben.
Nicht einmal die Zukunft wird noch ein Rätsel sein.
Euer Denken wird in einer Lochkarte gespeichert
und in einer kleinen Schublade weggeschlossen.
Wenn sie wollen, dass ihr etwas kauft,
werden sie euch rufen. Wenn sie wollen,
dass ihr für den Profit sterbt, werden sie es euch wissen lassen.
Daher, Freunde, macht jeden Tag etwas,
das nicht berechenbar ist. Liebt den Herrn.
Liebt die Welt. Arbeitet ohne Bezahlung.
Nehmt euren ganzen Besitz und seid arm.
…
Sobald die Generäle und Politikos
vorhersagen können, was in eurem Verstand vorgeht,
verliert ihn. Hinterlasst ihn als Markierung
für den falschen Weg, den ihr
nicht eingeschlagen habt. Seid wie der Fuchs,
der mehr Spuren hinterlässt als notwendig,
von denen manche in die Irre führen.
Übt euch in Wiederauferstehung.[459]

Wendell Berry ist der Erbe einer langen gegenkulturellen Tradition, die bis Buddha zurückreicht und zu der auch Christus gehört, einer Tradition, die Menschen wie Thoreau und Gandhi, Dorothy Day und Ella Baker und Millionen weitere Frauen und Männer umfasst, von denen wir noch nie gehört haben. Diese Tradition zelebriert Grenzen und besteht darauf, dass Menschen dann am menschlichsten sind, wenn sie ihre eigenen Egos und

Wünsche zügeln können. Lippenbekenntnisse gab es schon viele – die Vereinigten Staaten gelten zum Beispiel als »christliche Nation« –, aber jetzt muss diese gegenkulturelle Tradition vielleicht tatsächlich noch ... kultureller werden. Die Anreicherung von Kohlendioxid in der Atmosphäre ist ein praktisches Argument für eine bisher rein moralische Haltung; das Periodensystem weist uns in dieselbe Richtung wie die hebräischen Propheten.

Nicht nur Weise, Gurus und Sonderlinge haben sich so etwas vorgestellt. Vielleicht sollte man sich auch nicht zu viel an ihnen orientieren, denn Jesus war – buchstäblich – ein Wunderknabe und Thoreau kein Mann, den man sich in der Rolle des treusorgenden Familienvaters vorstellen könnte. Vielleicht sollte man ein schwächeres Wort verwenden: Vielleicht ist *Reife* ein wenig streng und elterlich. Fügen wir unserem Lexikon doch stattdessen ein weiteres Wort hinzu: *Gleichgewicht.* Nach vierzig Jahren libertärer Dominanz in der Politik, seit Ronald Reagan gewann, indem er behauptete, die Regierung sei das Problem, und Thatcher, indem sie erklärte, es gebe in Wirklichkeit keine Gesellschaft, merken wir kaum noch, in welche Schieflage unsere Politik geraten ist. Der Anteil der Amerikaner, die sich noch an den New Deal erinnern, wird von Tag zu Tag kleiner, und selbst Lyndon B. Johnsons Great Society wirkt wie aus einem anderen Zeitalter. Aber wir müssen uns daran erinnern, denn mit solchen Gesetzen wird die menschliche Solidarität von der Ausnahme zur Regel.

Man kann nicht sein ganzes Leben lang Bewegungen aufbauen – praktisch per Definition brennen sie erst hell und dann brennen sie aus. (Deshalb gewinnt natürlich in der Regel die Gier: Die Kochs sind rund um die Uhr dran. Wenn ein hochpreisiger Lobbyist nach dem millionsten Cocktailempfang einer Leberzirrhose erliegt, stellen sie einfach einen neuen ein.) Wir brauchen also Strukturen, die Brüderlichkeit real und relativ einfach machen:

Gewerkschaften, Stimmrechte, ein soziales Sicherheitsnetz. Vielleicht staatliche Banken wie in North Dakota. Wahrhaftig öffentliche Versorgungsbetriebe. Das sind keine bizarren, kommunistischen Ideen. Beispiele dafür finden sich auf dem ganzen Kontinent und auf der ganzen Welt, vom kommunalen Internetdienst in Chattanooga (von *Consumer Reports* hoch bewertet) bis hin zur gemeinnützigen Fußballmannschaft in Green Bay, Wisconsin (von den Menschen vor Ort hoch geschätzt). In Deutschland kontrollieren 850 lokale Genossenschaften einen Großteil der erneuerbaren Energien, die das Land zunehmend versorgen. Die meisten von ihnen finanzieren ihre Aktivitäten über eine der 1 000 Genossenschaftsbanken des Landes.[460] »Wir brauchen ein Gleichgewicht« bedeutet nicht dasselbe wie »Die Wirtschaft ist unwichtig und wir sollten von Craftbeer und positiven Schwingungen leben«. Ein schneller Umstieg auf erneuerbare Energien würde Millionen Menschen auf der ganzen Welt Arbeit verschaffen – Millionen von *Menschen*, nicht Robotern, weil auf Dächern herumzuklettern und Solarmodule zu installieren immer noch hohe Qualifikationen und ein gutes Urteilsvermögen erfordert. Wenn weit mehr junge Menschen zu Meinungsforschern sagen, dass sie sich mehr mit dem Sozialismus als mit dem Kapitalismus identifizieren,[461] dann meinen sie damit nicht, dass sie in Nordkorea leben wollen – sie meinen, dass sie eine faire Chance wollen, nicht das belastete System, das sie geerbt haben. Auch hier gilt: Solidarität erfordert nicht, dass man zum Heiligen wird. Aber man braucht dazu jene Institutionen, die die staatsfeindliche Rechte seit Jahrzehnten zu demontieren versucht.

Skalierung ist das dritte und letzte Wort, das mir entscheidend erscheint. Wenn Effizienz und Wachstum die einzigen Ziele wären, dann würde man alles vergrößern – und genau das haben wir getan: große Konzerne, große Länder. Aber wir sind an einem

Punkt angelangt, an dem die Größe ebenso hinderlich wie nützlich ist, an dem sie die vielen Möglichkeiten, wie das Spiel der Menschheit gespielt werden kann, auf einige wenige reduziert hat. Manches davon geschah ganz von selbst. Als die Menschen die Welt erkundeten und auf immer neue Völker trafen, nahm die Anzahl der Spiele, die unabhängig voneinander gespielt wurden, ab. Die Mexikaner haben die Welt nicht mehr für sich allein: Jetzt haben auch wir anderen Mais und Chilis, wofür ich sehr dankbar bin. Aber als das Freihandelsabkommen zwischen den USA, Kanada und Mexiko den Markt mit Mais überschwemmte und die mexikanischen Bauern in Not stürzte, zeigte sich, was geschieht, wenn etwas zu groß wird.

Für Ökonomen ist *Protektionismus* ein Schimpfwort, weil er ineffizient ist, aber *Ineffizienz* ist oft nur ein anderer Ausdruck dafür, dass man mehr als ein Ziel verfolgt. Amazon ist unglaublich effizient – ich kann Dinge, die ich brauche oder auch nicht, morgen an meiner Haustür haben –, aber wenn Amazon die Ladengeschäfte in den Städten vom Markt verdrängt, gehen dadurch auch andere Dienstleistungen verloren, die diese Ladengeschäfte mit anbieten: »Klatsch und Tratsch, Hilfe für alte Menschen, die Beobachtung der Straße«.[462] Die großen Lebensmittelkonzerne sind unglaublich effizient – ich kann Essen für sehr wenig Geld kaufen –, aber wenn sie die regionalen Bauern aus dem Markt drängen, verlieren wir ländliche Gemeinschaften, Weidelandschaften, landwirtschaftliche Vielfalt. (Außerdem werden wir fetter.) Wir merken erst, wie wertvoll diese Aspekte sind, wenn sie verschwinden, und selbst dann registrieren wir die Verluste meist nur unbewusst – man weiß erst, was man hatte, wenn man es verliert, und dann hat man sich in aller Regel schon an den Ersatz gewöhnt.

Deshalb halte ich es für förderlich, dass sowohl Gewaltlosigkeit als auch Solarmodule uns zumindest ein kleines bisschen auf eine

Welt zuschubsen, in der alles ein bisschen kleiner und die weniger von Effizienz besessen ist. Gesellschaftliche Bewegungen erinnern häufig an eben jene Dinge, die im Namen der Effizienz geopfert wurden. Wir haben den Organisatoren solcher Bewegungen den Acht-Stunden-Tage und die Fünf-Tage-Woche zu verdanken; Sozialversicherungen und Mindestlöhne; saubere Luft in den Großstädten und sauberes Wasser in den Flüssen. Wir haben ihnen all die Dinge zu verdanken, die den Koch-Brüdern nicht gefallen. Solarenergie beschleunigt diesen Wandel. Weil es sie auch noch im letzten Winkel gibt, haben alle diese Winkel die Chance, unabhängiger für sich zu sorgen. Statt zuzusehen, wie Kapital nach Saudi-Arabien oder Texas abrauscht, können wir unseren vielleicht wichtigsten Bedarf immer mehr in der Heimat abdecken. Diesen Wandel werden wir uns hart erkämpfen müssen – dass Gemeinden die Kontrolle über ihre örtlichen Energiequellen bekommen und dass diese Quellen zugunsten aller aufgebaut werden –, aber zumindest ist er im Bereich des Möglichen. Heimat und die Gemeinschaft sind das Spielfeld, auf dem wir das Spiel der Menschheit tatsächlich spielen können, und sie zu untergraben ist falsche Effizienz.

Ich spreche wohl für viele, wenn ich feststelle, dass mir die Vereinigten Staaten immer rätselhafter werden: Mit 300 Millionen könnten wir eine Bevölkerungszahl erreicht haben, die es uns unmöglich macht, uns wirklich zu Hause oder verantwortlich zu fühlen. Ich versuche mir vorzustellen, wie Donald Trump zu einer Gemeindeversammlung in meinem kleinen Heimatort kommt, an einem ersten Dienstag im März, wenn wir über den Haushalt für das ganze Jahr abstimmen und über Belange der Gemeinde diskutieren. Seine unflätige Ausdrucksweise und sein offensichtliches Desinteresse an Details sorgen dafür, dass ihm niemand viel Aufmerksamkeit schenkt; wenn er seine Schimpfkanonaden auffährt, wird man ihn auffordern, sich hinzusetzen, damit der Rest von uns die notwendigen Aufgaben erledigen und dafür sorgen kann, dass die Stadtkasse genug Geld hat, um für die Straßenmeisterei Sand einzukaufen, und ermitteln kann, ob es das Dach der Stadtverwaltung noch ein weiteres Jahr macht. Donald Trump hätte es wohl schwer gehabt, Bürgermeister oder Gouverneur zu werden, denn der Schaden, den er in diesen Ämtern angerichtet hätte, hätte die Wähler direkt betroffen. Doch die USA sind groß, und so konnten die Leute ihn in der Annahme zum Präsidenten wählen, er werde »den Laden aufmischen«, und sich einigermaßen sicher sein, dass die umherfliegenden Trümmer nicht ausgerechnet sie treffen würden.

Ich will damit sagen, dass das, was in der Vergangenheit funktioniert hat, nicht automatisch auch in der Zukunft funktionieren muss. Wachstum hat dereinst mehr Nutzen gebracht als Kosten verursacht. Spärliche Regulierung hat die Expansion befeuert. Größere Dimensionen haben die Effizienz erhöht und uns reicher gemacht. So weit, so gut. Man will ja, dass ein Kind wächst – tut es das nicht, geht man mit ihm zum Arzt. Aber wenn das Kind zweiundzwanzig ist und immer noch um sechs Zentimeter pro Jahr hochschießt, bringt man es auch zum Arzt. Alles hat seine Zeit, das gilt auch für Wachstum. Es gilt aber auch für Reife, für Gleichgewicht, für Skalierung. Und die Risiken, die wir derzeit eingehen, die Risiken, die ich in diesem Buch beschrieben habe, legen nahe, dass diese Zeit jetzt anbricht. Tatsächlich sollten die Schäden, die bereits erkennbar sind, von steigenden Temperaturen bis hin zur wachsenden Ungleichheit, uns klarmachen, dass sich unsere Ziele grundlegend verschieben müssen: hin zu Heilung, hin zu Sicherheit und Schutz.

Das übergeordnete Ziel besteht darin, das Spiel der Menschheit am Laufen zu halten. Oder um bei der Casino-Metapher zu bleiben:

Was wäre, wenn wir unsere Gewinne aus den letzten paar Hundert Jahren einsammeln und beschließen würden, eine kleine Pause einzulegen und die nächsten Runden mit niedrigeren Einsätzen zu spielen? Vielleicht besteht unsere derzeitige Aufgabe darin, alles ein wenig langsamer anzugehen, so wie es Basketballteams tun, wenn sie in Führung liegen. Wenn wir das Spiel der Menschheit nicht vermasseln, könnte es sehr lange laufen; im Vergleich zu anderen Arten stehen wir noch ganz am Anfang unserer Karriere. (Etwa im Vergleich zu Hufeisenkrebsen, die 445 Millionen Jahre alt sind, so alt, dass ihr Blut auf Kupfer basiert. Also *das* nenne ich mal einen guten Lauf.) Und wir sollten das Risiko bedenken: Wenn wir das Spiel der Menschheit tatsächlich durch irgendeine Mischung aus Umweltzerstörung und technologischer Vereinnahmung an die Wand fahren, verhindern wir die Hunderte von Milliarden von interessanten und liebenswerten Leben, die sonst in den kommenden Äonen das Licht der Welt erblicken könnten. Wir verschwenden außerdem in gewisser Weise auch die Arbeit jedes Dichters, Philosophen und Wissenschaftlers der letzten 10 000 Jahre. Wenn es keinen Endstand für das Spiel der Menschheit gibt, keine definitive Ziellinie, auf die wir zusteuern, warum sind wir dann so darauf versessen, alles immer mehr zu beschleunigen?

Wir sind doch wahrlich schon von grellen Alarmsignalen umringt, die uns zu verstehen geben, dass wir es langsamer angehen lassen müssen. So sollten wir jedenfalls die Grafiken zu steigenden Temperaturen oder die erstaunlichen Zahlen zur explodierenden Ungleichheit lesen. Es gibt auch subtilere Anzeichen dafür, dass wir uns am Scheitelpunkt einer Kurve befinden. Um einmal das Nebensächlichste der Welt zuerst anzuführen: Die Leistungen der Sportler stagnieren, weil es immer schwieriger wird, Rekorde auch nur anzukratzen: Die 2000er-Jahre waren das erste Jahrzehnt in den einhundert Jahren seit Beginn der Messungen, in dem kein Mann einen neuen Laufrekord über eine Meile aufstellte; die 2010er sind bisher das zweite. Laut dem Sportjournalisten Clint Carter sind mindestens ein Dutzend Leichtathletikdisziplinen, darunter der 3000- und der 1500-Meter-Lauf, mehr als zwei Jahrzehnte lang ohne einen einzigen neuen Rekord über die Bühne gegangen. »Der Weitsprungrekord ist seit siebenundzwanzig Jahren unangetastet, der Rekord im Kugelstoßen seit achtundzwanzig. Die Rekorde im Diskus- und im Hammerwerfen wurden vor mehr als dreißig Jahren aufgestellt«, bemerkte Carter im Sommer 2018.[463] Tatsächlich wurden die Zeiten in einigen Sportarten schlechter, weil die Behörden zumindest für den Moment hart gegen Doping durchgreifen. (Ehrliche Menschen brauchen für den Anstieg nach Alpe d'Huez einfach länger als Lance Armstrong.)

Nicht nur Eliteathleten haben ein Plateau erreicht, zumindest in der westlichen Welt scheinen wir fast alle durchzusacken. Jüngste Studien zeigen, dass »das 20. Jahrhundert zwar eine beispiellose Phase war, in der sich die menschlichen Fähigkeiten und Leistungen sowie Lebensdauer, Körpergröße und die physiologische Leistungsgrenze verbessert haben«, aber neuere Zahlen zeigen, dass »in den letzten Jahren eine starke Verlangsamung stattgefunden hat«. So wie wir unsere Ernteerträge nicht mehr so drastisch steigern können wie nach dem Zweiten Weltkrieg, sind wir auch nicht mehr viel größer geworden; die Geschwindigkeit, mit der sich unsere Lebensspanne verlängert, hat ebenfalls abgenommen.[464]

Von dieser Verlangsamung ist unser Gehirn ebenso betroffen wie unser Körper, so schockierend das klingen mag. Steven Pinker widmete einen beträchtlichen Teil seines optimistischen Buches *Aufklärung jetzt* dem Nachweis, dass die IQs steigen. »Könnte es sein, dass die Welt nicht nur schreib- und lesekundiger und wissender wird, sondern tatsächlich klüger?«, fragte er gewohnt frech.

»Verblüffenderweise lautet die Antwort: Ja. Seit über einem Jahrhundert steigen die Intelligenzquotienten (IQs) überall auf der Welt mit einer Geschwindigkeit von etwa 3 IQ-Punkten pro Jahrzehnt.« Dieser sogenannte Flynn-Effekt (benannt nach seinem Entdecker) lieferte das, was Pinker »Auftrieb für das Leben« nannte, »ein Tor zu Mitgefühl und Moral«.[465] Das macht es schwierig, die neuen Zahlen aus dem Jahr 2018 zu interpretieren, die zeigen, dass der Flynn-Effekt sich jetzt in die entgegengesetzte Richtung auswirkt. Danach erreichte der IQ »seinen Höchststand bei Menschen, die in den 1970er-Jahren geboren wurden, und geht seither deutlich zurück«. Eine Überprüfung von 700 000 IQ-Daten in Norwegen ergab, dass die IQ-Werte seither um sieben Punkte pro Generation zurückgegangen sind, und entsprechende Rückgänge wurden auch in den sechs anderen untersuchten Ländern beobachtet. »Das liegt nicht daran, dass dumme Menschen mehr Kinder hätten als kluge Menschen«, sagte ein Forscher. »Es hängt mit der Umwelt zusammen, denn diese Unterschiede treten auch innerhalb von Familien auf.«[466]

Insgesamt deuten die Ergebnisse darauf hin, dass wir, anstatt von Utopie zu träumen, uns darauf konzentrieren sollten, uns die Dystopie vom Leib zu halten. Genau das schlug ein Team von Wissenschaftlern, das die größte globale Metastudie dieser Daten zur menschlichen Leistungsfähigkeit durchgeführt hat, am Ende ihres Berichtes vor: Unsere Aufgabe sollte es nun sein, *die Errungenschaften der Vergangenheit irgendwie zu bewahren.* »Wir sollten alles daransetzen, eine Regression zu verhindern, auch wenn der Preis dafür, uns an den Obergrenzen zu halten, höher wird«, schlossen die Forscher. »Das ist eine der größten Herausforderungen dieses Jahrhunderts, insbesondere angesichts des neuen Drucks durch die anthropozentrischen Aktivitäten, die sich schädlich« auf unsere Gesundheit und unser Wohlbefinden auswirken.[467] Mit anderen Worten: Wir befinden uns im Moment auf dem Höhepunkt des menschlichen Lebens, und es wäre ein lohnendes Ziel, dort zu bleiben – die Errungenschaften der letzten einhundert Jahre in Sachen Ernährung und Gesundheitsversorgung über alle geografischen und sozialen Grenzen hinaus zu verbreiten und zu versuchen, die Fortschrittsnebenwirkungen des 20. Jahrhunderts auszuschalten, bevor sie das Leben im 21. Jahrhundert beeinträchtigen.

Ganz offensichtlich haben viele Orte überall auf der Welt Nachholbedarf, ganze Kontinente voller Menschen, die von der langen Glückssträhne im Casino kaum profitiert haben. Solche Orte lieferten einen Großteil der Arbeitskraft und des Rohmaterials, die diese Gewinne ermöglichten, oft nicht freiwillig; und sie zahlen als Erste den Preis dafür, dass wir die Erde überlasten, weil ihre Ozeane ansteigen, ihre Ernten verdorren und ihre Wälder brennen – oder weil Roboter ihre Jobs übernehmen. Und auch wenn wir größer und gesünder sind und länger leben, gibt es natürlich immer noch kranke Menschen. Und wir alle sterben immer noch.

Aus diesen Ungerechtigkeiten lässt sich nach den heutigen Geschäftsmodellen natürlich Kapital schlagen: Man denke an all die Manager aus der Kohleindustrie, die plötzlich ein Interesse an »Energiearmut« entwickelten, als die Industrieländer Skrupel bekamen, ihr Produkt zu verbrennen. Sogar jene Philosophen, die der Meinung sind, wir würden die meisten Probleme der Welt schon lösen können, glauben, dass wir diese Geschäftsmodelle jetzt erst recht brauchen, um die restlichen Probleme zu beseitigen: Pinker, zum Beispiel, lehnt es rundweg ab, auch nur die Geschwindigkeit zu verringern oder Grenzen zu setzen; sein Rezept »für die heutigen Bioethiker lässt sich in einem einzigen Satz zusammenfassen: Geht aus dem Weg!«[468]

In der Tat wäre das eine Herangehensweise. Wir stellen uns diesen Problemen, der Ungleichheit und der Unterentwicklung, indem wir die Wachstumsmaschine wieder hochfahren. Wenn wir die Steuern für Reiche senken, könnte dadurch rein theoretisch Wohlstand entstehen. Wenn wir die Industrie von Umweltvorschriften befreien, könnte das Arbeitsplätze schaffen. Wenn wir uns nicht um die Atmosphäre scheren, könnte Afrika dank Kohlestrom eventuell an Wohlstand gewinnen, von West Virginia ganz zu schweigen. Das sind die Versprechungen des Trumpismus und Kochismus, und von dort ist es kein weiter Weg zu der Vorstellung, dass »unsere Wirtschaft wachsen wird«, wenn wir mit Volldampf die Entwicklung von künstlicher Intelligenz vorantreiben. Dieser Ansatz hat den Vorteil, dass wir genauso weitermachen können wie bisher: Offensichtlich ist es am einfachsten, das zu tun, was wir schon die ganze Zeit getan haben. Wachstum »schafft einen Überschuss an augenscheinlichem Reichtum, der es erlaubt, das System zu schmieren, ohne seine Struktur zu verändern«, stellte der französische Journalist Hervé Kempf fest.[469] Aber wie in diesem Buch gezeigt wurde, ist das Wachstum heute mit enormen Risiken verbunden. Tatsächlich besteht die Gefahr, dass es das Spiel der Menschheit beendet. Trotz aller Schmiermittel fängt das Getriebe an zu knirschen.

Daher sollte man sich in Erinnerung rufen, dass jene, die unsere gegenwärtige Weltanschauung geprägt haben, sich selbst auch noch andere Möglichkeiten vorgestellt haben. Adam Smith, der mit *Der Wohlstand der Nationen* den Startschuss für das Rennen gab, das wir immer noch mitlaufen, sagte voraus, dass eine Zeit kommen würde, in der »ein Land einmal das Höchstmaß an ausgeglichenem Wohlstand erreicht, den es aufgrund der Eigenart seines Bodens und Klimas sowie seiner Lage zu anderen Ländern überhaupt erwerben kann, sodass es sich weder fort- noch rückentwickeln kann«.[470] Smith hielt diesen stationären Zustand für das unvermeidliche Schicksal von Gesellschaften, auch wenn noch keine diesen Punkt erreicht hatte. Der große Philosoph und politische Theoretiker John Stuart Mill, den viele Libertaristen für seinen klassischen Aufsatz *Über die Freiheit* verehren, konnte einen solchen stationären Zustand kaum erwarten. Er schrieb: »Ich brauche wohl nicht zu bemerken, dass ein Stillstand in der Kapital- und der Bevölkerungszunahme nicht notwendig auch einen Stillstand des menschlichen Fortschritts in sich schließt. Der Spielraum für alle geistige Kultur, für alle sittlichen und gesellschaftlichen Fortschritte würde noch ebenso groß sein; es wäre noch ebenso viel Raum da für die Vervollkommnung der Lebenskunst, und es wäre auch viel wahrscheinlicher, dass sie vollkommener wird, wenn die Gemüter nicht mehr so ausschließlich durch die Kunst vorwärtszukommen in Anspruch genommen wären.«[471]

In neuerer Zeit hoffte John Maynard Keynes, »der Tag ist nicht mehr fern, an dem das ökonomische Problem in den Hintergrund treten wird, wo es hingehört, und unsere echten Fragen – nach dem Leben und den menschlichen Beziehungen – (wieder) unsere Herzen und Köpfe beschäftigen werden«.[472]

Deshalb erinnere ich mich immer wieder an einen der interessantesten Menschen, die ich auf meinen Reisen für dieses Buch getroffen habe. Sie heißt Nicole Poindexter und ist Afroamerikanerin. Sie wuchs in Texas auf, wo ihr Vater Chirurg war, und besuchte die besten Schulen: Yale, Harvard Business School. Sie arbeitete in den Handelsräumen der Investmentbanken und spielte dort mit den Derivaten, die die Wirtschaftskrise mit herbeiführten, und dann bei Opower, einer Softwareplattform für Kunden von Versorgungsunternehmen, die kürzlich vom Technologieriesen Oracle aufgekauft wurde. »Ich war eine der ersten Angestellten dort, und schließlich ging das Unternehmen an die Börse. Ich finde toll, was die Leute machen, aber ich wurde das Gefühl nicht los, dass es mir keinen Sinn gab«, sagte sie.

Poindexter und ich saßen auf dem Rücksitz eines Autos, das nahe der nordghanaischen Stadt Kumasi – Ashanti-Land – über eine unbefestigte Straße holperte. Es war höllisch heiß. Von Harvard war es ein weiter Weg. »Ich sah dieses Video, das war während der Ebola-Krise«, erzählte Poindexter. »Die Menschen lebten unter vorindustriellen Bedingungen – ich meine, sie pumpten mit den Füßen, um eine Schmiede zu betreiben. Im Hintergrund wurde viel gehustet, und ich dachte: ›Das ist jemand mit Ebola.‹ Aber die Person hustete aus einem anderen Grund – wegen all dem Rauch vom offenen Feuer. So etwas ist für mich inakzeptabel, wenn in unserem Teil der Welt diese Fülle herrscht. Ich habe das mit all den Energiesachen verbunden, die ich von Opower im Kopf hatte, und bin ins Flugzeug gestiegen.«

Poindexter dachte in anderen Bahnen als die meisten Unternehmer, die ich kenne. Statt auf den Verkauf einzelner einteiliger Kundensysteme konzentrierte sie sich auf solare Mikronetze, die ganze Dörfer versorgen. Sie wollte kleine Solaranlagen am Rande ländlicher Kleinstädte bauen und dann die Hütten verkabeln, als wäre sie ein Miniatur-Netzbetreiber. Für dieses Modell muss das Unternehmen zunächst mehr Kapital investieren und geht damit ein höheres Risiko ein, aber es bedeutet auch, dass mehr Energie bereitgestellt werden kann, genug, um über Lampen und Fernseher hinaus zu denken und für einträgliche Gewerbe zu planen. Gemäß diesem Finanzmodell werden die Kunden zunächst so gut wie nichts verbrauchen, nur 100 Kilowattstunden im Monat, aber es wird davon ausgegangen, dass die Kunden nach zehn Jahren, wenn sie herausgefunden haben, was sie mit diesem Strom alles anfangen können, 1 000 Kilowattstunden verbrauchen werden.

»Worauf basiert Ihre Annahme, dass die Leute ihren Verbrauch so stark steigern werden?«, fragte ich.

»Oh, nur auf so ziemlich der gesamten Menschheitsgeschichte«, antwortete sie. »Wenn Menschen Zugang zu Energie haben, werden sie sie nutzen.«

Die Zahlen stimmen, jedenfalls auf dem Papier. »Eines Tages habe ich das Modell entwickelt«, erklärte Poindexter. »Ich habe alles durchgerechnet, alle Zahlen überprüft. Am Ende kam heraus, dass ein System für ein kleines Dorf 2000 Dollar Gewinn bringen könnte. Und ich dachte, das ist der größte Aufwand, den ich für 2000 Dollar je betrieben habe. Aber es war profitabel.« Wenn die Kunden ihre Nutzung wie erwartet steigern, dann würden Poindexters Investoren »eine 25-prozentige Rendite, ohne Fremdkapitaleinsatz« erhalten, sagte sie.

Mit einem Kollegen, dem Indoamerikaner Joe Philip, der beim Start-up SunEdison aus dem Bereich der erneuerbaren Energien gearbeitet hatte, hat Poindexter 2015 eine kleine Finanzierungsrunde zusammengestellt und ihr erstes Projekt in der Region Kumasi unter dem Firmennamen Black Star Energy gestartet. (Der Name erklärt sich bei einem Blick auf die ghanaische Nationalflagge.) Das war alles andere als einfach. Amerikanische intelligente Stromzähler, fünfzig Dollar das Stück, waren viel zu teuer, also bauten Philip und sein Team ihre eigenen Zähler, für je einen Dollar, aus bei Amazon bestellten Chips. Das Stromnetz in der Regionalhauptstadt Kumasi, in der sich der Hauptsitz von Black Star befand, war genauso unzuverlässig wie überall in Ghana, was die Arbeit im Büro fast unmöglich machte. »Man hat vierundzwanzig Stunden lang Strom und dann zwölf Stunden lang keinen«, berichtete Philip. »Jedes Mal, wenn ich in meine Wohnung zurückkam, war der Strom weg.« Umso entschlossener arbeiteten er und Poindexter, weil es sie daran erinnerte, wie das Leben ihrer potenziellen Kunden aussah. »Ohne Lampen hat man es immer eilig«, sagte Poindexter. »Man eilt vom Feld nach Hause, um Abendessen zu machen, bevor es dunkel wird. Alles muss innerhalb eines Zwölf-Stunden-Tages passieren.« Und so beeilten sie sich, ihre erste Gemeinde zu verkabeln.

Unser Auto kam außerhalb des Dorfes Kofihuikrom, das als eines der ersten mit Strom versorgt werden sollte, holpernd zum Stehen. Wir stiegen aus, inspizierten die kleine, eingezäunte Anlage aus Solarmodulen und gingen dann zum auffälligsten Gebäude der Siedlung, einer Klinik in Form eines Zementblocks mit einem großen Poster an der Wand, auf dem Nelson Mandela bei einem Vortrag über Tuberkulose zu sehen war. Der Klinikdirektor begrüßte uns per Handschlag. »Ich musste früher immer Impfstoffe in verschiedenen Dörfern lagern – in einem anderen Distrikt«, erzählte er. »Kein Kühlschrank. Jetzt kann ich Eisbeutel für Patienten herstellen. Als ich hierher kam, brauchten wir manchmal Taschenlampen, um Patienten zu untersuchen. Das musste aufhören. Wir haben versucht, Babys im Schein von Taschenlampen zur Welt zu bringen. Und nicht etwa den praktischen Lampen, die man auf der Stirn trägt. Wir hatten die Taschenlampen im Mund, damit wir etwas sehen konnten. Jetzt haben wir Nachtschichten.« Früher fand man kaum Krankenpfleger: »Die Leute wollten hier nicht arbeiten. Aber der neue Krankenpfleger hat sich im Krankenhaus erst einmal umgesehen, bevor er den Job annahm. Dann hat er festgestellt, dass wir Strom haben, und gesagt: ›Okay.‹«

Ein paar Meter weiter trockneten Kakaonüsse auf Matten – es war gerade Aprilernte. Hier herrscht *wirklich* Armut. Poindexter vermutete, dass das durchschnittliche Einkommen pro Haushalt bei etwa drei Dollar pro Tag lag und der durchschnittliche Haushalt aus fünf Personen bestand. Das Dorf benötigte den Strom also nicht nur für die Beleuchtung, sondern auch, um ein paar Stufen in der Lieferkette aufzusteigen. »Ich liebe Schokolade«, sagte Poindexter. »Und ich habe gerade am Flughafen in Amsterdam welche für achtzehn Dollar pro Pfund gekauft. Wenn ich die Zahlen überschlage, vermute ich, dass die Bauern hier, meine Kunden, etwa einen Cent pro Pfund verdienen. Aber wenn sie das Verlesen und Rösten selbst übernehmen, wird es vielleicht irgendwann ein Dollar pro Pfund. Außerdem liefern sie dann Kakaobruch, ohne das ganze Wasser, das in dieser Nuss ist.«

Wenn man durch diese neu elektrifizierten Dörfer wandert, erkennt man, warum das 20. Jahrhundert so erstaunlich war: Die verspätete Elektrifizierung hier lässt erahnen, wie es in den 1930er-Jahren in den Vereinigten Staaten war, als dort die ländlichen Gebiete an das Stromnetz angeschlossen wurden; oder in China in den 1990er-Jahren. Aber sich vorzustellen, dass der Strom ohne Umweltverschmutzung eingeführt wird, ist eine schöne Wendung: Diese Gemeinden im ländlichen Ghana bekommen nicht die älteste und billigste Technologie. Sie erhalten die neueste billigste Technologie, so neu und so günstig, dass Familien, die derzeit drei Dollar pro Tag verdienen, sie sich leisten können. Und das ist keine Entwicklungshilfe, es ist ein Geschäft. Poindexters Kunden sind dankbar, aber nicht unterwürfig, und sie ist freundlich, aber nicht sentimental. Sie fragen nach einem Kredit für einen Kühlschrank, nach Straßenlaternen, nach anderen Geräten. Dort ist weit und breit weder ein Maschinenstürmer noch ein Romantiker in Sicht. »Ich bin keine Sozialistin«, sagte Poindexter. »Ich glaube nicht, dass Menschen so gestrickt sind. Aber ich denke auch, dass der extraktive Kapitalismus ausgedient hat.«

Wie *sind* Menschen gestrickt? Wo ist der optimale Punkt, das natürliche Gleichgewicht, die richtige Größe? »Auf meiner allerersten Reise nach Ghana war ich von vielen Dingen überzeugt«, sagte

Poindexter. »Zum Beispiel dachte ich, ein Zähler pro Dorf würde reichen, immerhin waren das gemeinschaftliche Gesellschaften. ›Nein, nein, nein‹, sagten alle. ›Das wird nicht funktionieren. Wir werden uns darüber streiten, wer die meiste Energie verbraucht hat.‹ Also haben wir einzelne Zähler.« Ein Punkt für Ayn Rand. Aber Poindexters System basiert dennoch auf dem Gemeinschaftsprinzip. »In einem Dorf mit hundert Haushalten müssen sechzig einen Vertrag abschließen, bevor wir weitermachen. Jeder Einzelne muss entscheiden, ob er es will, aber die Dorfbewohner müssen auch als Gemeinschaft zusammenarbeiten. Wir treffen uns zuerst mit den Chiefs und unterzeichnen eine Absichtserklärung mit dem Chief oder der Königinmutter. Wir sind ein Versorgungsunternehmen. Die Einheit ist die Gemeinschaft.«

Auch die Gemeinschaften verändern sich, manche von ihnen zweifellos zum Guten, andere zum Schlechten. In Côte d'Ivoire erzählte mir ein Bauer, der neue Strom habe sein Leben sehr verbessert. »Früher musste man aus dem Haus gehen und mit den Leuten reden. Jetzt hat mein Nachbar einen Fernseher, ich habe einen Fernseher, und wir bleiben zu Hause.« Für mich klingt das wie der erste traurige Schritt in Richtung *Atlas wirft die Welt ab,* aber die Menschen dort haben das Recht, das selbst herauszufinden. Ich saß in dem ghanaischen Dorf Daban mit einem Chief zusammen, trank eiskaltes Wasser und hörte ihm zu, wie er über die Einführung der Stromversorgung sprach. »Am dritten Tag, an dem wir Strom hatten, gingen alle Jugendlichen in die Stadt und kauften eine Lautsprecheranlage«, erzählte er. »Wir haben die ganze Nacht Musik gespielt. Sogar der alte Mann dort hat Musik gehört.«

23

Das bringt mich zurück zu einem Punkt, den ich die ganze Zeit über schon am Rande angeschnitten habe: Das Spiel der Menschheit ist ein Mannschaftssport.

Zumindest macht es auf mich diesen Eindruck. Wenn allerdings die regierungsfeindlichen Konservativen recht haben und wirklich nur der Einzelne zählt, wenn es »keine Gesellschaft gibt«, dann haben wir schon verloren. Wir werden keine echten gemeinsamen Anstrengungen gegen den Klimawandel auf die Beine stellen können. Wir werden tatenlos mit offenem Mund zusehen, wie die neuesten Erfindungen aus dem Silicon Valley auf den Markt kommen.

Aber ich bin mir ziemlich sicher, dass sie sich irren. Das Spiel der Menschheit ist seit Langem ein Gruppenprojekt. Wir werden mit großen Gehirnen geboren, sind bei der Geburt aber ungeformt und verletzlich. Um einen Menschen großzuziehen, braucht es einen Stamm, eine Gruppe, einen Clan, eine Gemeinschaft. Wir gingen in Gruppen auf die Jagd. Unsere komplexe Sprache befähigt uns zu tratschen und miteinander in Kontakt zu bleiben. Und alles, was wir heute dank MRT und Hormonanalyse über das menschliche Tier erfahren, deutet darauf hin, dass wir jenen Kreaturen, die auf dem Boden der Savanne saßen und sich gegenseitig die Läuse aus dem Fell pflückten, noch sehr nah sind.

Im Jahr 2018 veröffentlichten die Centers for Disease Control verblüffende neue Statistiken über Selbstmorde in den Vereinigten Staaten: Seit 1999 ist die Anzahl der Suizide um 25 Prozent »über die meisten ethnischen Gruppen und Altersstufen hinweg« gestiegen.[473] Das sind erstaunliche Zahlen, die zunächst schwer zu erklären sind: Im gleichen Zeitraum konnten weitaus mehr Menschen wegen Depressionen und Ängsten behandelt werden. Clay Routledge ist Verhaltensforscher an der staatlichen Universität in North Dakota, wo eine Zunahme der Selbstmordrate um 58 Prozent verzeichnet wurde, mehr als in jedem anderen US-Bundesstaat. Routledge schrieb, die Menschen bräuchten nicht nur Nahrung und Unterkunft, sondern auch »Sinn und Zweck«. Das können wir nicht so leicht selbst herstellen – »die psychologische Fachliteratur legt nahe, dass enge Beziehungen zu anderen Menschen unsere größte existenzielle Ressource sind« –, aber wir leben in einer Welt, in der Familien später im Leben gegründet werden als früher, wenn überhaupt, in der die religiösen Institutionen, die uns einst zusammengeführt haben, allmählich verschwinden, und in der Menschen an Bildschirme gefesselt sind und »seltener ihre Nachbarn kennen und mit ihnen interagieren«. Das sind schrecklich schlechte Nachrichten, denn »Studien haben gezeigt, dass Menschen ihr Leben umso sinnvoller empfinden, je stärker sie sich zugehörig fühlen«[474] – so sinnvoll, dass sie weiterleben wollen.

Ein paar dieser heutigen Probleme könnten durch politische Veränderungen behoben werden. Zum Beispiel bieten die skandinavischen Länder Kinderbetreuung an und machen Eltern das Leben so einfacher, mit der Folge, dass die Skandinavier größere Familien bilden. Wahrscheinlich sollten progressive Menschen schon allein deswegen weniger verächtlich auf die Kirchen blicken, weil eine Kirche ein Ort ist, wo Menschen einander begegnen können. Die grundlegende Frage, ob die Gesellschaft eine Bedeutung hat, könnte über politische Parteigrenzen hinausgehen.

Sie geht jedoch nicht über die Politik hinaus. Derzeit beherrscht die regierungsfeindliche Strömung unsere Welt. Sie wird von all den Mitgliedern der Regierung zum Ausdruck gebracht, die *Der ewige Quell* auf dem Nachttisch liegen haben, all den Milliardären, die sich mit den Koch-Brüdern verbünden, um den Kurs der Politik zu bestimmen, all den Moguln aus dem Silicon Valley, die verhindern wollen, dass ihren neuesten Erfindungen etwas im Weg steht. Diese Menschen hassen auf einer gewissen Ebene die Vorstellung von Gesellschaft. Sie organisieren Kampagnen gegen den öffentlichen Nahverkehr, wollen staatliche Schulen und Nationalparks abschaffen und wohnen instinktiv in eingezäunten Enklaven. Ich glaube nicht, dass ihre Herrschaft ewig Bestand haben wird, aber derzeit besitzen sie brutale Wirkmacht und vielleicht auch genug Macht, um das Spiel der Menschheit zu beenden. Sicherlich geben sie ihr Bestes. Die endlosen Bemühungen, die Wahlbezirkseinteilung zu ihrem Vorteil zu manipulieren, Abstimmungen zu verhindern, rassistische Hetze und Zynismus in der Politik voranzutreiben, stiften bei Themen wie dem Klimawandel Verwirrung. Mit all dem soll die Gesellschaft geschwächt werden, damit sie keine Macht über ihre dominanten Mitglieder ausüben kann. Umfragen zeigen, dass »die Armen heute die größten Fans der Demokratie sind, die Reichen ihre größten Skeptiker«.[475]

Mit anderen Worten: Manche mächtigen Menschen mögen Roboter gerade deshalb, weil die Maschinen den menschlichen Impuls zur Solidarität nicht haben – sie brauchen keine Gesellschaft, die sie erzieht; sie sind makellos selbstbeherrscht. Andrew Puzder, Trumps erster Kandidat als Arbeitsminister, verbringt »einen Großteil seiner Freizeit« mit dem Lesen der Schriften von

Ayn Rand. Im Hauptberuf leitete er die Fast-Food-Imperien Hardee's und Carl's Jr., und in dieser Funktion kämpfte er erbittert gegen die Erhöhung des Mindestlohns; Leute, die 15 Dollar pro Stunde wollten, »sollten ernsthaft darüber nachdenken, was sie tun«, sagte er. Stattdessen sehnte er sich nach einer Zukunft mit mehr Automatisierung in seinen Läden, denn Roboter seien »immer höflich, sie steigern immer den Umsatz, nehmen nie Urlaub, sie kommen nie zu spät, es gibt nie Betriebsunfälle oder Klagen wegen Diskriminierung aufgrund von Alter, Geschlecht oder Hautfarbe«.[476]

Außerdem hätte eine gewaltfreie Kampagne keinerlei Wirkung bei Robotern. Für sie wäre der Busboykott von Montgomery eine unlogische Aktion. Eine KI könnte einen Garri Kasparow schlagen, aber einem Colin Kaepernick würde sie ratlos gegenüberstehen. Der Appell an die menschliche Solidarität, an das Mitgefühl, stößt an den Grenzen des Bewusstseins an seine Grenzen. Also sollten wir bald aktiv werden – wenn wir überhaupt noch etwas erreichen wollen.

Epilog: Geerdet

Im Juli 1969 war ich acht Jahre alt, und so umfasste meine Wahrnehmung von der Welt da draußen fast von Anfang an auch das Universum. Ich verfolgte die *Apollo-11*-Mission eine Woche lang, von den Stunden vor dem Start bis zum Ende der Mission eine Woche später, und schaltete den Fernseher nur gelegentlich auf elterliche Anweisung hin aus, um zu schlafen oder im Garten hinter dem Haus staunend zum Mond hinauf zu starren. Ich prägte mir alle Abkürzungen der NASA ein (von LEM für »Lunar Exkursion Module«, die Mondlandefähre, bis zu EVA für »extravehicular activity«, was bedeutet, dass man sich zu Fuß auf einem anderen Himmelskörper bewegt). Ich rezitierte immer wieder laut den Countdown: »T-minus zwölf, elf, zehn, neun, Zündung, sieben, sechs, fünf, vier, drei, zwei, eins, null. Die Rakete ist gestartet. *Apollo 11* hat den Turm passiert.«

Neunundvierzig Jahre später, im Frühjahr 2018, reiste ich in meine Kindheit zurück, als ich auf dem Dach des VAB stand (des Vehicle Assembly Building oder Raumfahrzeugmontagegebäudes, dem höchsten Gebäude außerhalb eines Stadtgebietes und das Gebilde mit den größten Türen auf dem Planeten Erde und der größten gemalten amerikanischen Flagge) und eine Stunde vor

Sonnenaufgang über das Gestrüpp von Cape Canaveral hinweg zusah, wie sich eine Rakete im Besitz von Elon Musk auf den Flug zur Internationalen Raumstation vorbereitete. Als der große Moment kam, war alles so, wie ich es mir immer vorgestellt hatte: die Dampfwolken, als das Gas austrat, dann eine unfassbar helle Flammensäule. Eine Sekunde lang schien nichts zu geschehen – bis die Rakete mit bemerkenswerter Langsamkeit aufstieg und die Schwerkraft angesichts der enormen Antriebskraft ihren Klammergriff löste. Die *Falcon 9* beschleunigte, und erst dann erreichte uns der Lärm, der die Luft zerriss. Immer schneller stieg die Rakete in den verblassenden Himmel, wurde sechs Minuten lang von Feuerwerk durch die Wolken getrieben, bevor sie schließlich unserem angestrengten Blick entschwand.

Es ist das großartigste technologische Spektakel, das Menschen je veranstaltet haben. Und das jeden fasziniert. Sogar Ayn Rand. Sie berichtete über den Start der Mondlandemission für ihre Zeitschrift *The Objectivist,* und obwohl sie natürlich standhaft behauptete, dass die Regierung solche Unternehmungen nicht finanzieren dürfe, war sie dennoch überwältigt: »Was wir gesehen haben, war im Wesentlichen die konkretisierte Abstraktion der Großartigkeit des Menschen – aber in Wirklichkeit, nicht als Kunstwerk … dass eine lange, nachhaltige, disziplinierte Anstrengung diese Momente ermöglicht hat und dass der Mensch erfolgreich war, erfolgreich, erfolgreich, erfolgreich.« Vor allem aber, schrieb sie, habe Neil Armstrong diesen großen Moment auf dem Mond nicht ruiniert, indem er über Gott sprach, er »schmälerte die Rationalität seiner Leistung nicht, indem er den Mächten ihres Gegenteils Tribut zollte; er sprach vom Menschen. ›Es ist ein kleiner Schritt für einen Menschen – und ein großer Sprung für die Menschheit.‹ Und so war es auch.«

Das aktuelle Raumfahrtprogramm würde Rand sogar noch besser gefallen. Präsident Trump hat vorgeschlagen, den Haushalt für die Internationale Raumstation auf null zu setzen, was bedeutet, dass der Griff Amerikas nach dem Weltraum zum Großteil von den Tech-Milliardären finanziert werden muss, die die Gelegenheit genutzt haben. An jenem Tag war es Musks Firma SpaceX, aber das Feuer der Raketentriebwerke beleuchtete auch den riesigen Hangar von Jeff Bezos' Blue-Origin-Projekt. Und es gibt noch weitere: den verstorbenen Paul Allen mit seinem sechsmotorigen Raumflugzeug; und Richard Branson, der bereits Reservierungen für ein Virgin-Galactic-Raumschiff entgegennimmt, das Passagiere und Satelliten in den Weltraum transportieren soll. Das ist besser, als die größte Jacht zu bauen (wobei Allen, dessen 126 Meter große *Octopus* über zwei Hubschrauberlandeplätze und ein Jet-Ski-Dock verfügte, auch diesen Titel gehalten haben könnte). Tatsächlich haben diese ganzen Raumfahrtaktivitäten etwas Ernsthaftes und Jungenhaftes an sich – sie sind sympathischer, als Gewerkschaften auf der Erde zu zerstören. Bezos sagte kürzlich: »Wenn ich achtzig Jahre alt bin und auf mein Leben zurückblicke und dann sagen kann, dass ich die Infrastruktur geschaffen habe, die den Zutritt zum Weltraum billig und preiswert machte«, dann »werde ich ein sehr glücklicher Achtzigjähriger sein«.[477]

Aber warum sollte man überhaupt ins All fliegen?

»Damit die nächste Generation die unternehmerische Explosion erleben kann, wie ich sie im Internet erlebt habe«, sagte Bezos und beschwor die Vision von braun-gelben UPS-Shuttles, die Druckerkartuschen an die Ringe des Saturns liefern.[478] (Vodafone und Nokia planen 2019 den Aufbau eines Mobilfunknetzes auf dem Mond.)[479]

Oder um der Zerstörung des Planeten Erde zu entkommen. Im November 2016 sagte Stephen Hawking vor Publikum, dass »der Auszug ins All die einzige Rettung vor uns selbst sein könnte«. Er ging davon aus, dass wir eintausend Jahre Zeit hätten, um die Erde zu verlassen. Im folgenden Mai verkürzte er diese Frist auf einhundert Jahre. »Die Erde ist so vielen Bedrohungen ausgesetzt, dass es mir schwerfällt, positiv zu denken«, sagte er.[480]

Oder weil man ganz auf sich allein gestellt ist, wenn man einmal den Weltraum erreicht hat – und das ist vielleicht das Verlockendste. Es ist das perfekte libertäre Paradies, und das ist jedem dieser Visionäre wohl bewusst. Ein Beispiel ist der Physiker Freeman Dyson, der in den späten 1950er-Jahren ein Sabbatical vom Institute for Advanced Study in Princeton nahm, um an der Entwicklung einer Rakete zum Saturn mitzuarbeiten, die von nuklearen Explosionen angetrieben werden sollte. Diese Pläne wurden nach dem Abkommen über den Stopp der Atomtests im Jahr 1963 aufgegeben, aber Dyson begeistert der Weltraum heute noch. Im Jahr 2017 sagte er, er wolle den kleinen Flecken des Universums »mit ihren Gesetzen und Verträgen, Vollstreckern und Steuereintreibern« entkommen und stattdessen »durch die riesigen Weiten der unregierbaren Wildnis wandern, wo … kein Arm einer bürokratischen Autorität hinreicht«.[481] Im Weltraum kann einen niemand zwingen, Steuern zu zahlen.

Aber wenig davon wird tatsächlich geschehen, denn so funktioniert der Weltraum nicht. Wie beim Klimawandel auf der Erde haben auch hier Physik und Biologie das letzte Wort. Ja, möglicherweise werden wir in der Lage sein, einige seltene Mineralien von vorbeifliegenden Asteroiden zu gewinnen, Industrieproduktionen teilweise in die Schwerelosigkeit zu verlagern oder sogar Musks Kolonie auf dem Mars zu gründen. Das sind jedoch vergleichsweise kleine Errungenschaften, die keine der Entwicklungen, die derzeit den Planeten beherrschen, abwenden werden. Alles, was wir über das Leben im Weltraum erfahren, macht deutlich, dass es dort keine zweite Chance für uns geben wird.

Zum einen ist die Raumfahrt eine enorme Belastung für den Menschen. Nachdem ein paar Menschen ein Jahr im Orbit verbracht haben, ist klar geworden, welchen Tribut das fordert, von der Form der Augäpfel bis zur Stabilität der DNA. Charles Wohlforth und Amanda Hendrix wiesen, kurz nachdem Musk seine Marsambitionen verkündet hatte, darauf hin, dass allein der Hinflug für die Astronauten ein inakzeptables Risiko bedeuten würde, weil sie einer großen Menge kosmischer Strahlung ausgesetzt wären, wodurch das Krebsrisiko höher wäre als die Gefahr einer Havarie des Raumschiffs. Mäuse, die diesen Strahlen ausgesetzt sind, entwickeln »Hirnschäden und weisen kognitive Verluste auf«, auch wenn sie keinen Krebs entwickeln. Hier auf der Erde schützt uns der Wasserdampf in der Atmosphäre vor dieser Strahlung, aber »man braucht zwei Meter Wasser, um etwa die Hälfte der Strahlung herauszufiltern, und ein Kubikmeter Wasser wiegt eine Tonne. Der Transport einer ausreichenden Wassermenge, um ein Raumschiff zu isolieren, übersteigt bei Weitem die derzeitigen Möglichkeiten.« Und die kosmische Strahlung ist nicht die einzige Gefahr: Ein Bericht der National Academy of Sciences aus dem Jahr 2014 listet neun Gesundheitsrisiken bei einer Marsmission auf (darunter Herzschädigungen durch Strahlung, Instabilität von Lebensmitteln und Medikamenten und psychische Probleme), die »inakzeptabel hoch« sind.[482]

Zum anderen ist der Weltraum unendlich groß. Alpha Centauri, der unserer Sonne nächstgelegene Stern, ist 4,37 Lichtjahre entfernt und damit unerreichbar weit weg, da selbst *Helios 2,* die schnellste Sonde, die wir je ins All geschossen haben und die hundertmal schneller fliegt als eine Gewehrkugel, immer noch 19 000 Jahre brauchen würde, um dorthin zu gelangen. Der NASA-Satellit *Kepler* entdeckte, kurz bevor ihm der Treibstoff ausging und er den Dienst einstellte, ein fremdes Sonnensystem, das Wissenschaftler Trappist-1 tauften. Die sieben erdgroßen Planeten des Systems umkreisen einen erkaltenden Zwergstern, drei von ihnen in Entfernungen, die sie für Leben geeignet machen könnte. Das System mag der nächstliegende Kandidat für eine Welt wie unsere sein, aber es ist 39 Lichtjahre entfernt, was bedeutet, dass *Helios* etwa 180 000 Jahre brauchen würde, um dorthin zu gelangen, und damit 18-mal länger, als die menschliche Zivilisation mutmaßlich existiert hat. Deshalb gibt es in Science-Fiction-Geschichten Wurmlöcher und unerklärliche Warp-Antriebe: Sie überwinden die Grundlagen der Physik des Universums – in Büchern.

Bestenfalls könnten wir Transhumane durch die Atmosphäre schicken. Tatsächlich stellen sich einige KI-Enthusiasten genau das vor und plädieren dafür, dass wir »die genetischen und/oder chirurgischen Veränderungen« erforschen sollten,[483] um Raumfahrt zu ermöglichen – oder, was wahrscheinlicher ist, einfach Roboter schicken. Der russische Technologiepionier Juri Milner (dessen Eltern ihn nach Juri Gagarin, dem ersten Mann im All, benannt haben) ist eine feste Größe im Silicon Valley. Unter anderem hat er in die Gentest-Firma 23andMe investiert (und er ist Anteilseigner bei Jared Kushners Immobilienprojekten). Im Jahr 2017 kündigte er an, er werde 100 Millionen Dollar ausgeben, um einen Roboter, der weniger wiegt als ein Blatt Papier, mit einem riesigen Raumsegel und einem 100-Milliarden-Watt-Laser zu Alpha Centauri zu schicken. Wenn das funktioniert, wird die federleichte Sonde nur zwanzig Jahre dafür brauchen.

Die Mission, deren Start ich in Cape Canaveral beobachtete, transportierte die erste künstliche Intelligenz ins All, eine Kugel namens CIMON (Crew Interactive Mobile CompaniON), ausgerüstet mit der gleichen Watson-KI, mit der IBM bei *Jeopardy!* gewann und die besten Go-Spieler der Welt schlug. CIMON, die dem ursprünglichen iMac sehr ähnlich sieht, sollte in der Schwerelosigkeit der Raumstation herumschweben und, wenn sie gerufen wurde, mit kleinen Ventilatoren zu dem Astronauten fliegen, der ihr dann verschiedene technische Fragen stellen könnte. Vor dem Start erklärte ein Team von Airbus, das die Kugel entwickelt hatte, ausführlich, dass sie »Partner und sogar Kamerad« sein und »unendliche Geduld« beweisen würde. CIMON sei »wie ein Kumpel, ein guter Freund, mit dem man zusammenarbeitet«. Die Ingenieure, die CIMON gebaut haben, waren mit der intelligenten Kugel in Restaurants gegangen – wenn man ihr eine Frage stellt, kann sie sich mithilfe ihrer Rückenventilatoren auf und ab bewegen und so »nicken«. CIMON ist mit einer ISTJ-Persönlichkeit auf der Myers-Briggs-Typenskala ausgestattet – was bedeutet, dass sie sehr logisch denkt. »Ich kann mir nichts Aufregenderes vorstellen, als zum ersten Mal eine KI ins All zu schicken«, sagte einer der Ingenieure. »Das ist wirklich das Coolste«, zumal CIMON auch trainiert wurde, ihre Besatzungsmitglieder nebenher auszuspionieren und »Gruppeneffekte zu untersuchen, die sich über einen langen Zeitraum in kleinen Teams entwickeln und bei Langzeitmissionen auftreten können«.[484]

Menschen auf den Mond zu bringen war unglaublich schwer – und der Mond ist nur 400 000 Kilometer entfernt. Aber nehmen wir einmal an, wir könnten die 80 Millionen Kilometer bis zum Planeten Mars zurücklegen. Wie ginge es dann weiter? Um zu überleben, müsste man unter die Erde gehen. Aber zu welchem Zweck? Unter die Oberfläche kann man auch auf der Erde gehen, wenn man das will. Und die milliardenschweren Versuche, hier auf unserem Heimatplaneten (wo die Baumaterialien per Lkw angeliefert wurden) eine »Biosphäre« aufzubauen, waren fatale Fehlschläge. Kim Stanley Robinson schrieb vor einem Vierteljahrhundert eine großartige Romantrilogie über die Kolonisierung des Mars. Heute glaubt der Autor, dass die ganze Sache ein Fehler wäre. »Es erhöht das Risiko, dass sich Menschen fahrlässig verhalten«, sagt er. Die Leute stellen sich vor, dass wir, wenn wir die Erde zugrunde gerichtet haben, »zum Mars oder zu den Sternen auswandern können. Das ist gefährlich.«[485]

Tatsächlich ist es sogar noch schlimmer. Dieses Denken lenkt uns von der fast unerträglichen Schönheit des Planeten ab, den wir bereits bewohnen. In seinem neueren Roman *Aurora* beschreibt Robinson eine gescheiterte Mission, die von der Erde aus einen anderen Planeten kolonisieren soll. (Der Versuch scheitert aus all den Gründen, die ich bereits genannt habe: Entfernung und Zerbrechlichkeit des Menschen etc.) Einige der Kolonisten schaffen es, zur Erde zurückzukehren, und eine Kolonistin namens Freya, die auf dem Raumschiff geboren wurde, findet schließlich ihre Lebensaufgabe darin, Strände wiederzuerschaffen, die während des Klimawandels durch steigende Meeresspiegel zerstört wurden. Am Ende des Buches schwimmt sie zum ersten Mal im irdischen Ozean: »Die Sonne knallt ihr auf den Rücken, der nasse Strand glitzert. Alles funkelt und gleißt, ist zu hell, um den Anblick zu ertragen. Eine gebrochene Welle spült den Strand empor, verharrt, hinterlässt ein Schaumband. Im Rückstrom trifft die dicke Wasserschicht auf ihre Handgelenke und Knie und lässt sie weiter in den nassen Sand einsinken. Blubberndes Wasser spült den Sand unter ihr ins Meer, und schwarze Pünktchen bilden V-förmige Muster zwischen den gelben Sandkörnern, waschen vor ihren Augen neue Deltas aus dem Sand. Delta v, denkt sie, das sind ja Delta vs. Was für eine Welt. Sie beugt den Kopf vor und küsst den Sand.«[486]

Ich dachte an dieses süße Ende, als ich in Cape Canaveral war. Am Tag vor dem Start machte ich einen Rundgang mit dem PR-Beauftragten Greg Harland und dem Experten Don Dankert, der den Wiederaufbau von Dünen entlang der Atlantikküste des

Kennedy Space Centers beaufsichtigt hatte. Man hatte mich gewarnt, ich solle das Thema globale Erwärmung nicht einmal ansprechen, und ich akzeptierte das, weil ich nicht wollte, dass die beiden ihren Job verloren. Aber ich musste es auch gar nicht ansprechen, denn das Problem war mehr als offensichtlich. Wir bestiegen einen kleinen Hügel mit Blick auf den Startkomplex 39, von dem die *Apollo*-Missionen zum Mond aufgebrochen waren und wo wahrscheinlich auch jede zukünftige Marsmission starten wird. Der Ozean war wenige Hundert Meter entfernt – das ist insofern perfekt für Raketenstarts hier an der Ostküste, als Wrackstücke ins Meer fallen, wenn etwas schief geht. Weniger perfekt ist der Platz allerdings, wenn der Meeresspiegel ansteigt. Die NASA machte sich irgendwann nach der Jahrhundertwende die ersten Gedanken darüber und bildete ein Dune Vulnerability Team (DVT), ein Dünenschutzteam. Nach Hurrikan Sandy im Jahr 2011 wurde das Problem erheblich dringlicher. Sandy traf Cape Canaveral nicht direkt – sondern New York City –, aber selbst in einer Entfernung von mehreren Hundert Kilometern wirbelte der große Sturm Wellen auf, die die Dünen durchbrachen und die Startkomplexe fast überfluteten. »Dünen, die jahrzehntelang relativ stabil gewesen waren – plötzlich waren sie weg«, erzählte der Geologe John Jaeger von der Universität Florida.

Sie wurden wieder aufgebaut. Dankert hatte nicht nur die Millionen Kubikmeter Sand (von einem nahe gelegenen Luftwaffenstützpunkt) aufgetrieben, er pflanzte auch eigenhändig den letzten von 180 000 einheimischen Sträuchern, die den Sand festhalten sollen. Bisher hat sich die neue Düne bewährt und den jüngsten Hurrikanen nur wenig Boden überlassen. Vielleicht ist unser Fluchtweg ins All also sicher – bis ein paar mehr Brocken der Antarktis ins Wasser rutschen oder ein größerer Sturm direkt auf Cape Canaveral trifft.

Aber noch mehr als die neue Düne beeindruckte mich die Zuneigung, die diese beiden Männer für die Landschaft empfanden, in der sie arbeiteten. »Das Kennedy Space Center ist das Merritt-Island-Wildreservat«, sagte Harland. »Wir nutzen weniger als 10 Prozent für unsere industriellen Zwecke.«

»Der Strand sieht aus wie in den 1870er-Jahren – der längste unberührte Abschnitt an der Atlantikküste«, ergänzte Dankert. »Wir schießen Menschen mitten aus einem Naturschutzgebiet ins All. Das ist erstaunlich.«

Sie sprachen lange über ihre einheimischen Lieblingsarten: die Braunpelikane, die über dem Ozean in Ufernähe flogen; der Florida-Buschhäher; die Gopher-Schildkröte. Beim Wiederaufbau der Dünen wurde jede Schildkröte vorsichtig mit einem Eimer gefangen und umgesetzt. Bevor ich ging, fuhren sie mich eine halbe Stunde durch den Sumpf zu einem Teich in der Nähe des Hauptquartiers des Space Centers, nur weil sie mir einige Alligatoren zeigen wollten. Wir sahen Schnauzen in Ufernähe auftauchen. An allen Ecken des Teiches war sorgfältig ein Schild angebracht: DIE ALLIGATOREN IN DIESEM GEBIET KOMMEN HIER NATÜRLICH VOR. SIE WURDEN NICHT HIERHERGEBRACHT UND SIE SIND KEINE HAUSTIERE. DURCH LEBENSMITTEL IM WASSER GEWÖHNEN SIE SICH AN MENSCHEN UND WERDEN POTENZIELL GEFÄHRLICH. Sollte das passieren, so stand weiter auf dem Schild, dann MÜSSEN SIE ENTFERNT UND GETÖTET WERDEN.

Dieses Schild berührte mich sehr. Die NASA hätte genauso gut Gift im Teich ausbringen können, wie sie auch über die Gopher-Schildkröten hätte hinwegplanieren können. Aber die NASA tat es nicht, dank einer langen Reihe von empathischen Gesetzen, die sich auf ein aufkeimendes Verständnis davon stützten, wer wir sind. John Muir, der vermutlich erste bewusste westliche Umweltschützer, durchquerte Florida auf seinem langen Weg von Louisville zum Golf von Mexiko im Jahr 1867. Auf dieser Reise entwikkelte er seine ersten ketzerischen Gedanken über die Bedeutung des Menschseins. In seinem Tagebuch steht: »Die Welt, so wird uns erzählt, wurde speziell für den Menschen geschaffen – eine Annahme, die nicht von allen Fakten gestützt wird. Eine Vielzahl von Menschen ist unangenehm überrascht, wenn sie im ganzen Universum Gottes etwas finden, ob tot oder lebendig, das sie nicht essen oder in irgendeiner Weise als nützlich für sich selbst bezeichnen können.« Sein Beweis dafür, dass diese Egozentrik fehl am Platz war, waren die Alligatoren, die er im Sumpf brüllen hörte, als er in der Nähe sein Lager aufschlug, und die dem Menschen eindeutig den meisten Ärger bereiteten. Dennoch fand Muir die Alligatoren wunderbar, hielt sie für bemerkenswerte Wesen, die sich perfekt an ihren Lebensraum angepasst hatten. »Ich denke anders über diese Alligatoren, jetzt, da ich sie in ihrer Heimat gesehen habe«, schrieb er. Er wandte sich sogar persönlich an die Tiere: »Ehrbare Vertreter der großen Echsen einer älteren Schöpfung, möget Ihr Euch lange Eurer Lilien und Binsen erfreuen und hin und wieder mit einem Maul voll verängstigtem Menschen gesegnet sein, als Leckerbissen.«[487] Die meisten von uns gehen nicht ganz so weit wie Muir – wir zucken immer noch zusammen, wenn wir lesen, dass ein Alligator aus dem Wasserhindernis am sechsten Loch aufgetaucht ist und an einem unvorsichtigen Golfer genagt hat –, aber Muirs Grundeinstellung, dass die gesamte Schöpfung wertvoll ist, hat sich mittlerweile durchgesetzt.

An diesem Abend zeichneten Harland und Dankert für mich eine grobe Wegbeschreibung zu einem Strand, wo ich die Stunden bis zum Start der Rakete in der Morgendämmerung warten konnte. Sie sagten, an diesem Strand könne ich wahrscheinlich zusehen, wie eine Unechte Karettschildkröte an Land ihre Eier legt. Und so lag ich im Sand, nördlich der Patrick Air Force Base und südlich des Schildes, mit dem die Brevard County Historical Commission daran erinnerte, dass Barbara Eden hier im Jahr 1965 aus ihrer Flasche gestiegen war, um ihren Astronauten in der ersten Folge von *Bezaubernde Jeannie* zu begrüßen (der letzten Sitcom, die in Schwarz-Weiß gefilmt wurde und einen wichtigen Bestandteil meines frühen intellektuellen Lebens darstellte). Der Strand war verlassen, und beim Licht eines fast vollen Mondes war die Schildkröte, die aus dem Meer ruderte, gut zu erkennen. Zielstrebig steuerte sie einen Ort in der Nähe der Düne an und hob dort mit ihren kräftigen Beinen eine Grube aus. Eine Stunde lang legte sie Eier in die Grube ab, und selbst aus dreißig Metern Entfernung konnte ich ihr schweres Atmen durch das Flüstern der Wellen hören. Schließlich grub sie ihr Gelege ein und zog sich wieder ins Meer zurück, wie es ihre Artgenossen seit einhundertzwanzig Millionen Jahren tun.

Dass Menschen ihr das Leben schwer gemacht haben, ist unbestreitbar. Vielerorts werden Meeresschildkröten gegessen; überall wird ihr Lebensraum vernichtet, oft von Küstenstädten, wodurch sich wiederum die Waschbären und Füchse vermehren, die mit Vergnügen Schildkröteneier ausgraben. Unzählige Schildkröten fallen der Garnelenfischerei zum Opfer; im Jahr 2018 wurden in Mexiko 300 Meeresschildkröten tot in einem einzigen herrenlosen Fischernetz gefunden.[488]

Aber Menschen haben inzwischen auch Strände für Schildkröten reserviert und Patrouillen organisiert, um ihre Nester zu schützen – mancherorts umgeben sie jedes Nest mit Draht, um die Waschbären fernzuhalten. Sie haben »Turtle Excluder Devices« (wörtlich: Schildkröten-Ausschlussgeräte) für Garnelennetze vorgeschrieben. Sogar die neue Düne, die entlang des Startkomplexes aufgeschüttet wurde, ist so konzipiert, dass sie die Lichter abblockt, die Schildkröten oft verwirren, wenn sie zum Bau ihrer Nester an Land kommen. So haben sich die Populationen an einigen Orten langsam erholt – nur um durch die zunehmende Hitze (die Temperatur des Sandes bestimmt das Geschlecht der Eier) und den ansteigenden Säuregehalt der Meere erneut bedroht zu werden.

Das Schildkrötennest brachte mich auf zwei Gedanken.

Erstens, dass wir wirklich auf einem unerträglich schönen Planeten leben. Wir nehmen ihn nur selten als Planet wahr – wir leben unseren Alltag auf flachem und oft prosaischem Boden, und wenn wir in der Luft sind, ziehen wir die Jalousie runter, damit uns das Licht nicht beim Filmgucken stört. Aber trotz der sieben Milliarden Menschen darauf ist der Planet ein erstaunliches Gebilde – nicht nur von Städten und Vororten, sondern auch von Bergen und Eis, von Wäldern und Ozeanen.

Ich war in der höchstgelegenen, ganzjährig bewohnten menschlichen Behausung, dem Rongbuk-Kloster in Tibet, und starrte von seinem felsigen Grund zum Everest hinauf, dessen Gipfel so hoch aufragt, dass er in den Jetstream eindringt und ein langes Banner aus weißen Wolken entrollt. Ich bin über die antarktische Halbinsel gewandert und habe beobachtet, wie Gletscher mit einem donnernden Tosen Eisberge kalben. Ich bin über die endlosen Lavafelder Islands geklettert und habe gesehen, wie das Magma des Kilauea, auf Hawaii, sich in den Pazifischen Ozean ergoss und vor meinen Augen neues Land gebar. Ich habe die Dampfwolken gesehen, die von der Spitze des Mount Rainier aufsteigen, und habe mich gefragt, ob ich gerade den Tag gewählt hatte, an dem er ausbrechen würde. Und ich lag auf dem Bauch in meinem Garten und beobachtete vorbeilaufende Käfer, sah Tau an Grashalmen hängen. Ich habe Pinguine gesehen, Wale beobachtet, mit meinem Hund gespielt.

Wir leben auf einem Planeten – wir leben auf einem *Planeten.* Und er ist unendlich herrlicher als all die anderen, auf die wir mit so großem Risiko und Aufwand zusteuern. Der unwirtlichste Kubikmeter Erdoberfläche – ein paar öde Abschnitte der Sahara, ein paar Felsen im Himalaja – ist tausendmal einladender als die ansprechendste Ecke auf dem Mars oder Jupiter. Wenn man die Sahara begrünen will, kann man das mit etwas Wasser erreichen. Noch auf den höchsten Gipfeln kann man atmen. Überall gibt es Leben.

Und das ist für mich die zweite Lektion – dass das merkwürdigste von all diesen Leben das menschliche ist, *weil wir zerstören können, uns aber auch dafür entscheiden können, nicht zu zerstören.* Die Schildkröte tut, was sie tut, und zwar ganz hervorragend. Sie kann aber nicht anders, wie auch der Biber nicht beschließen kann, das Dämmebauen einfach mal sein zu lassen, oder die Biene, mit dem Honigmachen aufzuhören. Aber wenn die besondere Gabe der Vögel das Fliegen ist, dann ist unsere die Möglichkeit, uns zurückzuhalten. Wir sind die einzigen Wesen, die sich dafür entscheiden können, etwas *nicht* zu tun, wozu wir fähig sind. Das ist unsere Superkraft, auch wenn wir sie zu selten einsetzen.

Also, ja, wir können die Erde, wie wir sie kennen, zerstören, uns massenweise selbst töten und unzählige andere Leben auslöschen – tatsächlich tun wir das bereits. Aber wir können es auch bleiben lassen. Wir könnten stattdessen ein Solarmodul auf jedes einzelne der Dächer legen, die ich am Anfang dieses Buches beschrieben habe, und würden damit eine neue Richtung einschlagen. Wir können unsere Kinder konstruieren, heute schon ein wenig, in der Zukunft zweifellos mehr – oder wir können uns entscheiden, es nicht zu tun. Wir können unsere Nachfolger in Form von immer intelligenteren Robotern bauen, und wir können versuchen, uns selbst als digital konserviertes Bewusstsein am Leben zu erhalten – oder wir können in Würde akzeptieren, dass es für jeden von uns eine Zeit und einen Ort gibt.

Ich weiß nicht, ob wir diese Entscheidungen treffen werden. Ich vermute eher, dass wir es nicht tun werden – wir taumeln jetzt, und das Spiel der Menschheit bewegt sich auf sein Ende zu. Das sagen uns der unerbittliche Temperaturanstieg und die Tatsache, dass wir unsere Tage immer unglücklicher damit zubringen, auf das Rechteck in unserer Hand zu starren. Aber wir könnten diese Entscheidungen treffen. Wir haben die Mittel (allen voran die Gewaltlosigkeit), um uns den Mächtigen und Rücksichtslosen zu widersetzen, und wir haben eine grundsätzliche Vorstellung von menschlicher Solidarität, die uns als Leitfaden dienen könnte.

Wir sind chaotische Wesen, oft egoistisch, tendenziell kurzsichtig, neigen zur Gier. Im Zeitalter eines Trump, in dem Rassismus und Nationalismus wieder aufleben, könnte man meinen, dass unser Verschwinden kein großer Verlust wäre. Und doch sind die meisten von uns, die meiste Zeit, ziemlich wunderbar: lustig, freundlich. Ein anderer Name für menschliche Solidarität ist Liebe, und wenn ich an unsere Welt denke, wie sie jetzt ist, dann überwältigt mich das. Die menschliche Liebe, die sich bemüht, die Hungrigen zu nähren und die Nackten zu kleiden, die Liebe, die sich zur Bewahrung von Meeresschildkröten und arktischem Eis und allem anderen um uns herum, das gut ist, zusammenschließt. Die Liebe, die jeden von uns erkennen lässt, dass wir nicht das Wichtigste auf Erden sind, und die uns damit versöhnt. Die Liebe, die uns, unvollkommen, in der Welt empfängt und uns umgibt, wenn wir sterben.

Gerade in der Abenddämmerung ist das Spiel der Menschheit anmutig und eindrucksvoll.

Danksagung

Dieses Buch ist Koreti Tiumalu gewidmet, einer begnadeten Aktivistin und lieben Freundin, die 2017 viel zu früh starb. Ich hoffe, ihr kleiner Sohn Viliamu wird später einmal verstehen, wie wichtig seine Mutter für den Klimakampf war. Doch die Widmung reicht weiter – sie schließt alle Klimaaktivisten ein, mit denen ich im Laufe der Jahre zusammenarbeiten durfte. Ich finde keine Worte dafür, wie viel mir ihre Kampfbereitschaft bedeutet. Jeder von ihnen erkennt, dass es sich um einen Kampf gegen große Widerstände handelt, ohne Siegesgarantie (und mit zumindest einigen garantierten Niederlagen), und doch halten sie mit Kreativität, Leidenschaft und Liebe durch. Natürlich verbringe ich die meiste Zeit mit meinen Freunden und Kollegen von 350.org, und es war mir ein großes Privileg, zu erleben, wie die jungen Menschen, die diese Organisation gegründet haben, erwachsen wurden – die Hochzeiten und die Geburtsanzeigen sind jedes Jahr Feiertage für mich. Mit Menschen zu arbeiten, die man liebt und bewundert, ist ein großes Privileg. Tag für Tag hält mich meine Spitzenkollegin Vanessa Arcara auf Trab.

Naomi Klein, Jane Mayer und Rebecca Solnit haben dieses Buch im Entwurf gelesen; sie haben mein Denken im Laufe der

Jahre entscheidend geprägt, und die Welt schuldet ihnen großen Dank für ihre Berichterstattung und ihr Schreiben. Marcy Darnovsky hat ihren Scharfblick bei dem Kapitel über Gentechnik angewandt, wofür ich sehr dankbar bin. Marcy und ihr Kollege Rich Hayes haben mir vor fünfzehn Jahren sehr geholfen, als ich ein Buch über Humangenetik mit dem Titel *Genug!* schrieb; ich habe in *Die taumelnde Welt* meine eigenen Spuren mehrmals gekreuzt. Und ich habe mich auf die Arbeit vieler anderer gestützt: Die *New-Yorker*-Reporter Tad Friend und Raffi Khatchadourian haben eine hervorragende Berichterstattung über das Silicon Valley vorgelegt; Dick Russell half, die Geschichte der Ölgesellschaften und ihren Kampf gegen den Klimawandel zu dokumentieren; Anne Heller und Jennifer Burns haben wertvolle Biografien über Ayn Rand veröffentlicht. Es gibt inzwischen eine großartige Gemeinschaft von Klimareportern, im Internet und in den Printmedien, wodurch ich mich sehr viel weniger einsam fühle als noch vor dreißig Jahren. Insbesondere die tägliche Klimaberichterstattung des *Guardian* und der *New York Times* ist seit Jahren außergewöhnlich; die tägliche geologische Berichterstattung von Peter Brannen, Eelco Rohling und Elizabeth Kolbert hat mein Verständnis für diese besondere Zeit erweitert.

Der *New Yorker* hat Auszüge dieses Buches veröffentlicht – vielen Dank an Emily Stokes für ihre hervorragende Bearbeitung – und einen Großteil der Reportagen unterstützt, die auf diesen Seiten landeten, von Arizona über Afrika bis Australien. Vielen Dank an alle Faktenprüfer und Lektoren und ganz besonders an David Remnick!

Sehr dankbar bin ich auch meinen Kollegen am Middlebury College, insbesondere Laurie Patton, Nan Jenks-Jay, Janet Wiseman, Mike Hussey und Jon Isham, sowie den großartigen Studenten, die mir nichts durchgehen lassen. Unsere Nachbarn in Vermont –

vor allem Warren und Barry King – sind ein sehr wichtiger Teil meines Lebens.

Ich habe das große Glück, seit vielen Jahren mit denselben Verlegern zusammenzuarbeiten – Paul Golob, Maggie Richards, Marian Brown, Caroline Wray, Fiora Elbers-Tibbitts, Austin Price und ihre Kollegen bei Henry Holt machen meine Bücher besser. Da *Die taumelnde Welt* in gewisser Weise von *Das Ende der Natur* abstammt, möchte ich mich noch einmal bei den beiden Menschen bedanken, die dieses Buch zu einem Erfolg gemacht haben: David Rosenthal und Annik Lafarge. Und ich hatte in all den Jahrzehnten dieselbe Agentin: Gloria Loomis ist ein Bollwerk und eine Freundin; und jetzt spielt auch ihre Assistentin Julia Masnik eine große Rolle.

Eine klare Antwort auf die Frage, warum ich weiterkämpfe, ist meine Tochter Sophie. Ihre Mutter, Sue Halpern, ist meine beste Freundin auf Erden und eine verlässliche Weggefährtin.

Anmerkungen

1 Steven Pinker, *Aufklärung jetzt: Für Vernunft, Wissenschaft, Humanismus und Fortschritt – Eine Verteidigung,* übers. von Martina Wiese, Frankfurt a. M. 2018, S. 334.

2 »CertainTeed Roofing – How Shingles Are Made«, YouTube-Video, veröffentlicht am 15.7.2014 von CertainTeed Roofing, youtube.com.

3 Yuval Noah Harari, *Homo Deus – Eine Geschichte von Morgen,* übers. von Andras Wirthensohn, München 2017, S. 14.

4 Nicholas Kristof, »Good News, Despite What You've Heard«, *The New York Times,* 1. Juli 2017.

5 Yuval Noah Harari, *Eine kurze Geschichte der Menschheit,* übers. von Jürgen Neubauer, München 2013, S. 301.

6 Kaushik Basu, »The Global Economy in 2067«, *Project Syndicate,* 21. Juni 2017.

7 »Scientists' Warning to Humanity ›Most Talked about Paper‹«, *ScienceDaily,* 7. März 2018, sciencedaily.com.

8 Nafeez Ahmed, »NASA-Funded Study: Industrial Civilization Headed for ›Irreversible Collapse‹?«, *The Guardian,* 14. März 2014.

9 Baher Kamal, »Alert: Nature, on the Verge of Bankruptcy«, Inter Press Service, 12. September 2017, ipsnews.net.

10 Clive Hamilton, *Defiant Earth: The Fate of Humans in the Anthropocene,* Cambridge 2017, S. 42.

11 John Vidal, »From Africa's Baobabs to America's Pines: Our Ancient Trees Are Dying«, *Huffington Post,* 19. Juni 2018.

12 Anne Barnard, »Climate Change Is Killing the Cedars of Lebanon«, *The New York Times,* 18. Juli 2018.

13 Damian Carrington, »Arctic Stronghold of World's Seeds Flooded After Permafrost Melts«, *The Guardian,* 19. Mai 2017.

14 William E. Rees, »Staving Off the Coming Global Collaps«, *The Tyee,* 17. Juli 2017, thetyee.ca.

15 Eelco Rohling, *The Oceans: A Deep History,* Princeton, NJ, 2017, S. 15.

16 Donella H. Meadows et al., *The Limits to Growth: A Report of the Club of Rome,* New York 1972. (Deutsche Ausgabe: *Die Grenzen des Wachstums: Bericht des Club of Rome zur Lage der Menschheit,* übers. von Hans-Dieter Heck, Stuttgart 1972.)

17 »A greener Bush«, *The Economist,* 13. Februar 2003, economist.com.

18 Peter U. Clark et al., »Consequences of Twenty-First-Century Policy for Multi-Millennial Climate and Sea-Level Change«, *Nature Climate Change* 6 (2016), 360–369.

19 Adam Gopnik, »The Illiberal Imagination«, *The New Yorker,* 20. März 2017.

20 Michael Safi, »Pollution Stops Play at Delhi Test Match as Bowlers Struggle to Breathe«, *The Guardian,* 3. Dezember 2017.

21 Mehreen zahra-Malik, »In Lahore, Smog Has Become a ›Fifth Season‹«, *The New York Times,* 10. November 2017.

22 Aniruddha Ghosal, »Landmark Study Lies Buried: How Delhi's Poisonous Air Is Damaging Its Children for Life«, *Indian Express,* 2. April 2015.

23 Hilary Brueck, »Pollution Is Killing More People than Wars, Obesity, Smoking, and Malnutrition«, *Business Insider,* 24. Oktober 2017.

24 »Climate Change Could Kill More than 100 Million People by 2030«, Institute for Governance and Sustainable Development, http://www.igsd.org/climate-change-could-kill-more-than-100-million-people-by-2030/.

25 Joe Romm, »Earth's Rate of Global Warming Is 400,000 Hiroshima Bombs a Day«, *thinkprogress.org,* 22. Dezember 2013.

26 Eelco Rohling, *The Oceans: A Deep History,* Princeton, NJ, 2017, S. 106.

27 Ebenda, S. 107.

28 Justin Gillis, »Carbon in Atmosphere Is Rising, Even as Emissions Stabilize«, *The New York Times,* 26. Juni 2017.

29 Eric Holthaus, »Antarctic Melt Holds Coastal Cities Hostage. Here's the Way Out«, *grist.org,* 13. Juni 2018.

30 Harry Cockburn, »Worst Case Climate Change Scenario Could Be More Extreme than Thought, Scientists Warn«, *The Independent,* 15. Mai 2018.

31 Damian Carrington, »Record-Breaking Climate Change Pushes World into ›Uncharted Territory‹«, *The Guardian,* 20. März 2017.

32 Eleanor Cummins, »Tropical Storm Ophelia Really Did Break the Weather Forecast Grid«, *Slate,* 16. Oktober 2017.

33 Brett Walton, »Cape Town Rations Water Before Reservoirs Hit zero«, *circleofblue.org,* 26. Oktober 2017.

34 Samanth Subramanian, »India's Silicon Valley Is Dying of Thirst. Your City May Be Next«, *Wired,* 2. Mai 2017.

35 Marcello Rossi, »In Italy's Parched Po River Valley, Climate Change Threatens the Future of Agriculture«, Reuters, 27. Juli 2017.

36 Catherine Edwards, »The Source of Italy's Longest River Has Dried Up Due to Drought«, *The Local Italy,* 6. September 2017.

37 Chelsea Harvey, »Scientists Find a Surprising Result on Global Wildfires: They're Actually Burning Less Land«, *The Washington Post,* 29. Juni 2017.

38 Michael Kodas, *Megafire: The Race to Extinguish a Deadly Epidemic of Flame,* Boston 2017, S. xii.

39 Ebenda, S. xii, xv.

40 David Karoly, »Buschfeuer und Hitzewellen in Australien«, übers. von Georg Hoffmann, *Primaklima,* 17. Februar 2009, http://scienceblogs.de/primaklima/.

41 Twitter-Nachricht der Regionalverwaltung von Wood Buffalo, @RMWoodBuffalo, vom 4. Mai 2016, 9.28 Uhr.

42 »Greece Wildfires: Dozens Dead in Attica Region«, *BBC News,* 24. Juli 2018.

43 Michael Kodas, *Megafire: The Race to Extinguish a Deadly Epidemic of Flame,* Boston 2017, S. 116.

44 Will Dunham, »Bolt from the Blue: Warming Climate May Fuel More Lightning«, Reuters, 13. November 2014.

45 Michael Kodas, *Megafire: The Race to Extinguish a Deadly Epidemic of Flame,* Boston 2017, S. 20.

46 Jack Healy, »Burying Their Cattle, Ranchers Call Wildfires ›Our Hurricane Katrina‹«, *The New York Times,* 20. März 2017.

47 Michael E. Mann, »It's a Fact: Climate Change Made Hurricane Harvey More Deadly«, *The Guardian,* 28. August 2017.

48 Doyle Rice, »Global Warming Makes ›Biblical‹ Rain Like That from Hurricane Harvey Much More Likely«, *USA Today,* 14. November 2017.

49 Ebenda.

50 Scott Waldman, »Global Warming Tied to Hurricane Harvey«, *Scientific American,* 14. Dezember 2017.

51 Seth Borenstein, »Florence Could Dump Enough to Fill Chesapeake Bay«, Associated Press News, 14. September 2018.

52 Somini Sengupta, »The City of My Birth in India Is Becoming a Climate Casualty. It Didn't Have to Be«, *The New York Times,* 31. Juli 2018.

53 »Extreme Precipitation Events Have Risen Sharply in Northeastern U.S. Since 1996«, *Yale Environment 360,* 24. Mai 2017.

54 Hiroko Tabuchi et al., »Floods Are Getting Worse, and 2,500 Chemical Sites Lie in the Water's Path«, *The New York Times,* 6. Februar 2018.

55 »Klimawandel: Gletscherschmelze nicht mehr abwendbar«, Universität Innsbruck, 19. März 2018, uibk.ac.at.

56 Stephen Leahy, »Hidden Costs of Climate Change Running Hundreds of Billions a Year«, *National Geographic,* 27. September 2017.

57 Fiona Harvey, »Climate Change Is Already Damaging World Economy, Report Finds«, *The Guardian,* 25. September 2012.

58 Richard Harris, »Study Puts Puerto Rico Death Toll from Hurricane Maria Near 5,000«, Transkript der Sendung »All Things Considered«, NPR, 29. Mai 2018.
59 Solomon Hsiang und Trevor Houser, »Don't Let Puerto Rico Fall into an Economic Abyss«, *The New York Times,* 29. September 2017.
60 Steven Pinker, *Aufklärung jetzt: Für Vernunft, Wissenschaft, Humanismus und Fortschritt – Eine Verteidigung,* übers. von Martina Wiese, Frankfurt a. M. 2018, S. 95.
61 »Climate Change Aggravates Global Hunger«, Agence France-Presse, 15. September 2017.
62 Lin Taylor, »Factbox: Conflicts and Climate Disasters Forcing Children into Work – U.N.«, Reuters, 12. Juni 2018.
63 Laignee Barron, »143 Million People Could Soon Be Displaced Because of Climate Change, World Bank Says«, *Time,* 20. März 2018.
64 Daniel Wesangula, »Dying Gods: Mt. Kenya's Disappearing Glaciers Spread Violence Below«, *Climate Home News,* 2. August 2017.
65 Lorraine Chow, »The Climate Crisis May Be Taking a Toll on Your Mental Health«, *Salon,* 22. Mai 2017.
66 Ilissa Ocko, »Climate Change Is Messing with Clouds«, Environmental Defense Fund – Voices Blog, 24. August 2016, edf.org/blog.
67 Brian Resnick, »We're Witnessing the Fastest Decline in Arctic Sea Ice in at Least 1,500 Years«, *Vox,* 16. Februar 2018, vox.com.
68 Henry Fountain, »Alaska's Permafrost Is Thawing«, *The New York Times,* 23. August 2017.
69 Justin Gillis, »Carbon in Atmosphere Is Rising, Even as Emissions Stabilize«, *The New York Times,* 26. Juni 2017.
70 Tom Knudson, »California Is Drilling for Water That Fell to Earth 20,000 Years Ago«, *Mother Jones,* 13. März 2015.
71 Carol Rasmussen, »Sierras Lost Water Weight, Grew Taller During Drought«, NASA, 13. Dezember 2017.
72 Matt Stevens, »102 Million Dead California Trees ›Unprecedented in Our Modern History‹, Officials Say«, *The Los Angeles Times,* 18. November 2016.

73 Thomas Fuller, »Everything Was Incinerated: Scenes from One Community Wrecked by the Santa Rosa Fire«, *The New York Times,* 10. Oktober 2017.

74 Andrew Freedman, »The Combustible Mix Behind Southern California's Terrifying Wildfires«, *Mashable,* 6. Dezember 2017.

75 Nora Gallagher, »Southern Californians Know: Climate Change Is Real, It Is Deadly and It Is Here«, *The Guardian,* 3. März 2018.

76 Ebenda.

77 »Failing Phytoplankton, Failing Oxygen: Global Warming Disaster Could Suffocate Life on Planet Earth«, *ScienceDaily,* 1. Dezember 2015.

78 Jasmin Fox-Skelly, »There Are Diseases Hidden in Ice and They Are Waking Up«, BBC, 4. Mai 2017.

79 Susan Casey, *The Wave: In Pursuit of the Rogues, Freaks, and Giants of the Ocean,* New York 2010, S. 153 (Deutsche Ausgabe: *Monsterwellen: auf der Suche nach der Urgewalt des Meeres,* übers. von Harald Stadler, München 2011).

80 Ebenda., S. 253; sowie: Akshat Rathi, »Global Warming Won't Just Change the Weather – It Could Trigger Massive Earthquakes and Volcanoes«, *Quartz,* 24. Mai 2016.

81 Joe Romm, »Exclusive: Elevated CO_2 Levels Directly Affect Human Cognition, New Harvard Study Shows«, *ThinkProgress,* 26. Oktober 2015.

82 Anna Vidot, »Climate Change to Blame for Flatlining Wheat Yield Gains: CSIRO«, *ABC Rural,* 8. März 2017.

83 Georgina Gustin, »Climate Change Could Lead to Major Crop Failures in World's Biggest Corn Regions«, *InsideClimate News,* 11. Juni 2018.

84 Bill McKibben, »While Colorado Burns, Washington Fiddles«, *The Guardian,* 29. Juni 2012.

85 Daisy Dunne, »Global Warming Could Cause Yield of Sorghum Crops to Drop ›Substantially‹«, *CarbonBrief,* 14. August 2017.

86 Tobias Lunt et al., »Vulnerabilities to Agricultural Production Shocks: An Extreme, Plausible Scenario for Assessment of Risk for the Insurance Sector«, in: *Climate Risk Management* 13 (2016), S. 1–9.

87 Elizabeth Winkler, »How the Climate Crisis Could Become a Food Crisis Overnight«, *Washington Post,* 27. Juli 2017.

88 Helena Bottemiller Evich, »The Great Nutrient Collapse«, *Politico,* 13. September 2017.

89 Brad Plumer, »How More Carbon Dioxide Can Make Food Less Nutritious«, *The New York Times,* 23. Mai 2018.

90 Helena Bottemiller Evich, »The Great Nutrient Collapse«, *Politico,* 13. September 2017.

91 Bob Berwyn, »Global Warming Means More Insects Threatening Food Crops – a Lot More, Study Warns«, *InsideClimate News,* 30. August 2018.

92 »Sea level in the 5th IPCC report«, *RealClimate,* 15. Oktober 2013, http://www.realclimate.org/index.php/archives/2013/10/sea-level-in-the-5th-ipcc-report/

93 Peter Brannen, *The Ends of the World: Volcanic Apocalypses, Lethal Oceans, and Our Quest to Understand Earth's Past Mass Extinctions,* New York 2017, S. 258.

94 Robert Scribbler, »New Study Finds That Present CO_2 Levels Are Capable of Melting Large Portions of East and West Antarctica«, robertscribbler.com, 2. August 2017.

95 Michael Le Page, »Alarm as Ice Loss from Antarctica Triples in the Past Five Years«, *New Scientist,* 13. Juni 2018.

96 Ian Johnston, »Earth Could Become ›Practically Ungovernable‹ If Sea Levels Keep Rising, Says Former NASA Climate Chief«, *Independent,* 14. Juli 2017.

97 »How Much Will the Seas Rise?«, e-flux conversations, 26. Februar 2018.

98 David Smiley, »Was Jorge Pérez Drunk When He Made Controversial Sea Level Rise Comment to Jeff Goodell?«, *Miami Herald,* 31. Mai 2018.

99 Jeff Goodell, *The Water Will Come: Rising Seas, Sinking Cities, and the Remaking of the Civilized World,* New York 2017, S. 148.

100 Christopher Flavelle, »Florida Could Be Close to a Real Estate Reckoning«, *Insurance Journal,* 2. Januar 2018.

101 Anna Hirtensen, »AXA Insurance Chief Warns of ›Uninsurable Basements‹ from New York to Mumbai«, *Insurance Journal,* 26. Januar 2018.

102 Tim Radford, »Kids Suing Trump Get Helping Hand from World's Most Famous Climate Scientist«, *EcoWatch,* 19. Juli 2017.

103 »Relocating Kivalina«, U.S. Climate Resilience Toolkit, 17. Januar 2017.

104 David Wallace-Wells, *The Uninhabitable Earth,* New York 2017 (Deutsche Ausgabe: *Die unbewohnbare Erde,* München 2019).

105 Kenneth R. Weiss, »Some of the World's Biggest Lakes Are Drying Up. Here's Why«, *National Geographic,* März 2018.

106 Bryan Bender, »Chief of U.S. Pacific Forces Calls Climate Greatest Worry«, *The Boston Globe,* 9. März 2013.

107 Jonathan Watts, »Arctic's Strongest Sea Ice Breaks Up for First Time on Record«, *The Guardian,* 21. August 2018.

108 Quirin Schiermeier, »Huge Landslide Triggered Rare Greenland Mega-Tsunami«, in: *Nature,* 27. Juli 2017.

109 Jeff Goodell, *The Water Will Come: Rising Seas, Sinking Cities, and the Remaking of the Civilized World,* New York 2017, S. 141.

110 »How to Improve the Health of the Ocean«, *The Economist,* 27. Mai 2017.

111 Peter Brannen, The Ends of the World: Volcanic Apocalypses, Lethal Oceans, and Our Quest to Understand Earth's Past Mass Extinctions, New York 2017, S. 235.

112 Roz Pidcock, »Rate of Ocean Warming Quadrupled Since Late 20th Century, Study Reveals«, *Carbon Brief,* 10. März 2017.

113 Brittany Patterson, »How Much Heat Does the Ocean Trap? A Robot Aims to Find Out«, *Climatewire,* 18. Oktober 2016.

114 Christopher Knaus und Nick Evershed, »Great Barrier Reef at Terminal Stage; Scientists Despair at Latest Bleaching Data«, *The Guardian,* 9. April 2017.

115 Amy Remeikis, »Great Barrier Reef Tourism Spokesman Attacks Scientist Over Slump in Visitors«, *The Guardian,* 12. Januar 2018.

116 P. G. Brewer, »A Short History of Ocean Acidification Science in the

20th Century: A Chemist's View«, *Biogeosciences* 10 (2013), S. 7411–7422.

117 Eelco Rohling, *The Oceans: A Deep History,* Princeton, NJ, 2017, S. 181.

118 Ebenda, S. 72.

119 Ebenda, S. 161.

120 Seth Borenstein, »Scientists Warn of Hot, Sour, Breathless Oceans«, Associated Press, 14. November 2013.

121 Elena Becatoros, »More than 90 Percent of World's Coral Reefs Will Die by 2050«, *The Independent,* 13. März 2017.

122 Peter Brannen, *The Ends of the World: Volcanic Apocalypses, Lethal Oceans, and Our Quest to Understand Earth's Past Mass Extinctions,* New York 2017, S. 65.

123 Ebenda, S. 65.

124 Ebenda, S. 122.

125 Ebenda, S. 188.

126 Ebenda, S. 203.

127 »A One-Two Punch May Have Helped Check the Dinosaurs«, Science Daily, 7. Februar 2018.

128 Joseph F. Byrnes und Leif Karlstrom, »Anomalous K-Pg-aged Seafloor Attributed to Impact-Induced Mid-Ocean Ridge Magmatism«, *Science Advances* 4 (2018), S. 1–6.

129 Peter Brannen, *The Ends of the World: Volcanic Apocalypses, Lethal Oceans, and Our Quest to Understand Earth's Past Mass Extinctions,* New York 2017, S. 136.

130 Eelco Rohling, *The Oceans: A Deep History,* Princeton, NJ, 2017, S. 114.

131 Ebenda, S. 88.

132 Howard Lee, »Underground Magma Triggered Earth's Worst Mass Extinction with Greenhouse Gases«, *The Guardian,* 1. August 2017.

133 Damian Carrington, »Earth's Sixth Mass Extinction Event Under Way, Scientists Warn«, *The Guardian,* 10. Juli 2017.

134 Damian Carrington, »Humans Just 0.01% of All Life but Have

Destroyed 83% of Wild Mammals – Study«, *The Guardian,* 21. Mai 2018.

135 George Monbiot, »Our Natural World Is Disappearing Before Our Eyes. We Have to Save It«, tppahanshilhorst.com, 6. Juli 2018.

136 Donald Worster, *Shrinking the Earth: The Rise and Decline of Natural Abundance,* New York 2016, S. 15.

137 Ebenda, S. 40.

138 Adam Smith, *Der Wohlstand der Nationen,* Buch 4, Kapitel 7, Teil 3, übers. von Horst Claus Recktenwald, München 1974, S. 526f.

139 Gayathri Vaidyanathan, »Killer Heat Grows Hotter around the World«, *Scientific American,* 6. August 2015.

140 Alan Blinder, »As the Northwest Boils, an Aversion to Air-Conditioners Wilts«, *The New York Times,* 3. August 2017.

141 Mike Ives, »In India, Slight Rise in Temperature Is Tied to Heat Wave Deaths«, *The New York Times,* 8. Juni 2017.

142 Jason Samenow, »Two Middle Eastern Locations Hit 129 Degrees, Hottest Ever in Eastern Hemisphere, Maybe the World«, *The Washington Post,* 22. Juli 2016.

143 Bob Berwyn, »Heat Waves Creeping Toward a Deadly Heat-Humidity Threshold«, *InsideClimate News,* 3. August 2017.

144 Damian Carrington, »Unsurvivable Heatwaves Could Strike the Heart of China by End of Century«, *The Guardian,* 31. Juli 2018.

145 Jonathan Watts und Elle Hunt, »Halfway to Boiling: The City at 50C«, *The Guardian,* 13. August 2018.

146 Kevin Krajick, »Humidity May Prove Breaking Point for Some Areas as Temperatures Rise, Says Study«, *Earth Institute,* 22. Dezember 2017.

147 Lauren Morello, »Climate Change Is Cutting Humans' Work Capacity«, climatecentral.org, 24. Februar 2013.

148 Jeremy Deaton, »Extreme Heat Is Killing America's Farm Workers«, *Quartz,* 1. September 2018.

149 Somini Sengupta, Tiffany May und Zia ur-Rehman, »How Record Heat Wreaked Havoc on Four Continents«, *The New York Times,* 30. Juli 2018.

150 Elle Hunt, »›We Have Different Ways of Coping‹: The Global Heatwave from Beijing to Bukhara«, *The Guardian,* 28. Juli 2018.

151 Jonathan Watts und Elle Hunt, »Halfway to Boiling: The City at 50C«, *The Guardian,* 13. August 2018.

152 Christopher Flavelle, »Louisiana Plan Could Move Thousands from Coast«, *The Portland Press Herald,* 22. Dezember 2017.

153 Ashley Nagaoka, »Hawaii Study: Impacts of Sea Level Rise Already Being Felt and It Will Only Get Worse«, hawaiinewsnow.com, 20. Dezember 2017.

154 Michael Kimmelman, »Jakarta Is Sinking So Fast, It Could End Up Underwater«, *The New York Times,* 21. Dezember 2017.

155 Gabrielle Gurley, »Boston's Rendezvous with Climate Destiny«, prospect.org, 5. January 2018.

156 Eelco Rohling, *The Oceans: A Deep History,* Princeton, NJ, 2017, S. 170.

157 Jeff Goodell, *The Water Will Come: Rising Seas, Sinking Cities, and the Remaking of the Civilized World,* New York 2017, S. 214.

158 Dr. Jeff Masters, »Retreat from a Rising Sea: A Book Review«, wunderground.com/cat6, 16. Februar 2018.

159 Kavya Balaraman, »U.S. Harvests Could Suffer with Climate Change«, *Scientific American,* 20. Januar 2017.

160 Oliver Millman, »We're Moving to Higher Ground«, *The Guardian,* 24. September 2018.

161 Donald Worster, *Shrinking the Earth: The Rise and Decline of Natural Abundance,* New York 2016, S. 133.

162 Alister Doyle, »Arctic Thaw to Cause up to $90 Trillion Damage to Roads and Buildings«, *The Independent,* 25. April 2017.

163 Catherine Porter, »Canadian Town, Isolated after Losing Rail Link, ›Feels Held Hostage‹«, *The New York Times,* 30. August 2017.

164 Jim Dwyer, »Saving Scotland's Heritage from the Rising Seas«, *The New York Times,* 25. September 2018.

165 Nathaniel Rich, »Losing Earth: The Decade We Almost Stopped Climate Change«, *New York Times Magazine,* 1. August 2018.

166 Harry Stevens, »A 30-year alarm on the reality of climate change«, *Axios,* 23. Juni 2018.

167 Peter Frumhoff, »Global Warming Fact: More than Half of All Industrial CO_2 Pollution Has Been Emitted Since 1988«, uscusa.org, 15. Dezember 2014.

168 Jeff Goodell, *The Water Will Come: Rising Seas, Sinking Cities, and the Remaking of the Civilized World,* New York 2017, S. 224.

169 Ebenda S. 84.

170 Joe Romm, »Obama's Worst Speech Ever: ›We've Added Enough New Oil and Gas Pipeline to Encircle the Earth‹«, thinkprogress.org, 22. März 2012.

171 Sabrina Shankman, »Oil and Gas Fields Leak Far More Methane than EPA Reports, Study Finds«, *InsideClimate News,* 21. Juni 2018.

172 Cameron Cawthorne, »Obama Touts Paris Agreement«, *Washington Free Beacon,* 28. November 2018.

173 Nicole Gaouette, »Trudeau Issues Rallying Cry for Climate Fight and Takes a Dig at the US«, *CNN,* 21. September 2017.

174 Neela Banerjee, Lisa Song und David Hasemyer, »Exxon's Own Research Confirmed Fossil Fuels' Role in Global Warming Decades Ago«, *InsideClimate News,* 16. September 2015.

175 Ebenda.

176 Benjamin Franta, »On Its 100th birthday in 1959, Edward Teller Warned the Oil Industry About Global Warming«, *The Guardian,* 1. Januar 2018.

177 »Utilities Knew: Documenting Electric Utilities' Early Knowledge and Ongoing Deception on Climate Change from 1968 – 2017«, Energy and Policy Institute, Juli 2017.

178 Dick Russell und Robert F. Kennedy Jr., *Horsemen of the Apocalypse: The Men Who Are Destroying Life on Earth – And What It Means for Our Children,* New York 2017, S. 16f.

179 Neela Banerjee, Lisa Song und David Hasemyer, »Exxon: The Road Not Taken«, *InsideClimate News,* 16. September 2015.

180 Sara Jerving et al., »What Exxon Knew about the Earth's Melting Arctic«, *Los Angeles Times,* 9. Oktober 2015.

181 Benjamin Franta, »Shell and Exxon's Secret 1980s Climate Change Warnings«, *The Guardian,* 19. September 2018.

182 Jason M. Breslow, »Investigation Finds Exxon Ignored Its Own Early Climate Change Warnings«, *PBS Frontline,* 16. September 2015.

183 Dick Russell und Robert F. Kennedy Jr., *Horsemen of the Apocalypse: The Men Who Are Destroying Life on Earth – And What It Means for Our Children,* New York 2017, S. 20f.

184 Oliver Burkeman, »Memo Exposes Bush's New Green Strategy«, *The Guardian,* 3. März 2003.

185 Ruairí Arrieta-Kenna, »Almost 90% of Americans Don't Know There's Scientific Consensus on Global Warming«, vox.com, 6. Juli 2017.

186 Dick Russell und Robert F. Kennedy Jr., *Horsemen of the Apocalypse: The Men Who Are Destroying Life on Earth – And What It Means for Our Children,* New York 2017), S. 30.

187 Rupert Neate, »ExxonMobil CEO: Ending Oil Production ›Not Acceptable for Humanity‹«, *The Guardian,* 25. Mai 2016.

188 Olivia Beavers, »Trump: Polar Ice Caps Are ›at a Record Level‹«, *The Hill,* 28. Januar 2018.

189 John H. Cushman Jr., »Exxon Reports on Climate Risk and Sees Almost None«, *InsideClimate News,* 5. Februar 2018.

190 Exxon Mobile, »Understanding the ›#ExxonKnew‹ controversy«, https://corporate.exxonmobil.com/en/key-topics/understanding-the-exxonknew-controversy/understanding-the-exxonknew-controversy/.

191 Alex Steffen, »On Climate, Speed Is Everything«, *The Nearly Now,* 7. Dezember 2017.

192 Brady Dennis, »Countries Made Only Modest Climate-Change Promises in Paris. They're Falling Short Anyway«, *The Washington Post,* 19. Februar 2018.

193 David Cole, »Facts and Figures«, *New York Review of Books,* 19. Juli 2018.

194 Philip Alston, »Extreme Poverty in America: Read the UN Special Monitor's Report«, *The Guardian,* 15. Dezember 2017.

195 Ed Pilkington, »Hookworm, A Disease of Extreme Poverty, Is Thriving in the U.S. South. Why?«, *The Guardian,* 5. September 2017.

196 Ebenda.

197 »Contempt for the Poor in US Drives Cruel Policies, Says UN Expert«, Hochkommissariat für Menschenrechte der Vereinten Nationen, 4. Juni 2018.

198 Editorial Board, »The Tax Bill that Inequality Created«, *The New York Times,* 16. Dezember 2017.

199 Noah Kirsch, »The Three Richest Americans Hold More Wealth Than Bottom 50% of the Country, Study Finds«, *Forbes,* 9. November 2017.

200 Max Ehrenfreund, »How Trump's Budget Helps the Rich at the Expense of the Poor«, *The Washington Post,* 23. Mai 2017.

201 Annie Lowrey, »Jeff Bezos's $150 Billion Fortune Is a Policy Failure«, *The Atlantic,* 1. August 2018.

202 Les Leopold, *Runaway Inequality: An Activist's Guide to Economic Justice,* New York 2015, S. 6.

203 Josh Hoxie, »Blacks and Latinos Will Be Broke in a Few Decades«, *Fortune,* 19. September 2017.

204 Preeti Varathan, »Millennials Are Set to Be the Most Unequal Generation Yet«, *Quartz,* 19. November 2017.

205 Raj Chetty im Interview mit Michel Martin, »U.S. Kids Now Less Likely to Earn More than Their Parents«, *All Things Considered,* NPR, 18. Dezember 2016.

206 Richard Wilkinson und Kate Pickett, »The Science Is In: Greater Equality Makes Societies Healthier and Richer«, *evonomics,* 26. Januar 2017.

207 Jessica Boddy, »The Forces Driving Middle-Aged White People's Deaths of Despair«, *Morning Edition,* NPR, 23. März 2017.

208 Tyler Durden, »America's Miserable 21st Century«, *ZeroHedge,* 4. März 2017.

209 »A Very Big Shoe to Fill«, *The Economist,* 7. März 2002.

210 Harriet Rubin, »Ayn Rand's Literature of Capitalism«, *The New York Times,* 15. September 2007.

211 Jonathan Freedland, »The New Age of Ayn Rand: How She Won Over Trump and Silicon Valley«, *The Guardian,* 10. April 2017.

212 Harriet Rubin, »Ayn Rand's Literature of Capitalism«, *The New York Times,* 15. September 2007.

213 Harriet Rubin, »Fifty Years On, ›Atlas Shrugged‹ Still Has Its Fans – Especially in Business«, *The New York Times,* 17. September 2007.

214 Jonathan Freedland, »The New Age of Ayn Rand: How She Won Over Trump and Silicon Valley«, *The Guardian,* 10. April 2017.

215 Rachel Weiner, »Paul Ryan and Ayn Rand«, *The Washington Post,* 13. August 2012.

216 Husna Haq, »Paul Ryan Does an About-Face on Ayn Rand«, *Christian Science Monitor,* 14. August 2012.

217 Robert James Bidinotto, »Celebrity Ayn Rand Fans«, *The Atlas Society,* 1. Januar 2006.

218 James B. Stewart, »As a Guru, Ayn Rand May Have Her Limits. Ask Travis Kalanick«, *The New York Times,* 13. Juli 2017.

219 Kirsten Powers, »Donald Trump's Kinder, Gentler Version«, *USA Today,* 11. April 2016.

220 Wendy Milling, »President Obama Jabs at Ayn Rand, Knocks Himself Out«, *Forbes,* 30. Oktober 2012.

221 Jennifer Burns, Goddess of the Market: Ayn Rand and the American Right, New York 2009, S. 23.

222 Thomas E. Ricks, Churchill and Orwell: The Fight for Freedom, New York 2017, S. 8.

223 William Manchester, *The Last Lion: Winston Spencer Churchill, Alone 1932–1940,* New York 1988 (Kursivmarkierung eingefügt) (Deutsche Ausgabe: *Winston Churchill,* übers. von Hans-Jürgen Baron, München 1989/90).

224 George Orwell, *A Patriot After All,* London 1998, S. 503.

225 Jennifer Burns, *Goddess of the Market: Ayn Rand and the American Right,* New York 2009, S. 8.

226 Ebenda, S. 13.

227 Ebenda S. 20 und 24.

228 Anne C. Heller, *Ayn Rand and the World She Made,* New York 2009, S. 1.

229 Ayn Rand, *Der ewige Quell,* übers. von Harry Kahn, München 1978, S. 16.

230 Ebenda, S. 12.

231 Jennifer Burns, *Goddess of the Market: Ayn Rand and the American Right,* New York 2009, S. 86.

232 Ebenda.

233 Ayn Rand, *Der ewige Quell,* übers. von Harry Kahn, München 1978, S. 921f.

234 Ayn Rand, *Atlas wirft die Welt ab,* übers. von Hansjürgen Wille, München 1989, S. 1208f.

235 Andrea Barnet, *Visionary Women: How Rachel Carson, Jane Jacobs, Jane Goodall, and Alice Waters Changed Our World,* New York 2018, S. 441.

236 Jennifer Burns, *Goddess of the Market: Ayn Rand and the American Right,* New York 2009, S. 157.

237 Jonas E. Alexis, *Christianity's Dangerous Idea: How the Christian Principle and Spirit Offer the Best Explanation for Life and Why Other Alternatives Fail,* Band 1, Bloomington, Indiana, 2010, S. 600.

238 Maria Tadeo, »Unrepentant Tom Perkins Apologises for ›Kristallnacht‹ Remarks but Defends War on the Rich Letter«, *The Independent,* 28. Januar 2014.

239 Julia Ioffe, »Before Predicting a Liberal Kristallnacht, Tom Perkins Wrote a One-Percenter Romance Novel«, *New Republic,* 25. Januar 2014.

240 Jonathan Chait, »Voting Also Reminds Tom Perkins of Kristallnacht«, *New York Magazine,* 14. Februar 2014.

241 Jane Mayer, »The Koch Brothers Say No to Tariffs«, *The New Yorker Radio Hour,* 15. Juni 2018.

242 Jane Mayer, *Dark Money: The Hidden History of the Billionaires behind the Rise of the Right,* New York 2016, S. 36.

243 Ebenda, S. 38 (Kursivmarkierung eingefügt).

244 Ebenda, S. 40.

245 Jane Mayer, »The Secrets of Charles Koch's Political Ascent«, *Politico,* 18. Januar 2016.

246 Nancy MacLean, *Democracy in Chains: The Deep History of the Radical Right's Stealth Plan for America,* New York 2017, S. xiv.

247 James M. Buchanan und Gordon Tullock, *The Collected Works of James M. Buchanan,* Band 3: »The Calculus of Consent: Logical Foundations of Constitutional Democracy«, Indianapolis 1999, S. 171, online verfügbar unter: delong.typepad.com/Files/calculus-of-consent.pdf.

248 Nancy MacLean, *Democracy in Chains: The Deep History of the Radical Right's Stealth Plan for America,* New York 2017, S. 134.

249 Ebenda, S. 148.

250 Jane Mayer, *Dark Money: The Hidden History of the Billionaires behind the Rise of the Right,* New York 2016, S. 464.

251 Jane Mayer, »The Reclusive Hedge-Fund Tycoon Behind the Trump Presidency«, *The New Yorker,* 27. März 2017.

252 Lisa Mascaro, »They Snubbed Trump. But the Koch Network Has Still Exerted a Surprising Influence over the White House«, *Los Angeles Times,* 15. August 2017.

253 Annie Linskey, »The Koch Brothers (and Their Friends) Want President Trump's Tax Cut. Very Badly«, *The Boston Globe,* 14. Oktober 2017.

254 Hiroko Tabuchi, »How the Koch Brothers Are Killing Public Transit Projects Around the Country«, *The New York Times,* 19. Juni 2018.

255 Lee Gang und Nick Surgey, »Koch Document Reveals Laundry List of Policy Victories Extracted from the Trump Administration«, *Intercept,* 25. Februar 2018.

256 Fredreka Schouten, »Secret Money Funds More than 40% of Outside Congressional Ads«, *USA Today,* 12. Juli 2018.

257 Robert Barnes und Steven Mufson, »White House Counts on Kavanaugh in Battle Against ›Administrative State‹«, *The Washington Post,* 12. August 2018.

258 Ayn Rand, »Civilization«, *The Ayn Rand Lexicon,* aynrandlexicon.com.

259 Dhruv Khullar, »How Social Isolation Is Killing Us«, *The New York Times,* 22. Dezember 2016.

260 Ruth Whippman, »Happiness Is Other People«, *The New York Times,* 27. Oktober 2017.

261 Nicole Karlis, »Why Doing Good Is Good for the Do-Gooder«, *The New York Times,* 26. Oktober 2017.

262 »Why Hearing Loss May Raise Your Risk of Dementia«, health.clevelandclinic.org, 20. Februar 2018.

263 Adam Grant, »In the Company of Givers and Takers«, *Harvard Business Review,* April 2013.

264 »Elinor Ostrom«, *The Economist,* 30. Juni 2012.

265 Shankar Vedantam, »Social Isolation Growing in U.S., Study Says«, *The Washington Post,* 23. Juni 2006.

266 Jean M. Twenge, *iGen: Why Today's Super-Connected Kids Are Growing Up Less Rebellious, More Tolerant, Less Happy – and Completely Unprepared for Adulthood – and What That Means for the Rest of Us,* New York 2017.

267 Adam Smith, *Theorie der ethischen Gefühle,* übers. von Walther Eckstein, Hamburg 2010, S. 306, Teil IV, Kapitel 2.

268 Kate Raworth, *Die Donut-Ökonomie: Endlich ein Wirtschaftsmodell, das den Planeten nicht zerstört,* übers. von Hans Freundl und Sigrid Schmid, München 2018, S. 124.

269 Mike Bird und Riva Gold, »How Do You Price a Problem Like Korea?«, *Wall Street Journal,* 11. August 2017.

270 Michael Tomasky, »The G.O.P.'s Legislative Lemons«, *The New York Times,* 14. Dezember 2017.

271 Amy Fleming et al., »Heat: The Next Big Inequality Issue«, *The Guardian,* 13. August 2018.

272 »Rupert Murdoch's Speech on Carbon Neutrality«, *The Australian,* 10. Mai 2007.

273 »Free Market Is a Fair Market: Murdoch«, *The Australian,* 5. April 2013.

274 ClimateDenierRoundup, »Washington Post Hires Former WSJ Opinion Editor, Will He Bring Deniers Along?«, *Daily Kos,* dailykos.com, 31. Mai 2018.

275 Farron Cousins, »Media Matters Report Shows Stunning Lack of Climate Coverage on TV Networks in 2016«, *Desmog,* desmogblog.com, 30. März 2017.

276 »Fox News' Jesse Watters: ›No One Is Dying from Climate Change‹«, Media Matters, Video, 1:04, mediamatters.org, 5. Juni 2017.

277 Steven F. Hayward, »Climate Change Has Run Its Course«, *Wall Street Journal,* 4. Juni 2018.

278 Amanda Terkel, »CEI Expert: ›The Best Policy Regarding Global Warming Is to Neglect It‹«, thinkprogress.org, 15. August 2006.

279 Robert D. Tollison und Richard E. Wagner, *The Economics of Smoking,* New York 1992, S. 183.

280 Graham Readfearn, »The Idea That Climate Scientists Are in It for the Cash Has Deep Ideological Roots«, *The Guardian,* 15. September 2017.

281 Ebenda.

282 Dick Russell und Robert F. Kennedy Jr., *Horsemen of the Apocalypse: The Men Who Are Destroying Life on Earth – And What It Means for Our Children,* New York 2017, S. 116.

283 Ebenda, S. 114.

284 Nancy MacLean, *Democracy in Chains: The Deep History of the Radical Right's Stealth Plan for America,* New York 2017, S. 216.

285 Bill McKibben, »McCain's Lonely War on Global Warming«, *on Earth,* 31. März 2004.

286 Rebecca Shabad, »McCain to Kerry: What Planet Are You On?«, *The Hill,* 19. Februar 2014.

287 Hiroko Tabuchi, »Rooftop Solar Dims Under Pressure from Utility Lobbyists«, *The New York Times,* 8. Juli 2017.

288 John Cushman Jr., »No Drop in U.S. Carbon Footprint Expected through 2050, Energy Department Says«, *InsideClimate News,* 6. Februar 2018.

289 Daniel Simmons, »Does the Federal Government Think We Are Dim Bulbs?«, *Institute for Energy Research,* instituteforenergyresearch.org, 18. Dezember 2013.

290 Nellie Bowles, »Silicon Valley Flocks to Foiling, Racing Above the Bay's Waves«, *The New York Times,* 20. August 2017.
291 Adam Vaughan, »Google to Be 100% Powered by Renewable Energy from 2017«, *The Guardian,* 6. Dezember 2016.
292 Nick Bilton, »Silicon Valley's Most Disturbing Obsession«, *Vanity Fair,* November 2016.
293 Maureen Dowd, »Elon Musk's Billion Dollar Crusade to Stop the AI Apocalypse«, *Vanity Fair,* April 2017.
294 Melia Robinson, »Silicon Valley's Dream of a Floating, Isolated City Might Actually Happen«, *Business Insider,* 5. Oktober 2016.
295 Paulina Borsook, *Schöne neue Cyberwelt: Mythen, Helden und Irrwege des Hightech,* übers. von Hubert Beck, München 2001, S. 8f.
296 Paulina Borsook, *Cyberselfish: A Critical Romp through the Terribly Libertarian Culture of High Tech,* New York 2000, S. vi.
297 Paulina Borsook, *Schöne neue Cyberwelt: Mythen, Helden und Irrwege des Hightech,* übers. von Hubert Beck, München 2001, S. 251
298 Ayn Rand, *Der ewige Quell,* übers. von Harry Kahn, München 1978, S. 18, 21.
299 Persönliches Gespräch vom 22. November 2017.
300 James Bridle, »Known Unknowns«, *Harper's,* Juli 2018.
301 »Rise of the Machines«, *The Economist,* 22. Mai 2017.
302 »On Welsh Corgis, Computer Vision, and the Power of Deep Learning«, microsoft.com, 14. Juli 2014.
303 Andrew Roberts, »Elon Musk Says to Forget North Korea Because Artificial Intelligence Is the Real Threat to Humanity«, uproxx.com, 12. August 2017.
304 Tom Simonite, »What Is Ray Kurzweil Up to at Google? Writing Your Emails«, *Wired,* 2. August 2017.
305 Michio Kaku, *Die Physik des Bewusstseins: Über die Zukunft des Geistes,* übers. von Monika Niehaus, Reinbek bei Hamburg 2014, S. 392.
306 Tim Urban, »What Will Happen When We Succeed in Creating AI That's Smarter than We Are?«, *Quartz,* 1. Oktober 2015.
307 Ebenda.

308 Pawel Sysiak, »When Will the First Machine Become Superintelligent?«, *Medium,* 11. April 2016.

309 Raffi Khatchadourian, »The Doomsday Invention«, *The New Yorker,* 23. November 2015.

310 Tim Urban, »The AI Revolution: The Road to Superintelligence«, waitbutwhy.com, 22. January 2015.

311 Michio Kaku, *Die Physik des Bewusstseins: Über die Zukunft des Geistes,* übers. von Monika Niehaus, Reinbek bei Hamburg, 2014, S. 173.

312 »On Living Forever«, Interview mit Michael West für das Online-Magazin *Ubiquity,* megafoundation.org, Juni 2000.

313 Brad Plumer et al., »A Simple Guide to CRISPR, One of the Biggest Science Stories of the Decade«, *Vox,* vox.com, 23. Juli 2018.

314 Ebenda.

315 Jennifer A. Doudna und Samuel H. Sternberg, *Eingriff in die Evolution: Die Macht der CRISPR-Technologie und die Frage, wie wir sie nutzen wollen,* übers. von Sebastian Vogel, Berlin 2018, S. XVII.

316 Ebenda, S. XVIII.

317 Carl Zimmer, »A Crispr Conundrum: How Cells Fend Off Gene Editing«, *The New York Times,* 12. Juni 2018.

318 Jennifer A. Doudna und Samuel H. Sternberg, *Eingriff in die Evolution: Die Macht der CRISPR-Technologie und die Frage, wie wir sie nutzen wollen,* übers. von Sebastian Vogel, Berlin 2018, S. 147.

319 Ebenda, S. XIX.

320 Ebenda, S. 168.

321 Denise Grady, »FDA Panel Recommends Approval for Gene-Altering Leukemia Treatment«, *The New York Times,* 12. Juli 2017.

322 Jennifer A. Doudna und Samuel H. Sternberg, *Eingriff in die Evolution: Die Macht der CRISPR-Technologie und die Frage, wie wir sie nutzen wollen,* übers. von Sebastian Vogel, Berlin 2018, S. XX (Kursivschrift eingefügt).

323 Akshat Rathi, »A Highly Successful Attempt at Genetic Editing of Human Embryos Has Opened the Door to Eradicating Inherited Diseases«, *Quartz,* 2. August 2017.

324 Dennis Normille, »CRISPR Bombshell: Chinese Researcher Claims to Have Created Gene-Edited Twins«, *Science,* 26. November 2018.

325 »Chinese Scientist Pauses Gene-Edited Baby Trial After Outcry«, *Al-Jazeera,* 28. November 2018.

326 Hannah Devlin, »Jennifer Doudna: I Have to be True to Who I Am as a Scientist«, *The Guardian,* 2. Juli 2017.

327 Paul Knoepfler, *Genmanipulierte Menschheit: Evolution selbst gemacht,* übers. von Martina Wiese, Berlin 2018, S. 9.

328 Dean Hamer, »Tweaking the Genetics of Behavior«, in: *Scientific American,* April 1999, S. 62.

329 Gregory E. Pence, *Who's Afraid of Human Cloning?,* Lanham, MD 1998, S. 168.

330 Abbey Interrante, »A New Genetic Test Could Help Determine Children's Success«, *Newsweek,* 10. Juli 2018.

331 Pam Belluck, »Gene Editing for ›Designer Babies‹? Highly Unlikely, Scientists Say«, *The New York Times,* 4. August 2017.

332 Ebenda.

333 Ebenda.

334 Jennifer A. Doudna und Samuel H. Sternberg, Eingriff in die Evolution: Die Macht der CRISPR-Technologie und die Frage, wie wir sie nutzen wollen, übers. von Sebastian Vogel, Berlin 2018, S. 190f.

335 Ebenda, S. 192.

336 Lee M. Silver, *Das geklonte Paradies,* übers. von Henning Thies und Susanne Kuhlmann-Krieg, München 1998, S. 11ff.

337 Jennifer A. Doudna und Samuel H. Sternberg, Eingriff in die Evolution: Die Macht der CRISPR-Technologie und die Frage, wie wir sie nutzen wollen, übers. von Sebastian Vogel, Berlin 2018, S. XXI.

338 T. Abate, »Nobel Winner's Theories Raise Uproar in Berkeley/ Geneticist's Views Strike Many as Racist, Sexist«, *San Francisco Chronicle,* 13. November 2000. Letzter Aufruf am 24. Oktober 2007.

339 Jennifer A. Doudna und Samuel H. Sternberg, *Eingriff in die Evolu-*

tion: Die Macht der CRISPR-Technologie und die Frage, wie wir sie nutzen wollen, übers. von Sebastian Vogel, Berlin 2018, S. 203.

340 Ebenda, S. 237f.

341 Lee M. Silver, *Das geklonte Paradies,* übers. von Henning Thies und Susanne Kuhlmann-Krieg, München 1998, S. 16ff.

342 Julian Savulescu, »As a Species, We Have a Moral Obligation to Enhance Ourselves«, Interview mit einem TED-Gastautor, ideas.ted.com, 19. Februar 2014.

343 Nathaniel Comfort, »Can We Cure Genetic Diseases without Slipping into Eugenics?«, *The Nation,* 16. Juli 2015.

344 Johann Hari, »Is Neoliberalism Making Our Depression and Anxiety Crisis Worse?«, *In These Times,* 21. Februar 2018.

345 Vince Beiser, »The Robot Assault on Fukushima«, *Wired,* 26. April 2018.

346 Quoctrung Bui, »Bricklayers Fending Off a Robot Takeover«, *The New York Times,* 9. März 2018.

347 Yuval Noah Harari, *Homo Deus – Eine Geschichte von Morgen,* übers. von Andras Wirthensohn, München 2017, S. 501.

348 Alana Semuels, »Where Automation Poses the Greatest Threat to American Jobs«, citylab.com, 3. Mai 2017.

349 Tom Price, »The Last Auto Mechanic«, *Medium,* 27. Juli 2017.

350 Tyler Cower, *Average Is Over,* New York 2013, S. 23.

351 Curtis White, *We, Robots: Staying Human in the Age of Big Data,* Brooklyn, NY 2015, S. 19.

352 Kai-Fu Lee, »The Real Threat of Artificial Intelligence«, *The New York Times,* 24. Juni 2017.

353 Bill Joy, »Why the Future Doesn't Need Us«, *Wired,* 1. April 2000.

354 Sarah Marsh, »Essays Reveal Stephen Hawking Predicted Race of Superhumans«, *The Guardian,* 4. Oktober 2018

355 Maureen Dowd, »Elon Musk's Billion Dollar Crusade to Stop the AI Apocalypse«, *Vanity Fair,* April 2017.

356 James Vincent, »Elon Musk Says We Need to Regulate AI Before It Becomes a Danger to Humanity«, theverge.com, 17. Juli 2017.

357 Stephen Hawking, »Artificial Intelligence Could Be the Greatest Disaster in Human History«, *Independent,* 20. Oktober 2016.

358 James Barrat, *Our Final Invention: Artificial Intelligence and the End of the Human Era,* New York 2013, S. 34.

359 Nick Bostrom, »A Transhumanist Perspective on Genetic Enhancements«, nickbostrom.com, 2003.

360 Raffi Khatchadourian, »The Doomsday Invention«, *The New Yorker,* 23. November 2015.

361 Stephen M. Omohundro, »The Basic A.I. Drives«, in: Pei Wang, Ben Goertzel und Stan Franklin (Hgg.), *Artificial General Intelligence 2008,* Amsterdam 2008, S. 9, Online verfügbar unter: selfawaresystems.files.wordpress.com/2008/01/ai_drives_final.pdf.

362 Anders Sandberg, »Why We Should Fear the Paperclipper«, sentientdevelopments.com, 14. Februar 2011.

363 Maureen Dowd, »Elon Musk's Billion Dollar Crusade to Stop the AI Apocalypse«, *Vanity Fair,* April 2017, S. 89.

364 James Barrat, *Our Final Invention: Artificial Intelligence and the End of the Human Era,* New York 2013, S. 19.

365 Ebenda, S. 265.

366 Steven Pinker, *Aufklärung jetzt: Für Vernunft, Wissenschaft, Humanismus und Fortschritt – Eine Verteidigung,* übers. von Martina Wiese, Frankfurt a. M. 2018, S. 380f.

367 Jaron Lanier, *Zehn Gründe, warum du deine Social Media Accounts sofort löschen musst,* übers. von Martin Bayer und Karsten Petersen, Hamburg 2018, S. 190.

368 Damien Cave, »Artificial Stupidity«, *Salon,* 4. Oktober 2000.

369 Maureen Dowd, »Elon Musk's Billion Dollar Crusade to Stop the AI Apocalypse«, *Vanity Fair,* April 2017, S. 90.

370 Sam Thielman, »Is Facebook Even Capable of Stopping an Influence Campaign on Its Platform?«, *Talking Points Memo,* 15. September 2017.

371 James Walker, »Researchers Shut Down AI that Invented Its Own Language«, digitaljournal.com, 21. Juli 2017.

372 Cade Metz, »Mark Zuckerberg, Elon Musk, and the Feud over Killer Robots«, *The New York Times,* 9. Juni 2018.

373 Maureen Dowd, »Elon Musk's Billion Dollar Crusade to Stop the AI Apocalypse«, *Vanity Fair,* April 2017, S. 91.

374 Raffi Khatchadourian, »The Doomsday Invention«, *The New Yorker,* 23. November 2015.

375 Paul Knoepfler, *Genmanipulierte Menschheit: Evolution selbst gemacht,* übers. von Martina Wiese, Berlin 2018, S. 173.

376 Rachel Nuwer, »Babies Start Learning Language in the Womb«, smithsonianmag.com, 4. Januar 2013.

377 Michael D. Lemonick, »Designer Babies«, *Time,* 11. Januar 1999.

378 Jim Kozubek, »Can Crispr-Cas9 Boost Intelligence?«, *Scientific American,* 23. September 2016.

379 Paul Knoepfler, *Genmanipulierte Menschheit: Evolution selbst gemacht,* übers. von Martina Wiese, Berlin 2018, S. 174.

380 Ebenda, S. 182.

381 Gregory Stock, *Redesigning Humans,* New York 2002, S. 120.

382 Ephrat Livni, »Columbia and Yale Scientists Found the Spiritual Part of Our Brain«, *Quartz,* qz.com, 30. Mai 2018.

383 Paul Knoepfler, *Genmanipulierte Menschheit: Evolution selbst gemacht,* übers. von Martina Wiese, Berlin 2018, S. 208.

384 Ray Kurzweil, »Kurzweil's Law«, longnow.org, 23. September 2005.

385 Megan Molteni, »Extra CRISPR«, *Wired,* Mai 2018.

386 Mihaly Csikszentmihalyi, *Das flow-Erlebnis,* übers. von Urs Aeschbacher, Stuttgart 1985, S. 52f.

387 Gil Press, »Breaking News: Humans Will Forever Triumph over Machines«, *Forbes,* 30. Juni 2015.

388 Timothy J. Demy und Gary P. Stewart (Hg.), *Genetic Engineering: A Christian Response: Crucial Considerations for Shaping Life,* Grand Rapids, MI, 1999, S. 131.

389 Wesley J. Smith, »Darwinist Wants Us to Create ›Humanzee‹«, nationalreview.com, 8. März 2018.

390 Ed Regis, The Great Mambo Chicken and the Transhuman Condition, New York 1990, S. 167.

391 Tim Urban, »The AI Revolution: The Road to Superintelligence«, *Huffington Post,* 10. Februar 2015.

392 Ebenda.

393 Decca Aitkenhead, »James Lovelock: Before the End of This Century, Robots Will Have Taken Over«, *The Guardian,* 30. September 2016.

394 Yuval Noah Harari, »The Meaning of Life in a World without Work«, *The Guardian,* 8. Mai 2017.

395 Samuel Gibbs, »Apple Co-founder Steve Wozniak Says Humans Will Be Robots' Pets«, *The Guardian,* 25. Juni 2015.

396 Pad Lewis, »›Our Minds Can Be Hijacked‹: The Tech Insiders Who Fear a Smartphone Dystopia«, *Guardian,* 6. Oktober 2017.

397 Jaron Lanier, *Zehn Gründe, warum du deine Social Media Accounts sofort löschen musst,* übers. von Martin Bayer und Karsten Petersen, Hamburg 2018, S. 29f.

398 Sang In Jung et al., »The Effect of Smartphone Usage Time on Posture and Respiratory Function«, in: *Journal of Physical Therapy Science* 28 (2016), S. 186–189.

399 »The Next Human: Taking Evolution into Our Own Hands«, *National Geographic,* April 2017.

400 Jean M. Twenge, »Have Smartphones Destroyed a Generation?«, *The Atlantic,* September 2017.

401 Steven Johnson, *How We Got to Now: Six Innovations that Made the Modern World,* New York 2014, S. 148. (Deutsche Ausgabe: Die Erfindung der Zukunft: Sechs Innovationen, die die Welt veränderten, übers. von Monika Niehaus und Jorunn Wissmann, Berlin 2016.)

402 Jason Pontin, »Silicon Valley's Immortalists Will Help Us All Stay Healthy«, *Wired,* 15. Dezember 2017.

403 Maya Kosoff, »Peter Thiel Wants to Inject Himself with Young People's Blood«, *Vanity Fair,* 1. August 2016.

404 Maya Kosoff, »This Anti-Aging Startup Is Charging Thousands of Dollars for Teen Blood«, *Vanity Fair,* 1. Juni 2017.

405 Peter Thiel, »The Education of a Libertarian«, cato-unbound.org, 13. April 2009.

406 Benjamin Snyder, »This Google Exec Says We Can Live to 500«, *Fortune,* 9. März 2015.

407 Katrina Brooker, »Google Ventures and Bill Maris' Search for Immortality«, stuff.co.nz, 11. März 2015.
408 Sy Mukherjee, »We're Finally Learning More Details about Alphabet's Secretive Anti-Aging Startup Calico«, *Fortune,* 14. Dezember 2017.
409 Nikhil Swaminathan, »A Silicon Valley Scientist and Entrepreneur Who Invented a Drug to Explode Double Chins Is Now Working on a Cure for Aging«, *Quartz,* qz.com, 6. Januar 2017.
410 Jamie Nimmo, »Life ... UNLIMITED: Beating Ageing Is Set to Become the Biggest Business in the World, Say Tycoons«, thisismoney.co.uk, 17. März 2018.
411 Zack Guzman, »This Company Will Freeze Your Dead Body for $200,000«, nbcnews.com, 26. April 2016.
412 Mark O'Connell, *Unsterblich sein,* übers. von Sigrid Schmid, München 2017, S. 47.
413 Antonio Regalado, »A Startup Is Pitching a Mind-Uploading Service that Is ›100 Percent Fatal‹«, *MIT Technology Review,* 13. März 2018.
414 Ray Kurzweil, *The Age of Spiritual Machines: When Computers Exceed Human Intelligence,* New York 1999, S. 97. (Deutsche Ausgabe: *Die Intelligenz der Evolution: Wenn Mensch und Computer verschmelzen,* übers. von Helmut Dierlamm et al., Köln 2016.)
415 Tad Friend, »Silicon Valley's Quest to Live Forever«, *The New Yorker,* 3. April 2017.
416 Sage Crossroads, *The Fight over the Future: A Collection of Sage Crossroads Debates that Examine the Implications of Aging-Related Research,* Bloomington, IN, 2004, S. 25.
417 »Ansprache von Papst Franziskus an die Vorstände führender Erdöl- und Erdgaskonzerne sowie anderer im Energiesektor tätiger Unternehmen«, 9. Juni 2018, http://w2.vatican.va/content/francesco/de/speeches/2018/june/documents/papa-francesco_20180609_imprenditori-energia.html.
418 Maggie Astor, »Want to Be Happy? Try Moving to Finland«, *The New York Times,* 14. März 2018.
419 »Few Americans Support Cuts to Most Government Programs, In-

cluding Medicaid«, Pew Research Center, Washington, DC, 26. Mai 2017.

420 Jennifer A. Doudna und Samuel H. Sternberg, *Eingriff in die Evolution: Die Macht der CRISPR-Technologie und die Frage, wie wir sie nutzen wollen,* übers. von Sebastian Vogel, Berlin 2018, S. 239.

421 Lester Thurow, *Creating Wealth: Building the Wealth Pyramid for Individuals, Corporations, and Society,* New York 1999, S. 33.

422 Emily Baumgartner, »As D.I.Y. Gene Editing Gains Popularity, ›Someone Is Going to Get Hurt‹«, *The New York Times,* 14. Mai 2018.

423 Maxwell Mehlman, »Regulating Genetic Enhancement«, *Wake Forest Law Review* 34 (1999), S. 714.

424 Eugene Volokh, »If It Becomes Possible to Safely Genetically Increase Babies' IQ, It Will Become Inevitable«, *The Washington Post,* 14. Juli 2015.

425 Daniela Hernandez, »How to Survive a Robot Apocalypse: Just Close the Door«, *Wall Street Journal,* 10. November 2017.

426 Olivia Solon, »The Rise of Pseudo-AI: How Tech Firms Quietly Use Humans to Do Bots' Work«, *The Guardian,* 6. Juli 2018.

427 James Vincent, »Elon Musk Says We Need to Regulate AI Before It Becomes a Danger to Humanity«, theverge.com, 17. Juli 2017.

428 Preetika Rana, »China, Unhampered by Rules, Races Ahead in Gene-Editing Trials«, *Wall Street Journal,* 21. Januar 2018.

429 »Biggest AI Startup Boosts Fundraising to $1.2 Billion«, *Bloomberg News,* 30. Mai 2018.

430 James Vincent, »Putin Says the Nation that Leads in AI ›Will Be the Ruler of the World‹«, theverge.com, 4. September 2017.

431 Maureen Dowd, »Will Mark Zuckerberg ›Like‹ This Column?«, *The New York Times,* 23. November 2017.

432 Susan Ratcliffe (Hg.), »J. Robert Oppenheimer 1904–67, American Physicist«, oxfordreference.com, 2016.

433 James Barrat, *Our Final Invention: Artificial Intelligence and the End of the Human Era,* New York 2013, S. 52.

434 Julian Savulescu, »As a Species, We Have a Moral Obligation to Enhance Ourselves«, ideas.ted.com, 19. Februar 2014.

435 Ingmar Persson und Julian Savulescu, *Unfit for the Future: The Need for Moral Enhancement,* Oxford 2012, S. 1f.

436 Ebenda, S. 116.

437 David Roberts, »Americans Are Willing to Pay $177 a Year to Avoid Climate Change«, vox.com, 13. Oktober 2017.

438 Donald Worster, *Shrinking the Earth: The Rise and Decline of Natural Abundance,* New York 2016, S. 116.

439 Weltbank, »State of Electricity Access Report (SEAR) 2017«, world bank.org.

440 Dick Russell und Robert F. Kennedy Jr., *Horsemen of the Apocalypse: The Men Who Are Destroying Life on Earth – And What It Means for Our Children,* New York 2017, S. 109f.

441 Ryan Koronowski, »Exxon CEO: What Good Is It to Save the Planet If Humanity Suffers?«, thinkprogress.org, 30. Mai 2013.

442 Simon Evans, »Renewables Will Give More People Access to Electricity than Coal, Says IEA«, carbonbrief.org, 19. Oktober 2017.

443 David Roberts, »Wind Power Costs Could Drop 50%. Solar PV Could Provide up to 50% of Global Power. Damn«, vox.com, 31. August 2017.

444 Jake Richardson, »Solar Power Energy Payback Time Is Now Super Short«, cleantechnica.com, 25. März 2018.

445 Lorraine Chow, »100% Renewable Energy Worldwide Isn't Just Possible—It's Also More Cost-Effective«, ecowatch.com, 22. Dezember 2017.

446 Laura Cwiertnia, »Lässt sich die gesamte Welt allein mit grüner Energie versorgen?«, *DIE ZEIT,* 11. April 2019.

447 Persönliches Gespräch mit dem Autor, 22. September 2016.

448 Natasha Geiling, »New Study Gives 150 Million Reasons to Reduce Carbon Emissions«, 20. März 2018, thinkprogress.org.

449 Steve Hanley, »Network of Tesla Powerwall Batteries Saves Green Mountain Power $500,000 During Heat Wave«, cleantechnica.com, 27. Juli 2018.

450 Nick Harmsen, »Elon Musk's Tesla and SA Labor Reach Deal to Give Solar Panels and Batteries to 50 000 Homes«, abc.net.au, 3. February 2018.

451 Henry David Thoreau, *Über die Pflicht zum Ungehorsam gegen den Staat,* übers. von W. E. Richartz, Zürich 1967, S. 51f.

452 Jonathan Schell, *Die Politik des Friedens,* übers. von Heiner Kober, München 2004, S. 18, 149 (Kursivmarkierung eingefügt).

453 Yuval Noah Harari, *Homo Deus – Eine Geschichte von Morgen,* übers. von Andras Wirthensohn, München 2017, S. 424.

454 Heidi M. Przybyla, »Report: Anti-Protester Bills Gain Traction in State Legislatures«, *USA Today,* 29. August 2017.

455 Megan Darby, »Pope Francis Tells Oil Chiefs to Keep It in the Ground«, climatechangenews.com, 9. Juni 2018.

456 Phil McKenna, »Ranchers Fight Keystone XL Pipeline by Building Solar Panels in Its Path«, *InsideClimate News,* 11. Juli 2017.

457 »Poll: Voters in America's Heartland Don't Want Changes to National Monuments«, nationalparkstraveler.org, 7. November 2017.

458 Coral Davenport und Lisa Friedman, »GOP Pushes to Overhaul Law Meant to Protect At-Risk Species«, *The New York Times,* 22. Juli 2018.

459 Wendell Berry, »Manifesto: The Mad Farmer Liberation Front«, in: *In Context* 30 (Herbst/Winter 1991). Übers. v. Sigrid Schmid.

460 Website des Deutschen Genossenschafts- und Raiffeisenverbands e.V., https://www.dgrv.de/de/dienstleistungen/energiegenossenschaften.html.

461 Christine Emba, »Our Socialist Youth: Why Millennials Are Embracing a Bad, Old Term«, *The Washington Post,* 21. März 2016.

462 David Fleming, *Surviving the Future: Culture, Carnival, and Capital in the Aftermath of the Market Economy,* White River Junction, VT, 2016, S. 27.

463 Clint Carter, »We Will Not Get Bigger, We Will Not Get Faster«, medium.com, 26. Juli 2018.

464 Adrien Marck et al., »Are We Reaching the Limits of Homo Sapiens«, *Frontiers in Physiology,* 24. Oktober 2017.

465 Steven Pinker, *Aufklärung jetzt: Für Vernunft, Wissenschaft, Humanismus und Fortschritt – Eine Verteidigung,* übers. von Martina Wiese, Frankfurt a. M. 2018, S. 307f.

466 Rory Smith, »IQ Scores Are Falling and Have Been for Decades, New Study Finds«, CNN.com, 14. Juni 2018.
467 Adrien Marck et al., »Are We Reaching the Limits of Homo Sapiens«, *Frontiers in Physiology,* 24. Oktober 2017.
468 Steven Pinker, »The Moral Imperative for Bioethics«, *Boston Globe,* 31. Juli 2015.
469 Derrick O'Keefe, »Décroissance in America: Say Degrowth!«, *Reporterre,* 8. Mai 2010.
470 Adam Smith, *Der Wohlstand der Nationen,* übers. von Horst Claus Recktenwald, München 1974, S. 82.
471 John Stuart Mill, *Grundsätze der politischen Ökonomie,* Teilband 3, Marburg 2016, S. 864.
472 The Arts Council of Great Britain, »First Annual Report 1945–6«, London 1946, S. i.
473 Clay Routledge, »Suicides Have Increased. Is This an Existential Crisis?«, *The New York Times,* 23. Juni 2018.
474 Ebenda.
475 Edward Luce, *The Retreat of Western Liberalism*, New York 2017, S. 123.
476 Steven Overly, »Trump's Pick for Labor Secretary Has Said Machines Are Cheaper, Easier to Manage than Humans«, *The Washington Post,* 8. Dezember 2016.
477 Christian Davenport, »Jeff Bezos on Nuclear Reactors in Space, the Lack of Bacon on Mars and Humanity's Destiny in the Solar System«, *The Washington Post,* 15. September 2016.
478 Ebenda.
479 Arjun Kharpal, »When Elon Musk Sends People to the Moon There May Be a Mobile Network So They Can Check Facebook«, cnbc.com, 2. März 2018.
480 Ben Guarino, »Stephen Hawking Calls for a Return to Moon as Earth's Clock Runs Out«, *The Washington Post,* 21. Juni 2017.
481 Freeman Dyson, »Should Humans Colonize Space?«, *New York Review of Books,* 25. Mai 2017.
482 Charles Wohlforth und Amanda Hendrix, »Humans May Dream

of Traveling to Mars, but Our Bodies Aren't Built for It«, *The Los Angeles Times,* 28. November 2016.

483 Rae Paoletta, »Will Human Beings Have to Upgrade Their Bodies to Survive on Mars?«, gizmodo.com, 17. März 2017.

484 Sarah Scoles, »The Floating Robot with an IBM Brain Is Headed to Space«, *Wired,* 28. Juni 2018.

485 »The 12 Greatest Challenges for Space Exploration«, *Wired,* 16. Februar 2016.

486 Kim Stanley Robinson, *Aurora,* übers. von Jakob Schmidt, München 2016, S. 553.

487 John Muir, *The Ten Thousand Mile Walk to the Gulf,* Kapitel 5, online verfügbar unter: vault.sierraclub.org.

488 Luke Bailey, »Three Hundred Turtles Were Found Dead in an Old Fishing Net«, inews.co.uk, 4. September 2018.

Tanja Busse

Das Sterben der anderen

ISBN 978-3-89667-592-7

Naturschützer schlagen Alarm: Sie haben beobachtet, dass die Zahl der Insekten in den letzten 27 Jahren um mehr als 75 Prozent abgenommen hat. Nicht nur die Bienen sind in Gefahr, sondern auch viele andere Insekten, die vor wenigen Jahren noch als weit verbreitet galten. Und mit den Insekten sterben die Vögel.

In den letzten Jahrzehnten sind vor allem die Spezialisten verschwunden, also Arten, die besondere Lebensräume brauchen, Störche etwa oder Kiebitze. Inzwischen aber passiert etwas Neues, etwas sehr Unheimliches: Allerweltsarten wie Feldlerchen, Schwalben und Spatzen verschwinden und ebenso Insekten, die es früher massenhaft gab, Feldgrashüpfer zum Beispiel oder Laufkäfer.

Tanja Busse, viel gefragte Landwirtschafts- und Ökoexpertin analysiert schonungslos die Situation und schlägt wirkungsvolle Gegenmaßnahmen vor.

Blessing

Franklin Foer

Welt ohne Geist

ISBN 978-3-89667-576-7

Im digitalen Zeitalter erlebt die Welt eine beispiellose Renaissance der Monopole. Ihre Macht erlaubt es einigen wenigen Big-Tech-Unternehmen, nicht nur die Konkurrenz um ihre Produkte auszustechen. Sie ist inzwischen so groß, dass Internetkonzerne wie Google, Apple, Amazon und Facebook drauf und dran sind, die Ideologie ihrer Gründer und Führer, die Vision des Silicon Valley von der Alles-Maschine, zu vollenden.

Franklin Foers *Welt ohne Geist* beschreibt mit bestechender Klarheit die Geschichte der Digitalisierung und ihre Folgen: Im Schaufenster des Silicon Valley mögen Pluralismus und Individualität liegen, doch was wir uns erkaufen, sind Konformität, Desinformation, Privatisierung von Wissen und die Abschaffung der Privatsphäre. Selbstbestimmung, mahnt Foer, ist ohne einen freien Geist unmöglich. Wenn wir das Schaffen von Kultur, von Gedanken- und Diskussionsräumen dem Silicon Valley überantworten, befördern wir nicht unsere Existenz und das Gemeinwohl – wir befördern die Bilanzen der Konzerne und die Macht der Maschine.

Blessing

Kathrin Hartmann

Die grüne Lüge

ISBN 978-3-89667-609-2

**Grüne Lügen – je absurder sie sind,
desto bereitwilliger werden sie geglaubt**

Greenwashing, also das Bemühen der Konzerne, ihr schmutziges Kerngeschäft hinter schönen Öko- und Sozialversprechen zu verstecken, ist erfolgreicher denn je. Aber jenseits der grünen Scheinwelt schreitet die Zerstörung rapide fort. Laut dem Global Footprint Network lebt die Weltbevölkerung derzeit so, als hätte sie 1,6 Erden zur Verfügung. Würden alle auf der Welt so konsumieren, wie es Menschen in reichen Ländern wie Deutschland tun, bräuchte es 3,1 Erden, um den »Bedarf« zu decken. Der Verbrauch pflanzlicher, mineralischer und fossiler Rohstoffe hat sich zwischen 1980 und 2010 von 40 auf 80 Milliarden Tonnen verdoppelt. Die Artenvielfalt nimmt ab, Wälder schwinden, Böden degradieren, Emissionen steigen und der Hunger wächst.

Alle wissen das. Trotzdem hält Greenwashing jedweder Aufklärung stand. Je gebildeter die Zielgruppe, je schädlicher das Produkt ist und je absurder das daran geknüpfte Öko-Versprechen, je offensichtlicher also die grüne Lüge ist, desto eher wird sie geglaubt.

Blessing